DK 656.11:656.13

FORSCHUNGSBERICHTE DES LANDES NORDRHEIN-WESTFALEN

Herausgegeben durch das Kultusministerium

Nr. 675

Dr.-Ing. Wolfgang Koennecke
Battelle-Institut e. V., Frankfurt/M.

Beanspruchung der Straße durch Kraftfahrzeuge

Als Manuskript gedruckt

WESTDEUTSCHER VERLAG / KÖLN UND OPLADEN

1959

ISBN 978-3-663-03535-0 ISBN 978-3-663-04724-7 (eBook)
DOI 10.1007/978-3-663-04724-7

Inhaltsübersicht

Einführung

1. Problemstellung

Der Straßenbau ist in technischer und finanzieller Hinsicht eines der großen internationalen Probleme. Die Straßen sollen möglichst lange dem dauernd wachsenden Verkehr standhalten. Man baut dabei auf den bisher gesammelten lokalen Erfahrungen auf. In dem umfangreichen Werk "Das Schrifttum über die deutschen Autobahnen" von Paul HAFEN, F. Dümmlers Verlag, Bonn, Hannover, Stuttgart, 1956, wurde die den Bau von Autobahnen betreffende Literatur zusammengefaßt. Der Straßenbauer sucht aber darüber hinaus eine Zusammenstellung des internationalen Standes der Erkenntnisse über die Vorgänge bei der Beanspruchung der Straße durch die Fahrzeuge in Ursache und Wirkung, die eine Grundlage für die Lösung der Aufgabe bilden könnte, die bestmöglichen Straßen vor allem für den Kraftverkehr mit geringsten Mitteln zu bauen. Die Forschungsgesellschaft für das Straßenwesen e.V., Köln, erteilte deshalb dem Battelle-Institut, Frankfurt/Main, einen Forschungsauftrag zur Sammlung und Auswertung der einschlägigen Literaturquellen.

2. Erfaßte Literatur

Bei der Suche nach der einschlägigen Literatur standen zunächst die Bibliotheken der Forschungsgesellschaft für das Straßenwesen, Köln, und des Battelle-Instituts, Frankfurt, zur Verfügung. Darüber hinaus wurde die Privatbibliothek von Herrn Professor Kamm (Leiter des Forschungsinstitutes für Kraftfahrzeugwesen und Fahrzeugmotorenbau der Technischen Hochschule Stuttgart bis 1945) durchgearbeitet. Berücksichtigt wurden weiter die Sitzungsprotokolle des Arbeitsausschusses "Straßenbeanspruchung" der Forschungsgesellschaft für das Straßenwesen bis einschließlich Januar 1958, sowie die Antworten auf eine Rundfrage des Battelle-Institutes an die Forschungsstellen für den Straßenbau und die Automobilwerke in den Vereinigten Staaten von Amerika. Die Bibliographie schließt ab mit dem 31.12.1956.

Es wurde die Literatur berücksichtigt, die direkt das Thema "Beanspruchung der Straße durch Kraftfahrzeuge" betrifft. Dazu gehören insbesondere Aussagen einerseits über bestehende Straßenbau-Vorschriften, die im Straßenbau angewendeten Prüf- und Meßmethoden, Bemessungs- und Berechnungsrichtlinien für Straßen, die für die Beanspruchung der Straße durch Kraftfahrzeuge maßgebende Eigenschaften der Straße, die Auswirkungen der Kraftfahrzeuge auf die Straßen sowie die an die Straßen gestellten Forderungen. Andererseits wurden in die Dokumentation aufgenommen: Die für die Straßenbeanspruchung wichtigen Zulassungsvorschriften für Kraftfahrzeuge, die Meß- und Berechnungsmethoden für die Kräfte, die von den Fahrzeugen auf die Straße einwirken, die die Beanspruchung der Straße bestimmenden Eigenschaften der Kraftfahrzeuge sowie die Rückwirkungen der Straße auf die Kraftfahrzeuge, aus denen sich dann schließlich die Forderungen an die Kraftfahrzeuge von Seiten des Straßenbaues ergeben.

An dieser Stelle sei ein besonderer Dank Herrn Dr.-Ing. E. Goerner, Geschäftsführer der Forschungsgesellschaft für das Straßenwesen, Köln, und Herrn Dr. W. Grunwald, Direktor der Bibliothek der Technischen Hochschule Hannover, ausgesprochen, die die Arbeiten durch Zurverfügungstellung von Literatur in hervorragendem Maße förderten.

3. Einordnung der Literatur

Das Einordnungsschema ist so aufgebaut, daß Straße und Kraftfahrzeug in ihrer Wechselwirkung einander gegenübergestellt sind. Jede Literaturstelle wurde soweit ausgewertet wie sich die Aussagen an den Schnittpunkten des Einordnungs-Schemas einordnen ließen. Die bisher ermittelte Literatur gibt keine Angaben für alle 529 Schnittpunkte, wobei zu berücksichtigen ist, daß dies für einen Teil der Schnittpunkte auch garnicht möglich ist, wie z.B. den Eigenschaften von Kraftfahrzeugteilen/ Unterbau oder Untergrund.

Manchmal erschien es zweckmäßig, der Inhaltsangabe Hinweise oder Bemerkungen anzufügen, die nicht der Literatur entnommen sind. Diese Hinweise wurden in Klammern ( ) gesetzt.

Die Blattnumerierung nach den Ordnungsbuchstaben und -ziffern in der unteren, äußeren Ecke, dient zum schnelleren Auffinden der einzelnen Kapitel.

Für die Gesamteinordnung war die Reihenfolge der durch Buchstaben gekennzeichneten "Straßen"-Begriffe maßgebend. Innerhalb eines jeden "Straßen"-Begriffes wurde das ganze Schrifttum eingereiht, das sich auf die Schnittpunkte des jeweiligen "Straßen"-Begriffs mit den einzelnen, durch Ziffern gekennzeichneten "Kraftfahrzeug"-Begriffen bezieht.

Die Literaturstellen sind in der Auswertung nur durch den Verfassernamen mit einer Kennzahl angegeben. Die in der Kennzahlenfolge bestehenden Lücken sind dadurch entstanden, daß Literaturstellen später ausgeschieden wurden. Der letzte Teil der Arbeit ist das Literaturverzeichnis in alphabetischer Reihenfolge.

Einordnungs-Schema

o = Mit Unterordnungspunkten

x = Ohne Unterordnungspunkte

— = Keine Angabe

Fahrzeug

Straße

Straße	I. Fahrzeug-Verkehr allgemein	1) Gemischter Verkehr	2) Verkehr leichter Radkraftfahrzeuge	3) Verkehr schwerer Radkraftfahrzeuge	4) Verkehr von Kraftfahrzeug-Zügen	5) Verkehr von Gleitkettenfahrzeugen	6) Verkehr sonstiger Fahrzeuge	II. Fahrzeugeigenschaften allgemein	1) Gesamtgewicht (Achslast)	2) Gewichtsverteilung	3) Bewegungszustand	4) Statische vertikale Last	5) Dynamische vertikale Last	6) Statische horizontale Last	7) Dynamische horizontale Last	8) Kraftschluß	III. Eigenschaften von Fahrzeugteilen allgemein	1) Reifen	2) Achsen und Räder	3) Federungen	4) Dämpfer	5) Fahrzeugkörper	6) Stabilisator
A. Straße allgemein	o	o		x	x		x	o	x	x	x	x	o										
B. Oberfläche allgemein														x	x	x		o					
a) Ebenheit	o			x	x					x		x	o		o	x		o	o	o	o	o	x
b) Griffigkeit	o															o		o					
c) Abrieb	o	x		x	x	x	x									x		o					
d) Sonstiges																							
C. Decke allgemein	o			o					x		x												
a) Festigkeit	o											o	o										
b) Elastische Verformung	o			o								o	o	x				x					
c) Plastische Verformung	o			o										x									
d) Rißbildung	o			o								x						x					
e) Sonstiges																							
D. Unterbau allgemein	o																						o
a) Festigkeit	o											x											
b) Elastische Verformung	x																						
c) Plastische Verformung	x																						
d) Rißbildung	x																						
e) Sonstiges	x																						
E. Untergrund allgemein	o																						
a) Festigkeit	o			x																			
b) Elastische Verformung	o																						
c) Plastische Verformung	o			o																			
d) Sonstiges																							

G l i e d e r u n g

Schrifttumsauswertung

A Straße Allgemein

I Fahrzeug-Verkehr Allgemein

1. Straßen-Meß- und -Prüf-Methoden

Raven 01 — Eine Versuchsstraße sollte die durch den anwachsenden Kraftverkehr entstehenden Probleme auf straßentechnischem Gebiet klären helfen. Die deutsche Versuchsstraße Braunschweig war kreisförmig mit 4 Bahnen angelegt und mit je 6 verschiedenen Pflasterarten belegt. Zur Untersuchung weiterer Pflasterarten und zur Klärung der Beanspruchung durch Anhänger wurde die Versuchsstraße später umgebaut. Unter der Einwirkung verschiedener Belastungen wurden die Veränderungen bzw. Zerstörungen an der Straßendecke festgestellt und die erhaltenen Ergebnisse nach verschiedenen Gesichtspunkten ausgewertet.

Braunschweig I — Gesamtanordnung der deutschen Versuchsstraße Braunschweig. Der Kreis hatte 360 m Ø mit 4 parallel laufenden Fahrbahnen. Die Spur 1 war innen, die Spur 4 war außen, mit je 2,75 m Breite und Randbefestigungen von 2,15 m. Im April 1928 wurden Abschnitte dieser Versuchsstraße nach 22 verschiedenen damals üblichen Straßenbauarten - je nach ihrer Bedeutung in verschiedenen Längen von je 180 m bis 15 m - angelegt. Die Bewertungen erfolgten:

1. Nach Angaben des Beschleunigungsmessers von Langer-Thomé, der zur Messung eines Stoßfaktors auf einer Normalschleppachse aufgebaut war.
2. Nach Angaben eines Seismographen, der die Erderschütterungen neben der Straße mißt.
3. Auf Grund einer Registrierung der Straßenkosten.
4. Auf Grund von photographischen Aufnahmen.
5. Durch Augenschein nach einem Punkt-Bewertungssystem.
6. Nach besonderen Gesichtspunkten.

Die Gesamtresultate wurden jeweils als Mittel für die willkürlich verteilten Straßendecken angegeben.

Bei der Gesamtbeurteilung kann ein falsches Bild entstehen, da fast die Hälfte aller Decken "Grabo" mit Oberflächenverdichtung waren. Decken wie Beton und Asphaltbeton sowie Gußasphalt waren in der damaligen Bauweise noch nicht so ausgebildet, daß die Ergebnisse einwandfreie Rückschlüsse für den modernen Straßenbau zulassen.

Crantz 015 — Unterbauversuchsstrecke Lahr zur Feststellung des Einflusses des Unterbaues auf Decken verschiedener Bauweisen. Nach bodenkundlichen Darstellungen folgt eine Gegenüberstellung der verschiedenen Bauweisen der Straßenteile.

Braunschweig I — Angaben der Baukosten, der Konstruktion und der ersten Versuchsreihen bis Ende Januar 1926.

Braunschweig IV	Zusammenfassung der Veröffentlichungen Braunschweig I, II, III und Überblick über die neuen Bauabschnitte.
Hentrich 02	Kurzbericht über die Veröffentlichung Braunschweig VII.
Washo 01	Beim Washo-Test sollte festgestellt werden, welche Stärke von Asphalt-Betondecke und Unterbau notwendig ist, um mittelschwerem Verkehr standzuhalten. Durch die Verteilung der Fahrversuche über 2 Jahre sollte auch der Einfluß der Witterung festgestellt werden. Messung der Fahrzeuggeschwindigkeit beim Washo-Test durch einen Anhänger mit 2 ungefederten Fahrradreifen und einem in der Mitte der Achse eingebauten Tachometer. Wiegen der Fahrzeuge beim Washo-Test mit großer Brückenwaage.
Road Test 01	Beim Road Test One-MD wurden laufend die Außentemperaturen, die Temperaturen der Betonoberfläche und des Untergrundes gemessen.

2. Straße und Verkehr

Crantz 16	Der Erhaltungsaufwand der Straße ist stark von der Verkehrsbelastung abhängig und steigt mit ihrem Alter. Die Lebensdauer der Straße ist abhängig von ihrer Bauweise und der Verkehrsbelastung, mit der sie parabelförmig absinkt.
Feldmann 01	Die Beanspruchung des Straßenkörpers durch den ständigen Wechsel der Kraftfahrzeuge läßt sich nicht mit der anderer statischer Bauwerke vergleichen, außer der, die bei Bundesbahnoberbau eintritt.
Wahl 01	Keine der früher vorhandenen Straßen erwies sich für den Kraftfahrzeugverkehr als brauchbar. Es mußten daher sämtliche Straßen für den Kraftverkehr neu- bzw. ausgebaut werden. Nur ein kleiner Teil des bestehenden umfangreichen Straßennetzes entspricht heute den Anforderungen.
Volkswirtschaftl. Gesellschaft 01	Erörterung der wirtschafts- und finanzpolitischen Fragen der Verkehrspolitik und des Straßenbaues als Diskussionsbeiträge (Anforderungen an eine ideale Kraftfahrzeugstraße).
Crantz 13	Erst die Anpassung an die örtlichen, klimatischen, geologischen und wirtschaftlichen Verhältnisse sowie an die Verkehrsbelastung ergibt die richtige Dimensionierung der Straßen. Eine Standardisierung wäre nachteilig.
Kayser 03	Schilderung der derzeitigen Straßenverhältnisse und Aufstellung der Forderungen, denen eine moderne Straße genügen muß. Kritik an der Beschaffenheit der Fahrzeuge.

3. Straßenkosten

Bode 05	Unterhaltungskosten für die Straßen sind ungefähr proportional den Brutto-Tonnen-Kilometern, solange die Belastung der Straße innerhalb ihrer Tragfähigkeit bleibt.

Crantz 16 — Die Wirtschaftlichkeit einer Straße wird durch zwei Hauptfaktoren bestimmt, durch

1. den Gesamtaufwand für ihren Bau und Betrieb
2. den Gebrauchswert der Fahrbahndecke im Verkehr.

Für die gesamten Jahreskosten wurde folgende Grundformel aufgestellt:

$$J = A \cdot p + \frac{E_1 \cdot p}{(1+p)^n \cdot 1-1} + \frac{E_2 \cdot p}{(1+p)^n \cdot 2-1} \ldots\ldots\ldots\ldots + U$$

wobei: p = Zinsfuß
A = Anlagekosten
E = Rücklage für Erneuerung im 1. bis n-ten Jahr
U = Unterhaltungskosten
n = Lebensdauer (Jahre)

Aus dieser Formel ergibt sich, daß die Jahreskosten bei längerer Lebensdauer fallen, da der Anteil der Erstinvestition geringer wird.

Sill 02 — Aufstellung des Anlagewertes der in der Bundesrepublik vorhandenen Straßen sowie Angabe der Fahrbahnbreiten und Aufteilung der Oberflächen. 71,5 % der Straßen haben nur leichte Fahrbahnbefestigungen. Die Unebenheiten sind bei Straßen mit geringer Tragfähigkeit größer, so daß sie infolge der stärkeren Stöße schneller zerstört werden.

Hettlage 01 — Finanzpolitische, sowie gesetz- und verwaltungstechnische Untersuchungen im deutschen Straßenbau.

Heller 01 — Zusammenstellung der Straßenkosten je Jahrkilometer: PKW 1,23 DPfg., LKW 1,19 DPfg., LKW mit Anhänger 2,07 DPfg., Krad 0,55 DPfg.

Hentrich 01 — Unterhaltungsarbeiten und deren Kosten bei den Fahrversuchen in Braunschweig bis zum März 1930.

Hentrich 03 — Wirtschaftliche Gesichtspunkte bei den Braunschweiger Versuchen.

Neumann 03. c — Die Verkehrsbeanspruchung besteht aus den vertikalen Kräften: Statischer Raddruck + dynamischer Zuschlag und den horizontalen Kräften durch die angetriebenen Räder, die gleich sind der eingeleiteten Drehkraft, außerdem den Bremskräften und den Kurvenkräften mal Reibungsbeiwert.

4. Zulassungsvorschriften für Kraftfahrzeug-Höchstgewichte und -Abmessungen

Schmidt 07 — Übersicht der zulässigen Kraftfahrzeug-Abmessungen und -Gewichte in Westeuropa im August 1954.

Schmidt 01 — Gegenüberstellung der zulässigen Höchstgewichte und -Abmessungen für schwere Kraftfahrzeuge nach der deutschen Straßenverkehrs-Zulassungsordnung 1954 und nach dem europäischen Abkommen.

	Zulässige Höchstgewichte	
Kraftfahrzeug-Art	Europ.Abkommen	Deutsche Straßenverkehrs-Zulassungsordnung 1954
Einzelachs-Last	10 t	10 t
Kfz mit 2 Achsen	19 t	16 t
Kfz mit 3 Achsen	26 t	24 t
Sattelfahrzeuge	35 t	35 t
Züge mit 1 Anhänger	40 t	40 t

Schmidt 07 Entwicklung des Straßenverkehrs und Zusammenstellung der international zugelassenen Gewichte für Einzel- und Doppelachsen sowie für die Gesamtfahrzeuge.

1937 zugelassen: 1 Zweiachs-Lkw mit zwei Anhängern für je 11 t, zusammen 40,5 t.

Eberle 01 Die Straßenzüge haben sich in Deutschland aus früheren Feldwegen entwickelt. Die zulässige Achslast wurde dauernd erhöht: 1932 7,5 t, 1937 8 t, 1951 10 t.

Wahl 01 Vorschläge des Verbandes der Automobilindustrie über die Abmessungen und Lasten der Kraftfahrzeuge 1954.

Ruckli 05 Höchstzulässige Achslasten in der Schweiz für Einzelachse 8 t, Doppelachse 10,4 t, Gesamtgewicht des Lkw 13 t und des Lastzuges 20 t.

A.G.F + F 05 Croce: Das Bundesverkehrsministerium hat die Forderung nach straßenschonender Bauweise von Kraftfahrzeugen gestellt. PKW und Omnibusse entsprechen ihr durch gute Federung mit Stoßdämpfung weitgehend. Die Anhängerindustrie ist anzuhalten, bei ihren Konstruktionen diese Forderung zu erfüllen. Der Gesetzgeber hat jedoch noch keinen Maßstab für die Bewertung der Bauweise von Kraftfahrzeugen in Bezug auf Straßenschonung gefunden.

Croce: Nach Ansicht der Automobilindustrie zerstören gut gefederte 10 t-Achsen die Straßen weniger als schlecht gefederte 8 t-Achsen. Der Achsdruck ist nur eine Komponente für die Beanspruchung der Straße. Die Beschränkung auf 8 t ist kein Anreiz für die Industrie, straßenschonendere Fahrzeuge zu bauen. Bei 10 t Achslast können entsprechend schärfere Bedingungen für die Straßenschonung gestellt werden. Im Jahre 1930 war die dynamische Radlast bei Elastikbereifung und 6 t Achslast viele Male größer als heute. Der Gesetzgeber hat auch noch keine Beschränkung des Reifeninnendruckes vorgenommen, der ausschlaggebend für die Druckkräfte auf die Straße ist.

A Straße Allgemein

I Fahrzeug-Verkehr 1) Gemischter Verkehr

1. Meßmethoden für die Verkehrsfrequenz

AGP + V 01 Verkehrszählung mit über die Straße gelegten Luftschläuchen, die Impulse geben, aus denen unter Umständen auch auf die Achslast geschlossen werden kann.

Schlums 01 Beschreibung der bisher in Deutschland entwickelten Zählgeräte für die Verkehrsfrequenz.

RKW 01 Aufzählung verschiedener Verkehrsfrequenzmeßgeräte. Meistens pneumatisches Gerät. Anwendung photoelektrischer Zellen ist selten. Elektromagnetisches Gerät mißt auch die Fahrgeschwindigkeit und die relative Stellung der Achsen sowie den Achsdruck.

Piezoelektrisches Gerät unter Verwendung von 4 Quarzdruckgebern, die auf eine Schwelle mit 4 Druckstützen gesetzt werden. Die Achsdruck-Meßwerte werden auf Kathodenstrahlröhren mit Fluoreszenzschirm übertragen. Die Horizontalbewegung wird durch ein Druckrohr, das 20 m vor der Schwelle liegt, angezeigt. Beim Befahren erfolgt an der Schwelle eine Vertikalbewegung, die den Druck angibt und eine Horizontalbewegung, die die von der Fahrzeugfortbewegung herrührenden Horizontalkräfte anzeigt.

2. Verkehrszählungen

Feuchtinger 03 Verkehr im Jahre 1936/37 umfaßt noch 6 % Fuhrwerke und 27 % LKW und Kleinlieferwagen.

Beckermann 01 Veränderung des Gesamtverkehrs in der Bundesrepublik im Jahr 1952/53 gegenüber 1936/37. Anstieg der Anzahl der Fahrzeuge in 24 Stunden im Jahresmittel:
Autobahnen von 1200 auf 5000, Bundesstraßen von 650 auf 1640, Landstraßen I. Ordnung von 210 auf 590.
Von 1953 bis 1957 erhöhte sich der Bestand der Kraftfahrzeuge um 61 % (hauptsächlich PKW). Die Zunahme der jährlichen Fahrleistung in Nordrhein-Westfalen war von 1951 bis 1954 für alle Fahrzeugarten im Mittel ca.4000 km. Aus diesen Werten wurde die Verkehrsentwicklung bis 1967 geschätzt.

Dimmick 01 Aufteilung des Gesamtverkehrs in den USA 1950/51: 78 % PKW, 21 % LKW, davon 10 % Bus, 14 %, 1952 15 %, aller LKW waren überladen.

Veränderung des Kraftfahrzeugbestandes in den USA vom Jahr 1951 zu 1952. Anstieg der LKW 1 %, hiervon 11 % Anhänger mehr als 1951.

Dimmick 03 Die Zahl der überschweren Radfahrzeuge und Fahrzeugzüge geht 1954 relativ zurück. Infolge der verschärften Gesetzgebung werden auch gröbere Überladungen seltener. Die mittelschweren Lastfahrzeuge nehmen gegenüber allen anderen Fahrzeugen am stärksten zu.

O'Flaherty 01	Einige Ergebnisse der Verkehrszählung in Pennsylvania nach Fahrzeugzahl, -Art und Verkehrsfluß.
Bostik 01	Einige Werte aus den verkehrsstatistischen Untersuchungen in 6 Staaten der USA.
Wehner 06	In den USA ändert sich der Gesamtverkehr etwa proportional zur mittleren Monatsaußentemperatur. Der Lastwagenverkehr bleibt durchschnittlich gleichmäßiger, ist jedoch im Winter gleichfalls etwas geringer. Im Sommer ist der Verkehr nachts höher als am Tage.
Crantz 19	Für den in den Jahren 1952 bis 1954 durchgeführten Road Test wurde auf Grund der Verkehrszählungen eine Verkehrsbelastung von 4000 Fahrzeugen pro Tag, davon 1000 LKW = 25 % und 400 schweren LKW = 10 %, zugrunde gelegt

3. Kraftfahrzeugbestände

Oberbach 11	Fahrzeugbestand in Westdeutschland am 1. Januar 1953 2 155 355 Kraftfahrzeuge, davon 570 000 LKW = 26,4 %.
Straße und Autobahn 08	Zusammenstellung der Kraftfahrzeugbestände in der Bundesrepublik 1953. Absolute Zahl am 1.1.1954: 4 338 414 Kraftfahrzeuge, im Juli 1953: 83 Kraftfahrzeuge / 1000 Einwohner oder 1653 Fahrzeuge / 100 qkm.
Schmidt 07	Von insgesamt 4 Millionen Kraftfahrzeugen in Deutschland haben höchstens 39 000 eine hintere Achslast von 10 t.
Zimmermann 01	Schätzung des Kraftfahrzeugbestandes in der Bundesrepublik und Westberlin bis 1965: PKW 3,3 Millionen, Krafträder 1,9 Millionen, LKW 0,7 Millionen, Omnibusse 0,04 Millionen.
Feuchtinger 01	Zunahme der verschiedenen Kraftfahrzeugarten in Deutschland. Zunahme der schweren LKW seit 1954 geringer (von 27,2 % auf 18,7 % gesunken). Der schwere Lastkraftwagen ist nur mit 2,6 % an der Gesamtfahrleistung aller Fahrzeuge beteiligt. Hiervon entfällt nur ca. ein Drittel auf schwere 10 t-Achsen, d.h. 1 % des Gesamtverkehrs.
Eberle 01	Die Gesamtzahl der Fahrzeuge hat sich von 1938 bis 1952 ungefähr verdoppelt, die Anzahl der schweren Kraftfahrzeuge ungefähr verdreifacht auf 1 Million.
Neumann 03 c.	Die Verkehrsbeanspruchung besteht aus den vertikalen Kräften: Statischer Raddruck + dynamischer Zuschlag und den horizontalen Kräften durch die angetriebenen Räder, welch letztere gleich sind den eingeleiteten Drehkräften mal dem Reibungswert, außerdem den Bremskräften und den Kurvenkräften.

4. Einfluß der Verkehrsfrequenz auf die Straßenbeanspruchung allgemein

Sill 02 Straßen, die bei geringer Verkehrsdichte mit schweren Kraftfahrzeugen noch keine Schäden zeigen, werden durch hohe Frequenz schnell zerstört.

Kayser 02 Die anwachsende Verkehrsfrequenz macht es notwendig, zum Teil seit Jahrhunderten bestehende Straßen aufzugeben, um in einiger Entfernung neue anzulegen; mindestens müssen die bestehenden Straßen überholt und erweitert werden. Hierbei sind die Straßenabmessungen den modernen Verhältnissen anzupassen. Es hat sich als notwendig erwiesen, auch die bestehenden Landstraßen II. Ordnung instandzusetzen.

Crantz 16 Für die Beanspruchung der Straße ist nicht der Gesamtverkehr, sondern in der Hauptsache der Verkehr mit LKW und eisenbereiften Fahrzeugen ausschlaggebend. Verfasser schlägt daher folgende Wertung vor:

Verkehrsbelastung = (Krad + PKW) · 0,1 + (Omnibus + LKW unter 3 t)·0,4 + (LKW über 3 t mit Anhänger und eisenber. Verkehr)

5. Von den Kraftfahrzeugen benötigte Straßenfläche

Ruckli 07 Der Lastwagenverkehr hat nur dort Einfluß auf die Breite der Straße und die Zahl der Fahrspuren, wo der Werktagverkehr für die Dimensionierung ausschlaggebend ist.

Wahl 01 Entwicklung des Straßenbaues in Anpassung an die Kraftfahrzeuge. Bei starken Steigungen ist die Breite der Straßen gering. Notwendig sind Zweispuren bei 3000 Kraftfahrzeugen pro Tag, drei Spuren bei 6000 Kraftfahrzeugen pro Tag, bei höherer Frequenz zwei Fahrbahnen mit je zwei Fahrspuren.

RKW 01 Durchschnittsgeschwindigkeit ist in den USA bei LKW 69 km/h, PKW 77 km/h, Bus 80 km/h bei einem Anteil der LKW von ca. 21 % an der Zahl der PKW. Die "maximale" Kapazität der Straße ergibt sich bei optimaler Geschwindigkeit, wenn engster Abstand gehalten wird. Dieser Wert ist unbrauchbar, weil er eine dauernde Konzentration des Fahrers verlangt und die Fahrgeschwindigkeit bei Langstrecken ohne Überholmöglichkeit zu niedrig ist. Die "praktische" Kapazität läßt die Möglichkeit der Überholung mit verschiedener Geschwindigkeit zu. Bei einer Straßenbreite von 7,20 m ist die Sättigung ohne Überholung bei 3000 Wagen je Stunde erreicht und mit Überholung bei 2000. Eine Zugspur, d.h. eine dritte Spur in der Mitte, bringt keine entscheidende Verbesserung, da auf beiden Seiten gleichmäßig gefahren wird.

AG.P+ V 01 Randstreifen ergeben Ausweichmöglichkeiten und gleichmäßige Abnutzung und Nachverdichtung über die ganze Straßenbreite. Die Randstreifen sind daher tragfähig zu gestalten.

Rogly 01 Probleme der Straßenplanung im Hinblick auf den Verkehrsfluß.

Oberbach 03	Die Verringerung der zulässigen Achslast von 10 auf 8 t bedeutet eine Erhöhung der Verkehrsfrequenz bei gleicher zu befördernder Last und verursacht damit größere Zerstörungen der Straße.
Ruckli 07	Zur Zeit gelten noch die zulässigen höchsten Achslasten und Außenabmessungen nach dem UNO-Abkommen vom 19.9.1949. Außerdem bestehen die Empfehlungen der American Association of Highway Officials.
Poppe 01	Zur Verminderung der Straßenbeanspruchungen durch Lastkraftwagen sind folgende Größen und Gesichtspunkte von Bedeutung: Lastwagenleergewicht, höchste dynamische Achslast, Verkehrssicherheit und Wirtschaftlichkeit. Zur Festlegung der Besteuerung ist dabei sinngemäß nicht vom höchsten Gesamtgewicht auszugehen, sondern von der höchsten Nutzlast. Danach kann die Konstruktion leistungsfähigerer Lastkraftfahrzeuge ausgerichtet werden.
Weil 07	Fahrversuche bei Viernheim mit dynamischer Radlastmessung nach Prof. Essers, wobei auf der Achse und auf dem Chassis für schwerste Kraftfahrzeuge Beschleunigungsmesser angebracht sind. Gleichzeitig wurden die elastischen Deformationen der Betondecke durch auf die Decke aufgesetzte sowie durch in die Decke eingebaute Dehnungsmeßstreifen gemessen. Die Fahrgeschwindigkeit wurde von Stillstand über 1 km/h Kriechgeschwindigkeit auf 20, 40 und 60 km/h gesteigert.
Road Test 02	Das Fahrzeuggewicht ist solange unwesentlich, als die Achslast nicht die Tragfähigkeit von Decke und Unterbau überschreitet. Alle Straßen haben ihre maximale Tragfähigkeit. Wenn Überschreitungen eintreten, so zeigen sich in kurzer Zeit deutliche Schäden, die ständig wachsende Unterhaltungskosten verursachen.
Temme 07	Die New Jersey Turnpike ist ein Musterbeispiel von Straßen für schweren Verkehr. Sie müßte für den deutschen Straßenbau ein Vorbild sein. Sie hat besten Unterbau und mehrere bituminöse Verschleiß- und Deckschichten mit unten gröberem Korn.
Bode 05	Nach Dittrich beanspruchen schwere Straßenfahrzeuge die Straße progressiv höher als leichte. Nach Sill hängt die Abnutzung der Straße von schweren Achslasten ab. Bei frostanfälligen Fahrbahnen haben Geschwindigkeitsbeschränkungen auf 20 km/h und die Sperrung von Achslasten über 1,5 t erhebliche Schäden verhütet.
Ruckli 07	Schwerverkehr erfordert umfangreichere Frostschutzmaßnahmen als Leichtverkehr.
Braunschweig VI	Vergleichsversuche über den Einfluß von schwerem elastikgummibereiftem Lastwagenverkehr und eisenbereiftem Pferdefuhrwerksverkehr. Die Pferdefuhrwerke haben die Straße noch viel mehr angegriffen als die Elastikreifen der LKW.

Gerlach 01 Kurzaufsatz über die Fahrversuche Braunschweig. Zusammenstellung der Belastung der Versuchsstrecken durch die einzelnen Fahrzeuge und Fahrzeugzüge. Hieraus ergibt sich eine unter Berücksichtigung der Straßenkosten größere Wirtschaftlichkeit der Fahrzeugzüge gegenüber Lastwagen ohne Anhänger. Bei Berücksichtigung aller Faktoren ist daher die Beanspruchung der Straße bei Fahrzeugzügen, bezogen auf die gesamte zu befördernde Last, um 20 bis 30 % geringer.

Gerlach 04 Es wird nachgewiesen, daß die Gesamtaufwendungen einschließlich der Investierungen und Benützungskosten der Straßen und Fahrzeuge bei Fahrzeugzügen um 29 % niedriger sind als bei dreiachsigen Lastkraftwagen.

Braunschweig IX Die auf die Nutzlast bezogenen Gesamtkosten für den Lastkraftwagenverkehr einschließlich Fahrerlohn, Verschleiß und Gesamtstraßenkosten haben sich bei Betrieb ohne und mit Anhänger im Verhältnis von 19 zu 13 ergeben. Daher ist der Betrieb mit Anhänger, bezogen auf die insgesamt zu befördernde Nutzlast, viel rentabler.

Renfert 04 Kurze Besprechung der Wirtschaftlichkeit der einzelnen Fahrzeugeinheiten bei den Fahrversuchen in Braunschweig. Es wird vor Verallgemeinerung der Ergebnisse gewarnt, weil die größere Wirtschaftlichkeit der Fahrzeugzüge gegenüber den Lastkraftwagen ohne Anhänger zum Teil eine Folge der Ebenheit der Versuchsbahn ist. Bei nicht ebener Fahrbahn, z.B. im Gebirge, kann eine erhebliche Verschiebung eintreten.

Wilimek 01 Für den Bau der italienischen Straßen wurde die Kraftfahrzeugzulassungsverordnung von 1932 zugrunde gelegt, die einen Lastzug mit 2 Anhängern mit einem Gesamt-Leergewicht von ca. 15 t und einer Zuladung von 25 t zuließ. Die Kurven wurden mit einem Halbmesser von mindestens 100 m ausgeführt.

Braunschweig VI Vergleichsversuche mit elastikbereiften LKW und Anhängern zeigten, daß der 6,5 t schwere Anhänger sehr stark schleuderte und dabei die Straße zerstörte.

Feuchtinger 01 Die Achslast der Triebachse und das zulässige Gesamtgewicht für den Zug bestimmen grundsätzlich die Gewichtsverhältnisse zwischen Triebfahrzeug und Anhänger. Für die Triebachse soll stets die höchstzulässige Achslast angewendet werden, weil dann für sie die Adhäsion zwischen Reifen und Fahrbahn ein Optimum wird. Das derzeitige Gewichtsverhältnis des Triebfahrzeuges zum Anhänger von 1 : 1,5 ist ungünstig. Es ergibt eine hohe Beanspruchung der Fahrbahn durch die einzige angetriebene Achse. Man sollte aus Sicherheitsgründen dieses Verhältnis auf 1 : 1 ändern. Im Fall der Beibehaltung der 10 t-Triebachse errechnet sich hierfür der 32 t-Zug und bei Herabsetzung der zulässigen Achslast der Triebachse auf 8 t der 24 t-Zug. Das Verhältnis der Nutzlast zum Gesamtgewicht ist bei der derzeitigen Fahrzeugkonstruktion beim 32 t-Zug günstiger als beim 24 t-Zug.

Oberbach 017 — Besonderes Augenmerk ist auf die Lastkraftwagen mit Anhänger zu richten, die eine Straßendecke ungenügender Widerstandsfähigkeit zu hoch beanspruchen. Die PKW sind bei der Wahl der Straßenbefestigung weniger wichtig. Sie haben nur Bedeutung für die Breite der Fahrbahn, die Linienführung im Grund- und Aufriß und für die Oberflächenbeschaffenheit der Decke.

A Straße Allgemein

I Fahrzeug-Verkehr 6) Verkehr sonstiger Fahrzeuge

Braunschweig VI — Versuche mit elastikbereiften LKW und Anhängern im Vergleich zu eisenbereiften Pferdefuhrwerken zeigten, daß letztere die Straßen viel mehr beanspruchen, obwohl die elastikbereiften Anhänger stark schleuderten.

Schaar 06 — Bei der geringen Geschwindigkeit von ca. 3 km/h ergeben die Fuhrwerke wahrscheinlich keine höheren Bodendrücke als elastikbereifte LKW.

A Straße Allgemein

II Fahrzeugeigenschaften Allgemein

1. Meßeinrichtungen an Fahrzeugen bei Straßenversuchen

Braunschweig VIII — Zusammenstellung der Geräte zur Messung des Roll- und Luft-Widerstandes bei den Fahrversuchen "Braunschweig" 1928-1937.

1. Rollwiderstandsmessung (s. A III 1).
2. Schleppversuche unter gleichzeitiger Messung des Luftwiderstandes.

Braunschweig IX — Weitere Messungen: Schlupf der Räder, Kraftstoffverbrauch, Öl- und Fettverbrauch, Gummiverbrauch und Messungen des Profils der Reifen.

Saal 01 — Testfahrten zum Vergleich des Einflusses der Straßenbeschaffenheit und der Linienführung der Straße auf die Leistung von PKW. Registriert werden die Geschwindigkeit und der Kraftstoffverbrauch. Genaue Analyse des Kraftstoffverbrauches bei allen Steigungen und Geschwindigkeiten. Für die gewählten Versuchsstraßen werden Kraftstoffeinsparungen bzw. -Verluste angegeben.

Kother 01 — Übersicht über den Stand der Ermittlung des Fahrwiderstandes und Erläuterung des unmittelbaren und mittelbaren Einflusses der Fahrbahn auf den Fahrwiderstand.

2. Einfluß der Kraftfahrzeuge auf die Straße

Schenk 04 — Beim Bau neuer Kraftwagenstraßen muß Klarheit über die Kräfte bestehen, welche auf die Fahrbahn wirken. Es interessieren deren Gesamt- sowie spezifische -Werte je Flächeneinheit. Zu berücksichtigen sind die statischen und dynamischen Druckkräfte, die Schubkräfte in allen Richtungen und die Saugkräfte.

3. Einfluß der Straße auf die Kraftfahrzeuge

Liese 01 — Versuche über den Einfluß der verschiedenen Straßendecken auf die Wirtschaftlichkeit des Verkehrs, den Betriebsstoffverbrauch für den Transport von 1000 kg über eine bestimmte Strecke. Hieraus und aus den Unterhaltungskosten des Kraftfahrzeugs ergeben sich die Transportkosten.

Hundt 01 — Die Fahrsicherheit eines Fahrzeuges wächst nicht nur mit der Griffigkeit der Straße, sondern auch mit ihrer Breite und zügigen Linienführung. Untersuchungen an Rennbahnen in Europa über den Grad der Fahrsicherheit. Einfluß der Fahrbahnoberfläche.

Feuchtinger 04 — Amerikanische Richtlinien für die Anlage von Verzögerungs- und Beschleunigungsspuren. Vorschläge für deutsche Richtlinien.

Kamm 16 — Die Verkaufsaufgabe der Fahrzeuge wird durch sichere Fahrt mit hoher Geschwindigkeit verwirklicht, unter der Wahrung ausreichender Wirtschaftlichkeit. Darstellungen mit Diagrammen über die Betriebsbeanspruchungen der Fahrzeugmotoren, den Einfluß der aerodynamischen Gestaltung des Kraftfahrzeugs auf den Leistungsbedarf unter Berücksichtigung des Rollwiderstandes usw. bei Schnellfahrt.

Huber 01 — Die auf den Autobahnen möglichen hohen Geschwindigkeiten stellen neue Forderungen an die allgemeine Fahrzeugentwicklung. Untersuchungen über den Fahrwiderstand, die Kräfte zwischen Fahrzeug und Fahrbahn, die Luft- und Bodenkräfte und den Fahrzeugantrieb in ihren gegenseitigen Beziehungen. Folgerungen für geeignete konstruktive Maßnahmen zur Verbesserung der Fahrzeuge.

Auberlen 01 — Zusammenhang von Kraftschluß und Fortbewegungsmöglichkeit der Fahrzeuge. Einfluß der einseitigen Querneigung in Krümmungen auf das Fahrverhalten der Fahrzeuge unter Berücksichtigung der fahrdynamischen Erscheinungen wie Ruck, Beschleunigung und Verzögerung. Hieraus ergeben sich die wichtigen konstruktiven Elemente für die Straßengestaltung in Angleichung an die Dynamik der Fahrt. Es wird eine Normalform der Trassierung der Bogen und der Formgebung in der Geraden nach fahrtechnischen und psychologischen Gesichtspunkten vorgeschlagen. Tabellarischer Anhang mit Beispielen.

Knipping 01 — Allgemeine Erörterung über die Linienführung und Querschnittsgestaltung der Fahrbahn sowie ihre Unebenheiten in ihrem Einfluß auf das Verhalten der Kraftfahrzeuge nach neuen Untersuchungsergebnissen und Forschungsarbeiten.

Streit 07 — Zweck der Autobahnen ist höchste Reisegeschwindigkeit bei größter Betriebssicherheit und geringsten Betriebsstoffkosten.

Cooke 01 — Das Land, in dem das Kraftfahrzeug vorwiegend eingesetzt wird, wirkt sich auf die Konstruktion in folgenden Richtungen aus:

1. Steuerpolitik, d.h. Zulassungsvorschriften für die Kraftfahrzeuge.
2. Geographische Verhältnisse und Straßenzustand.

In den USA sind die Straßenanlagen großzügig auf großem Raum verteilt. Die PKW haben daher 6 Sitze und hohe Motorleistung, die durch die Kraftfahrzeugsteuer nicht beschränkt wird. In Großbritannien dagegen haben die Straßen enge Kurven und hohe Straßenwölbung bei einer Straßenbreite von manchmal nur 2,25 m. Hieraus und aus der Bemessung der Kraftfahrzeugsteuern nach der Motorleistung ergibt sich die Notwendigkeit kleiner, wendiger Fahrzeuge mit geringen Motorleistungen. In Frankreich ist die Tragfähigkeit der Straßen so gut, daß Achslastbeschränkungen, wie sie in Deutschland vorgenommen wurden, nicht notwendig waren.

Grimm 01 — Der Übergang von der Geraden in die Kurve erfolgt aus fahrtechnischen Gründen am besten nach der Klothoide. Einfache Berechnungs- und Absteckungs-Methoden für diese Kurve sind angegeben.

4. Verbesserungsvorschläge für Kraftfahrzeuge zur Schonung der Straßen

Wahl 01 — Zwischen Fahrbahn und Fahrzeug bestehen enge Wechselbeziehungen. Es ist jedoch nicht anzunehmen, daß an den Kraftfahrzeugen noch umwälzende Änderungen vorgenommen werden, die eine Schonung der Straße zur Folge haben.

Schmidt 07 — Forderung, die Anhänger ganz fallen zu lassen, da sie in besonderem Maße verkehrsgefährdend sind (ohne Begründung).

Bode 05 — <u>Vorschläge zur Straßenschonung:</u>

1. Beschränkung der Anzahl der schweren Kraftfahrzeuge
2. Beschränkung der Geschwindigkeit
3. Für Schwerlastverkehr besonderes Straßennetz, das für andere Fahrzeuge gesperrt ist
4. Verbesserung der Fahrzeuge durch straßenschonende Bauweise, insbesondere verbesserte Federung.

Lowag 01 — Die Achslasten und die Gesamtgewichte stellen die bestimmenden Größen für die Beanspruchung der Straßen dar. Aus diesem Grunde wirkt sich eine Verringerung des Totgewichtes, d.h. eine Erhöhung der Nutzlast, auf die Beanspruchung der

Straßen eventuell günstig aus. Bei richtiger Konstruktion wird eine Verbesserung des Kraftfahrzeuges zugleich eine Schonung der Straße zur Folge haben. Durch die neue Besteuerung der schweren Kraftfahrzeuge nach dem Gesamtgewicht wird diese Tendenz gefördert.

Kamm 15 — Anzustrebendes Entwicklungsziel im Kraftfahrzeugbau ist geringes Leistungsgewicht. Dies bedeutet für den LKW hohes Nutzlastverhältnis bei genügender Kraftreserve.

A Straße Allgemein

II Fahrzeugeigenschaften 1) Gesamtgewicht (Achslast)

Gardegass 01 — Der Verband der Deutschen Automobilindustrie fordert, daß bei gesetzlichen Änderungen an den zulässigen Gesamtgewichten und Achslasten sowie an den Außenabmessungen der Beweis der Zweckmäßigkeit und Brauchbarkeit der Änderungen voll erbracht wird, da nur dann der Eingriff in die Technik und Wirtschaftlichkeit des Kraftfahrzeuges vertretbar ist.

Schmidt 07 — Vor Herabsetzung der zulässigen Achslast der schweren Kraftfahrzeuge durch die Gesetzgebung muß Klarheit über die konstruktiven Möglichkeiten einer Verringerung der dynamischen Achslasten zur Schonung der Straße geschaffen werden.

Bode 05 — Die Verringerung der zulässigen Achslast von 10 t auf 8 t verursacht eine Erhöhung der Anzahl der LKW mit niedrigen Lasten in Deutschland um 25000 Züge, so daß die Gesamtschonung der Straße nicht erheblich sein wird. Durch Einsetzen dieser Verringerung in die progressiven Kennlinien nach Sill ergibt sich lediglich eine Verminderung der Beanspruchung der Straße um 10 %, die aber durch die Erhöhung der Anzahl der Fahrzeuge wahrscheinlich aufgehoben wird.

Sill 02 — Die 8 t-Einzelachse entspricht 16 t Gesamtgewicht des Einzelfahrzeugs und 24 t Gesamtgewicht des Lastzuges. Der von der Industrie gemachte Vorschlag einer 10 t-Hinterachse bei 6 t-Vorderachse für den Lastkraftwagen und 8 t zulässige Achslast für den Anhänger bedeutet 32 t Gesamtgewicht für den Lastzug. Hierfür wäre ein ausgewähltes Netz von Fernstraßen notwendig; geringere Geschwindigkeiten auf Nebenstraßen haben keinen Sinn. Die 16 t-Doppelachse ist nicht empfehlenswert.

Oberbach 03 — Die Verminderung der zulässigen Achslast für Lastkraftwagen von 10 t auf 8 t bedeutet eine Zunahme der Verkehrsfrequenz und damit der Zerstörungen der Straßen.

Dittrich 07 — Die Schlußfolgerung aus Besuch von Oberbach in den USA ist die Forderung: Das Gesamtgewicht des Lastzuges ist von 40 auf 32 t zu verringern.

Weil 02 — Überladungen haben wahrscheinlich einen entscheidenden Einfluß auf die Überbeanspruchungen der Straße.

Ruckli 05	Die Verkehrsbelastung auf den schweizer Straßen beträgt rund 1200 Fahrzeuge pro Tag, davon ca. 240 Stück über 6 t und 180 Stück über 8 t Achslast.
Oberbach 03	Es ist technisch möglich, Fahrzeuge mit 10 t Achsdruck zu konstruieren, die die Straße weniger angreifen als solche mit 8 t. Die neue Beschränkung ist daher technisch nicht begründet.
Road Test 03	Anwendung der Extrapolationsmethode auf die beim Road Test One-MD erhaltenen Kurven für die Abhängigkeit der Risse in laufenden Metern je 1000 m Fahrspur von der Belastung der Einzel- und Doppelachsen. Hierbei wurden der deutsche dreiachsige LKW mit 24 t eingesetzt und der zweiachsige LKW mit 16 t und der Anhänger mit 16 t. Die Road Test One-MD-Werte für die drei amerikanischen Fahrzeuge streuen so sehr, daß eine Verlängerung der Kurve nicht eindeutig möglich ist. Grundsätzlich müßte sich diese Auswertungsmethode jedoch durchführen lassen.
Feldmann	Bekannt sind die Einwirkungskräfte der Kraftfahrzeuge auf die Straße, nicht bekannt dagegen ihre Auswirkungen, die je nach den Straßen- und Bodenarten verschieden sind. Die einzige Möglichkeit ist die Erprobung in praktischen Fahrversuchen, die nicht allein mit den schweren Fahrzeugen, sondern auch mit 5 und 1 t-Achslast durchzuführen sind.
Sill 02	Die Straßenbaukosten betragen für eine zulässige Achslast von 8 t DM 28,--/qm bei 28 cm Straßendicke und 5,5 cm Asphaltbelag, und für 10 t Achslast bei 35 cm Straßendicke und 7 cm Asphaltbelag DM 38,--/qm.
Oberbach 03	Die Straßenkosten sind für 10 t und für 8 t Achslast gleich hoch, da der Unterbau gleich gut sein muß und auch die Decke ein gewisses Gewicht haben muß. Die Mehrkosten durch die schwere Decke betragen 2 bis 3 %.
Crantz 19	Für den Washo-Test wurde eine Verkehrsbelastung von 4000 Kraftfahrzeugen pro Tag, davon 1000 LKW und 400 schwere LKW zugrunde gelegt. Hiervon wurden je zur Hälfte Einzel-Triebachs-Fahrzeuge mit 8 und 10 t Achslast und Doppel-Triebachs-Fahrzeuge mit 14 bzw. 18 t je Doppelachse ausgewählt.

Jelinek 04	Für die Straßenbelastung ist nicht nur die Achslast ausschlaggebend sondern außerdem die ungünstigste lotrechte und waagerechte Last pro Rad (Bremskräfte), Größe und Form der Reifenaufstandsfläche, Spurweite und bei Doppelreifen und Dreiachsfahrzeugen die Reifen bzw. Achsabstände, außerdem die dynamischen Zusatzlasten infolge Straßenunebenheiten, die wiederum von der Federung beeinflußt werden.
Schaar 02	Außer den Erschütterungen durch den arbeitenden Motor treten noch weitere Zusatzkräfte auf. Das Differential, durch

welches das Drehmoment des Motors übertragen wird, ist bestrebt, das ganze Wagengestell um die Hinterachse zu drehen. Dies führt zu einer Entlastung der Vorder- und einer Belastung der Hinterachse. Dieses Reaktionsmoment ist gleich dem vom Motor ausgeübten Antriebsmoment abzüglich der in der Kraftübertragung eingetretenen Verluste. Werden diese vernachlässigt, so erhält man für ein Rad die Zusatzkraft 0,5 x Antriebsmoment / Achsabstand der Vorder- zur Hinterachse. Außerdem verursacht die Kardanwelle ein seitliches Kippen und damit eine Zusatzkraft von 0,5 x Drehmoment / Radabstand (= Spurweite). Bei Schrägstellung des Fahrzeugs infolge geneigter Straßen ist die Mehrbelastung des tiefer laufenden Außenrades $E = 2\,Q \cdot \sin\alpha \cdot u/b$. Dabei ist α der Winkel der Straßenneigung, b die Spurweite und u der Schwerpunktabstand von der Fahrbahn 2 Q ist der Achsdruck.

Auf einer Steigung werden die tiefer laufenden Räder mehr belastet. Die Zusatzkraft beträgt $S = 1/2\,G \cdot \sin\beta \cdot u/a$ wobei β das Gefälle der Straße, G das Wagengewicht, u der Schwerpunktabstand von der Fahrbahn und a der Achsabstand ist.

Die Fliehkraft bei Kurvenfahrt hat an den äußeren Rädern eine Mehrbelastung zur Folge von $F = \frac{2\,Q \cdot v^2 \cdot u}{g \cdot r \cdot b}$. Hierbei ist 2 Q der Achsdruck, v die Geschwindigkeit, u der Schwerpunktabstand von der Fahrbahn, g die Erdbeschleunigung, r der Radius der Kurve und b der Radabstand. Diese Zusatzkräfte bleiben im Normalfall unter 10 %, im ungünstigsten Fall unter 20 % der statischen Radlast.

Janthe 01 — Zusammenstellung von Radanordnungen und Antrieben einschließlich der Federung unter Berücksichtigung des Einflusses des Haftreibungsbeiwertes auf der Straße.

Neumann 03 a — Druckverteilung auf den Boden bei LKW in verschiedenen Abständen nebeneinander stehend und bei Einzel- und Doppelachsen.

Normann 02 — Drücke, die vom Boden aufgenommen werden, bei Einzel- und Doppelachsen und im Stillstand und bei verschiedenen Geschwindigkeiten (s. B a)/II 5.).

Maruhn 03 — Berechnung der Veränderung der Achsdrücke in Steigung und Gefälle für Lastzüge.

Meyer 3-01 — Bei einem 35 t Lastzug steigt der 8 t Hinterachsdruck bei 8 % Steigung um 1100 kg. Die Vorderachsen werden entsprechend entlastet. Diagramme für verschiedene schwere Kraftfahrzeuge.

Marquard 01 — Modell-Versuchseinrichtungen für die Messung der Verminderung der Radbelastung durch Kurvenneigung bei Schwingachs- und Starrachs-Wagen.

Oberbach 05 — Bei Fahrzeugzügen muß die Triebachse des LKW stets die höchstzulässige Achslast haben, da hier die Adhäsion zwischen Reifen und Fahrbahn ein Optimum sein muß. Das derzeitige Gewichtsverhältnis der Triebfahrzeuge zum Anhänger von 1 : 1,5 ist sehr ungünstig. Man sollte aus Sicherheitsgründen dieses Verhältnis auf 1 : 1 abändern. Unter Beibehaltung der 10 t Triebachse erhält man dann einen 32 t Zug, bei Herabsetzung der Triebachslast auf 8 t nur ein Gesamtgewicht von 24 t. Das Verhältnis der Nutzlast zum Gesamtgewicht ist beim 32 t Zug günstiger als beim 24 t Zug.

A Straße Allgemein

II Fahrzeugeigenschaften 3) Bewegungszustand

Braunschweig IX — Geschwindigkeitsmesser, damals Autograph (Auto-Wegschreiber der Firma Kienzle), heute Tachograph.

Peiseler 01 — Das Peiseler-Rad-Meßgerät zur Messung der Beschleunigungs- und Verzögerungsvorgänge besteht aus einem Laufrad neben dem Kraftfahrzeug mit Tachometer und Wegzähler, wobei als Zusatzgeräte auch Fernanzeiger, Zeitmarkengeber, Schreibwerk und Fußkraftschreiber eingebaut werden können.

Koeßler 03 — Hohe Geschwindigkeiten können die Straßenbeanspruchung vermindern.

Breyer 02 — Die Geschwindigkeit bestimmt in jedem Fall die lebendige Kraft sowie die Fliehkraft, den Bremsweg und die Bremszeit. Auch die Sicherheit des Fahrzeuges hängt von der Geschwindigkeit ab.

A Straße Allgemein

II Fahrzeugeigenschaften 4) Statische vertikale Last

Siedeck 01 — Die Druckmeßdosen, Fabrikat Philips, bestehen aus einer 35 mm dicken Platte von 300 mm Durchmesser, in die eine Membrandose von 225 mm Durchmesser eingebaut ist. Unter der Membran ist eine Ölfüllung, darunter eine Stahlmembran mit kleinem Durchmesser, die nur am Rande aufliegt, so daß sie sich bei Druckeinwirkung durchbiegt. Der Druck wird durch auf die Stahlmembran aufgeklebte Dehnungsmeßstreifen gemessen. Ein Temperaturausgleich ist durch Meßbrücken möglich. Auch bei dynamischen Messungen wurde gute Reproduzierbarkeit beobachtet. Bei Betonunterbau und Betondecken sowie unter Packlage oder in Schotterunterbau entstanden falsche Ergebnisse, wenn sich Steine auf den Dosenrand auflegten. Auch beim Einbau in Kies war die Anzeige falsch, wenn sich Steine auf den Plattenrand auflegten, die Dosen sich verschoben und schief stellten. Im Erdreich war erst in einer Tiefe von 0,5 m die Messung von Lasten über 500 kg und in 0,7 m Tiefe von Lasten von 1 t einwandfrei. Bei richtigen Einbauverhältnissen waren die Ergebnisse sehr gut. Nach längerer Betriebszeit traten jedoch Schäden in der Armierung der elektrischen Zuleitung auf.

Die Druckmeßdosen der Firma Lorenz haben größere Empfindlichkeit. Die Vergleichsanzeigen waren gut.

Schaar 05 Mit wenigen Ausnahmen genügen die jetzigen Straßenbaustoffe allen von Kraftwagen auf sie ausgeübten Druckbeanspruchungen.

Braunschweig IX Zusammenstellung der Meßgeräte zur Gewichtsbestimmung der Kraftfahrzeuge, darunter ein hydraulischer Hubapparat (Baujahr 1930).

A Straße Allgemein

II Fahrzeugeigenschaften 5) Dynamische vertikale Last

1. Zulässige Verkehrserschütterungen

Stufa 02 Die Studiengesellschaft für Automobilstraßenbau hat vorläufige Grundsätze zur Feststellung von Verkehrserschütterungen herausgegeben, die deren Auswirkungen auf die Straße und die angrenzende Bebauung und deren Ursachen behandeln. Eine einheitliche Festlegung der Meßverfahren und Kennzahlen soll den Ermittlungen der verschiedenen Straßenbau- und Baupolizeiverwaltungen eine sichere Grundlage geben.

Stufa 05 Die vorläufigen Grundsätze zur Feststellung von Verkehrserschütterungen, ihrer Ursachen und ihrer Wirkung auf die Straße und die angrenzende Bebauung sind heute nur noch teilweise brauchbar, da die Versuchsfahrzeuge vielfach Elastikbereifung hatten und mit geringer Geschwindigkeit fuhren.

Stufa 04 Auf Grund der Untersuchungen im Jahre 1930 wurden Vorschriften über Bereifung, Geschwindigkeit und Gewichte von Fahrzeugen herausgegeben, die jetzt zum Teil noch Anwendung finden müßten, da vor allem sogenannte Elastikbereifungen noch heute ohne Beschränkung der Radlast gegenüber den Luftbereifungen (nur mit Geschwindigkeitsbegrenzung) zugelassen sind.

2. Meßgeräte für dynamische Schwingungen im Boden

Braunschweig X 1. Erschütterungsmeßgeräte 1930. Mit vier Beschleunigungsmessern, Bauart Langer-Thomé, die in verschiedenen Abständen von der Straße eingebaut sind, werden die beim Fahren eines Kraftfahrzeuges auf der Straße erzeugten Erschütterungen gemessen. Die mindestens 3mal erreichte oder überschrittene Höchstbeschleunigung des Erdreiches gilt als Erschütterungsgrad. Das Höchstmaß kann 1,45 bis 1,3 mal so hoch wie dieser werden. Die Angaben erfolgen in den Richtungen der drei Komponenten.

2. Piezo-Quarz-Erschütterungsmeßgerät nach Ambrunn mit je 6 Meßkörpern in drei Richtungen. Hieraus wird ein mittlerer Höchstwert bestimmt. Der Abstand der Meßeinrichtungen bis zur Mitte des LKW war 1,8 bis 13,6 m, wobei die 6 Meßkörper in gleichen Abständen eingebaut wurden.

Meister 01 Einteilung der Schwingungsmeßgeräte in:
Schwingungswegmesser
Schwingungsgeschwindigkeitsmesser
Beschleunigungsmesser
Druckmesser.

Meister 02 Die Schwing-Weg- und Schwingungsgeschwindigkeitsmesser (drei Komponentengeräte) sind in die Fahrbahndecke versenkt eingebaut, um die Erschütterungen des Deckenunterbaues zu messen. Die Eigenfrequenz der Unterfrequenzmeßgeräte (Niederfrequenzgerät) beträgt ca. 6,5 Hz., die Dämpfung ist einstellbar. Die Stöße werden von einem mit Federkraft oder elektrisch betriebenen Registrierwerk aufgezeichnet.

Meister 04 Gerät zur Messung mechanischer Stoßwellen mit wechselstromgespeisten Drosseln, diese mit lamelliertem, vormagnetisiertem Eisenkern, wobei die Stoßbeschleunigungen elastische Formänderungen des Kernes verursachen.

Meister 05 Eichung von Schwingungsmeßgeräten:

a) Statisch durch Auswiegen der Masse und Naohkontrollieren der Federkonstanten sowie der Lagerung und der Dreheinrichtung.
b) Dynamisch auf Schwingungs- oder Schütteltisch, wobei eine Masse zwischen Federn schwingt und hierdurch die Beschleunigungswerte gibt.

Federn 01 Frequenz-selektiver Schwingungsmesser mit Wattmeter zur Messung von Unwuchtschwingungen. Seine Eichung erfolgt mit einer Auswucht-Maschine mit Ringspaltmagnet und Tauchspule.

Crantz 04 Schwingungsgerät der Firma Shell, entwickelt von Nijboer, zur Messung der Tragfähigkeit von Straßen (s. Bericht Nijboer 03).

Risch 03 Bei den Erschütterungsmessungen ist die Energie zu messen, die von den fahrenden Kraftfahrzeugen auf den Straßenkörper und von dort nach der Seite und Tiefe übertragen wird. Aus den an verschiedenen Punkten gemessenen Gebäudeerschütterungen sind die Beschleunigungen und die zusätzlichen dynamischen Beanspruchungen der Gebäude zu errechnen. Auf diese Weise können durch Straßenfahrzeuge verursachte schädliche Erschütterungen an Gebäuden ermittelt werden.

Risch 03 Die Messung der Gebäudeerschütterungen muß an verschiedenen Punkten gleichzeitig erfolgen, um hieraus die auftretenden dynamischen Beanspruchungen des Bodens errechnen zu können. Beschreibung einiger hierfür brauchbarer Meßgeräte (Seismograph-Gerät).

Heinrich 01 Für Erschütterungsmessungen wurde ein Seismograph für horizontale und vertikale Schwingungen mit hoher Registriergeschwindigkeit verwendet. Untersucht wurden die Einflüsse der Bereifung, der Geschwindigkeit und des Gewichtes von schweren Kraftfahrzeugen, ferner der Entfernung des Meßpunktes von der Fahrbahn und der Fahrbahnbeschaffenheit.

Gaßmann 01 Zusammenstellung verschiedener transportabler Meßgeräte zur Messung und Aufzeichnung von Schwingungen im Boden. Die Geräte können in verschiedener Entfernung von der Straße und in verschiedenen Stockwerken anliegender Häuser aufgestellt werden. Auf Grund der Meßergebnisse Entwicklung erschütterungsdämmender Straßenaufbauten und günstigere Gestaltung der Federung der Fahrzeuge.

3. Wirkungen von Erschütterungen durch Kraftfahrzeuge

Langer 08 Überblick über die Größenanordnung der von Fahrzeugen hervorgerufenen Erschütterungen sowie deren Übertragung auf Gebäude usw.

Göltz 04 Das Fahrzeug übt auf die Straßendecke senkrechte und horizontale Kräfte aus. Die senkrechten Kräfte ändern sich ständig mit der Geschwindigkeit und den Wagenschwingungen.

Heinrich 01 Bei Kopfsteinpflasterstraßen mit wechselnder Beschaffenheit auf lockeren, vielfach feuchten und tonigen Sanden wurde festgestellt, daß die größten Erschütterungen unter folgenden Bedingungen auftreten: Geschwindigkeit der Fahrzeuge von 10 bis 25 km/h, Fahrbahnentfernung des Meßgerätes unter 8 m und vor allem Unebenheiten der Fahrbahn. In ungünstigen Fällen kann jeder der drei Faktoren allein eine Verdoppelung und in ihrem Zusammenwirken können sie ein Vielfaches des normalen Erschütterungsgrades bewirken.

Schenck 04 Die Druckkräfte auf die Straße ergeben sich aus dem Eigengewicht und der Nutzlast. Dazu kommen jedoch noch folgende Zusatzkräfte, hervorgerufen durch ungleichförmigen Raddruck infolge:

1. der Stellung des Fahrzeugs auf ungleichmäßiger ebener Straßendecke,
2. des Drehmomentes des Motors,
3. der Fliehkräfte in der Kurve,
4. dynamischer Wirkungen durch ungleichmäßige Fahrbahn.

Kraftwagen-Versuche zeigen, daß der dynamische Druck bis zum 3,5fachen des statischen anwachsen kann. Hierbei spielt die Bereifung eine ausschlaggebende Rolle.

Schmidt 07 Zusätzlich zur statischen Last wirken die dynamischen Lasten, die den statischen Anteil um ein Mehrfaches übersteigen können.

Sill 02 Durch das stete Hämmern und Rütteln beim Darüberfahren entstehen schwere Schäden an den Autobahnen. Besonders groß sind solche Schäden an städtischen Kanalisationen und den U-Bahn-Tunnels.

Ebener 01 Nach eingehenden Untersuchungen an Brücken erzeugen die dynamischen Raddrücke wellige Einbuchtungen im Buckelblech, verursacht durch die Zermürbung des Füllbetons. Beim Darüberfahren eines einzelnen Wagens sind die zurückbleibenden Schwingungen größer als beim Darüberfahren eines Lastzuges, da die periodische Erregung durch die Anhänger gestört wird und die Eigenschwingungszahl beim Lastzug sich stärker ändert als bei Einzellasten. Beim Abstellen eines Lastwagens auf der Brücke werden die durch den Fahrenden verursachten Schwingungsausschläge vermindert, so daß das Mehrgewicht einer verstärkten Fahrbahndecke ebenfalls eine Verminderung der Schwingungen verursachen kann. Die Frequenzen der Brükkenschwingungen liegen zwischen 2,65 bis 3,7 Sekunden je Schwingung. Der Schwingungsbeiwert überschreitet nicht den Betrag von 1,16. Leichte Fahrbahndecken sind ungünstig.

Teller 05 Bei Brückenträgern tritt infolge der trockenen Haftreibung bei Nietungen oder Verschraubungen eine Eigendämpfung ein. Schrauben sind daher mit Drehmomentschlüsseln gleichmäßig festzuziehen. Es wurden auch Belastungsversuche bis zum Bruch durchgeführt. Die angewendeten Meßeinrichtungen und -Methoden sind beschrieben und wertvolle Hinweise für die Dimensionierung von Brücken angegeben.

Risch 02 Untersuchungen über die Stoßwirkung beim Auffahren eines Mercedes-Wagens mit 160 km/h auf eine Brücke zeigten, daß die Beschleunigung der Decke an den Widerlagern stark zurückgeht. Die resultierende Stoßwirkung bleibt innerhalb der an Betonstraßenfugen auftretenden normalen Stoßwirkung.

Schenck 04 Außer den Druckkräften auf die Straße wirken bei schweren Kraftfahrzeugen zusätzlich die durch das Drehmoment des Motors in Fahrtrichtung erzeugten Kräfte und die durch Kurvenfahrt ausgelösten Fliehkräfte senkrecht zur Fahrtrichtung.

Schaar 01 Die auf die Straßendecke ausgeübten Schubkräfte wirken in und senkrecht zur Fahrtrichtung. Die ersteren sind durch die Treibräder und den Rollenwiderstand der Laufräder verursacht, die letzteren durch die Querneigung der Straße und die Zentrifugalkräfte beim Kurvenfahren. Die Größe der Schubkräfte gibt ein Maß für die von ihnen auf der Fahrbahn geleistete Schleifarbeit. Die Schubkräfte sind immer so groß, daß der Fahrwiderstand des Wagens überwunden wird und am größten beim Anfahren und Bremsen. Einige Schubkräfte verschiedener Kraftfahrzeuge sind angegeben. Für die Fahrbahndecke ist nicht die absolute Größe der Schubkraft, sondern die Schubkraft je Flächeneinheit ausschlaggebend. Die maximal mögliche Schubkraft ergibt sich bei der höchst möglichen Reibungszahl von ca. 0,6 und ist bei allen Luftreifen nahezu gleich hoch. Bei Elastikreifen ist sie je nach dem spezifischen Druck unterschiedlich. Formeln für die Schubkräfte und Rollwiderstände, auch an Vorderrädern, sind angeführt. Die maximal zulässigen Flächenbelastungen sind bei Asphalt 0,1 kg/cm^2 und steigen bei Kopfsteinpflaster bis auf 0,17 kg/cm^2.

Durch Schrägstellen der Räder und Abweichen von der geraden Fahrtrichtung treten senkrecht zur Fahrtrichtung vernachlässigbar kleine Kräfte auf. Sie wachsen aber bei Kurvenfahrt erheblich und hängen von der Geschwindigkeit ab. Zahlentabellen geben die kleinstmöglichen Krümmungsradien, die ohne Gefährdung der Betriebssicherheit gefahren werden können, wieder. Die größten Werte treten beim Schleudern auf, das beim PKW oft, beim Schnellaster weniger oft und beim LKW sehr selten vorkommt.

B Oberfläche Allgemein

II Fahrzeugeigenschaften 7) Dynamische horizontale Lasten

Dietz 02 Modellversuche über das Schleudern von Anhängern: Umfangreiche Untersuchungen zeigen, daß bei Anhängern Schleuderbewegungen möglich sind, die eine dynamische horizontale Beanspruchung der Straßenoberfläche verursachen.

Die als Pendeln bezeichneten Schleuderbewegungen werden hervorgerufen bzw. begünstigt durch:

Hohe Fahrgeschwindigkeit, Lenkungsluft, seitenweiche Reifen, seitliche Bewegungsmöglichkeit des Zughakens, erhöhter Deichseldruck im Gefälle oder bei Verzögerung des Zugwagens, hohe Vorderachslast, Allradlenkung, Doppelbereifung, Schwerpunktslage hinter der Achse.

Als wirksame Gegenmaßnahmen haben sich erwiesen:

Langer Radstand und lange Deichseln, hohe Reibung in der Lenkung, die als Dämpfung wirkt, hoher Deichselzug in Steigungen oder bei Beschleunigung, große Vorspur der Vorderräder, Rückverlegung der Lenkradachse hinter die Drehschemelachse, was aber schlechte Spurhaltung in den Kurven verursacht, weiche Bereifung an den Vorderrädern, federnde Rückstellung der Lenkung in die Mittellage kann günstig bei kleinen Pendelungen, jedoch sehr ungünstig bei größeren durch Aufschaukelung werden.

Größte Pendelbewegungen treten ein, wenn Zughakenschwingungen und Anhängerpendelung in Resonanz kommen.

Schaar 06 Bei den Rädern der Gespannfuhrwerke tritt in Längsrichtung noch ein Schub durch die Nabenreibung auf, der bei Kraftfahrzeugen vernachlässigbar gering ist. Schubkräfte, senkrecht zur Fahrbahn, kommen bei Gespannfuhrwerken kaum vor.

B Oberfläche Allgemein

II Fahrzeugeigenschaften 8) Kraftschluß

Langer 01 Ein Meßgerät für den Kraftschluß ist der Siemens-Bremsmesser, ein schräggestelltes, quecksilbergefülltes U-Rohr. Bei Verzögerung oder Beschleunigung ändern sich die Höhen der Quecksilbersäulen. Die geringe Dämpfung bedingt längeres Konstanthalten der Verzögerung (mindestens 1 s). Das Gerät wird zur Prüfung der Einhaltung der Vorschriften über ausreichende Bremsen bei Kraftfahrzeugen verwendet, wobei genügende Straßengriffigkeit Voraussetzung ist.

Schaar 01 Die unter A II 6) erwähnten Ausführungen über die Schubkraft gelten für den Kraftschluß zwischen Kraftfahrzeug und Fahbahn.

Schenck 05 Der Schub der Triebräder hängt von der Achslast und der Gesamtlast ab. Je geringer die Achslast ist, desto größer wird die Schleifarbeit auf der Fahrbahn. Beim Anfahren kann ein starker schleifender und bohrender Griff der Triebräder auf die Fahrbahn entstehen.

Schunk 01 Die Annahme, daß das Kraftfahrzeug der durch die Lenkgeometrie gegebenen Bahn folgen würde, ist nicht richtig. Durch Seitenwind und die Seitenkomponenten von Massenkraft und Schwerkraft entsteht auf Grund der Seitenweichheit der Reifen ein sogenannter Schwimmwinkel, der den Kraftschluß bei höheren Werten negativ beeinflussen kann.

1. Zulassung von Reifen

Neumann 03 a

Bei Nicht-Luftreifen muß das Arbeitsvermögen mindestens 60 mkg betragen. Die Flächenpressung darf höchstens 8 kg/cm^2 und die statische Last je cm Radbreite darf nicht höher als 100 kg sein. Die höchstzulässige Geschwindigkeit ist 25 km/h bei gefederter Triebachse. Die Formel zur Errechnung des Arbeitsvermögens ist angegeben.

Braunschweig V

Berechnung des Arbeitsvermögens A von Luftreifen aus der Eindrückung $f = \frac{A \cdot 1000}{max.Last + 500}$. Minimal notwendige Werte sind bei neuen Reifen A = 11 bis 12 mkg, im abgefahrenen Zustand 9 bis 8 mkg.

Crantz 16

Vorschlag zur Errechnung der Verkehrsbelastung aus den Fahrzeuggewichten: (Kraftrad und PKW) · 0,1 + (Omnibus + LKW unter 3 t) · 0,4 + (LKW über 3 t mit Anhänger + eisenbereifter Verkehr) · 1. Der eisenbereifte Verkehr wird hier den LKW über 3 t mit Luftreifen gleichgesetzt.

A.G. F+F 05

Croce: Versuche mit Kuhlemayer-Fahrzeugen. Die Beanspruchung der Straße durch 12 Elastikreifen, die ein Gewicht von 50 t mit 20 km/h befördern, ist viel höher als die von luftbereiften LKW bei normaler Geschwindigkeit. Da die Elastikreifen die Straßen stark angreifen, müssen alle Ergebnisse hierüber gesammelt werden, um zu erwirken, daß sie durch Luftreifen ersetzt werden. Elastikreifen sind immer noch bis zu einer Radlast von 4 t und einer Geschwindigkeit von 25 km/h zugelassen, obwohl sie auch bei diesen Einschränkungen die Straße stark zerstören. Es wäre richtig, diese Reifen, auch wenn sie langsam fahren, wegen des hohen Flächendruckes zu verbieten. Es lassen sich immer Luftreifen einbauen, wenn diese auch etwas teurer sind und unter Umständen Schwierigkeiten wegen der Unterbringung der Bremstrommeln entstehen.

2. Meßmethoden an Reifen

Misset 01

Untersuchungen über den "Arbeitsverlust an Reifen" von Automobilreifen. Die Prüfmaschine besteht aus einem angetriebenen Rad mit Bereifung, das auf einer abgebremsten Trommel läuft. Gemessen werden der Rollwiderstand und der Wirkungsgrad der Kraftübertragung nach längerer Laufzeit, wobei eine Temperatursteigerung der Bereifung eintritt. Radbelastung z.B. 1500 kg.

Messung der plastischen Verformung von Gummirädern mit einer Falztrommel und beim Fall des Rades aus verschiedener Höhe sowie der Druckverteilung in Gummi beim Eindrücken einer Kugel von 10 mm Ø.

Hoffmann 02	Verschiedene Geräte zur Messung der Rotations-Unwucht von komplett montierten Rädern und Mittel zum Auswuchten.
Braunschweig V	Vergleich von luftbereiften, mit Vollelastik und Vollgummi bereiften LKW und Anhängern gegenüber eisenbereiften durch Pferde und Traktoren gezogenen Wagen in Fahrversuchen auf getrennten und gleichen Bahnen. Hierbei wurden der Reifenverbrauch, die Zugkraft, der Reibungskoeffizient, die Transportkosten und die Unterhaltungskosten der Straße erfaßt.

Neumann 01

Messung der Kraftübertragung. Die Bewegungsmöglichkeiten bei der Kraftübertragung vom Reifen auf die Fahrbahn sind: Rollen, Schlüpfen, Gleiten. Formeln für diese Bewegungszustände. Die Messung des Haft- und Gleitwertes erfolgt durch Bremsversuche. Diese sind jedoch ungenau, da das Rad nicht gleichmäßig belastet bleibt.

Der Schleppanhänger mißt z.B. System Stuttgarter Reibungsmesser, Haftreibung, Gleitreibung, Roll- und Walkreibung gleichzeitig. Er setzt aber gleichmäßigen Bodendruck voraus, was nicht zu erreichen ist.

Diese Meßmethode mit einem Motorrad mit schräg gestelltem Seitenrad ist noch ungenauer.

Martin 04

Beschreibung eines Bodendruckprüfgerätes, das den Druck in der Berührungsfläche zwischen Reifen und Fahrbahn bei ruhender Belastung nach 3 Richtungen punktweise zu messen gestattet.

Braunschweig VIII

Zusammenstellung der in den Jahren 1928 bis 1937 bekannten Meßgeräte zur Messung des Rollwiderstandes:

1. Momentanwertbestimmung:
   a) Gerät Kistner: Elektromobil, bei dem der Strom und die Spannung registriert werden.
   b) Gerät Betz: Diesel-elektrisches Gerät, welches den Strom und die Spannung je t-km mißt und die Arbeit in kW-Stunden.

Der Nachteil dieser Methoden ist, daß Roll- und Luftwiderstand zusammen gemessen werden.

2. Auslaufmessungen mit normalem Fahrzeug zur Bestimmung des Auslaufweges in Abhängigkeit von der Anfangsgeschwindigkeit:
   a) Agg-USA-Gerät mit elektrischer Kontaktuhr und Registrierstreifen mit Seilrad. Der Luftwiderstand wird mit gemessen und eliminiert.
   b) Essers-Gerät mißt den Anfangskontakt durch Reißdrähte, die zwischen Pflöcken gespannt sind. Der Luftwiderstand wird durch eine Staudüse gemessen.
   c) Fujii-Gerät mißt die Auslaufzeit mit dem Wimperis-Accelerometer und gleichzeitig den Luftwiderstand.

Martin 05

Messung der Druckverteilung in der Berührungsfläche zwischen Reifen und Fahrbahn durch einen Druckstempel von 1 cm^2 Druckfläche, der in ein Gerät von 11 cm ⌀ eingebaut ist. Gemessen wird die Kraft, die nötig ist, um den Druckstempel aus der Straßenoberfläche heraus in den Reifengummi zu drükken. Gleichzeitig Messung der Horizontalkräfte mit Meßuhren. Hieraus auch Bestimmung der Größe von Horizontalkräften, durch Gummiwarzen bei verschiedenen Reifen.

Braunschweig X — Messung des Arbeitsvermögens in Abhängigkeit von der Profilhöhe von Elastikreifen und der Stoßhärte bei verschiedenen Temperaturen.

Washo 01 — Messung der Aufstandsflächen der Reifen beim Washo-Test durch Abdruck der gefärbten Reifenlauffläche auf Papier.

3. Höhe des Reifendruckes auf die Straße

Feldmann 01 — Aus der Höhe des Raddruckes, dem Innendruck des Luftreifens und der Form der Straßenoberfläche auch bei nicht starrer Deckenkonstruktion ergibt sich die Größe der sogenannten Latschfläche. Die Höhe der Raddrücke hängt von den statischen und dynamischen Vertikalkräften und den zusätzlichen horizontalen Kräften beim Anfahren, Bremsen und in den Kurven ab. Die Bodenpressung zwischen Reifen und Fahrbahn errechnet sich als Mittelwert aus dem Verhältnis der Felgenlast zur Reifenabdruck-Latschfläche.

Schaar 06 — Bei schweren Fuhrwerken mit Eisenbereifung ist mit einem Raddruck von 125 kg auf 1 cm Felgenbreite zu rechnen. Die Größe der Radauflagefläche hängt auch von der Nachgiebigkeit der Straßendecke und dem Raddurchmesser ab. Der durchschnittliche Druck ist bei Groß- und Kleinpflaster 25 kg/cm^2 und Schotterbahn 12 kg/cm^2.

Saal 02 — Der Kraftwagen wirkt auf die Straße durch den von den Reifen erzeugten Druck. Dieser Druck wird nicht nur vom Achsdruck, sondern in besonderem Maße auch von der spezifischen Pressung auf die Fahrbahnoberfläche beeinflußt, die innerhalb der zulässigen Grenzen bleiben muß, wenn die Straße nicht vorzeitig zerstört werden soll. Versuche zeigten, daß die im Fahrzeugbetrieb auftretenden Zusatzkräfte infolge der Erschütterungen durch den arbeitenden Motor und die Straßenunebenheiten im Normalfall nicht über 10 % und im ungünstigen Fall nicht über 20 % des statischen Achsdruckes ansteigen.

Schenck 04 — In den Kurven erhöht sich die Druckkraft an den äußeren Rädern infolge der Fliehkraft, welche sich entsprechend den Achslasten und dem Fahrzustand auf die Räder verteilt.

Schenck 06 — Ein Hinterraddruck von 1 t verursacht folgende spezifische Drücke in kg/cm^2: Vollgummireifen 16,5 bis 31, Riesenelastikreifen 5,74 bis 11,48, Riesenluftreifen bis 4,4. Für 3 t Hinterraddruck betragen die Drücke: Vollgummireifen 19,8 bis 39,6, Elastikreifen 8,37 bis 16,74, Riesenluftreifen bis 4,7.

Schenck 06 — Der Druck auf die Fahrbahn ist bei Niederdruckreifen nur ca. halb so groß wie bei den früheren Hochdruckreifen.

Neumann 03 a — Doppelreifen verursachen innen stets höheren Druck, infolge der Straßenwölbung, daher ist der Luftdruck des inneren Reifens um 0,3 atü niedriger zu halten, als der des äußeren.

Nijboer 01 — Der spezifische Flächendruck beträgt in der Mitte bei Luftreifen-Aufstandsfläche bis 6,5 kg/cm², bei Elastikreifen bis 9 kg/cm² und infolge des parabolischen Druckverlaufes in der Mitte bis maximal 13,5 kg/cm². Der Stoßfaktor kann bis zum Doppelten der statischen Radlast ansteigen, so daß der Effektivdruck auf die Straße in der Reifenmitte bei Elastikreifen 35 kg/cm² erreichen kann.

Nijboer 05 — Die Normalspannung, die eine ruhende Last auf die Decke ausübt, erreicht bei Luftbereifungen ca. 7 kg/cm², bei eisenbeschlagenen Rädern dagegen 35 kg/cm².

Martin 05 — Rechnung und Versuch zeigen, daß die maximale lotrechte Druckbeanspruchung bis zu 50 % über der mittleren Druckbeanspruchung liegt, die man aus der Planimetrierung der Berührungsfläche errechnet. An den Rändern von Luftreifen treten bei Übertragung von Antriebskräften parallel zur Fahrtrichtung hohe Druckgebirge auf. Hieraus ergibt sich eine starke Reifenabnutzung unter gleichzeitigem Auftreten starker Schrumpfspannungen. Die Federkennlinie der Luftreifen wird rechnerisch und versuchsmäßig in die Luft- und die Gummi-Kennlinie getrennt.

Metzeler 01 — Das Verhältnis des Reifeninnendrucks zum spezifischen Bodendruck beim PKW ist, bezogen auf die gesamte Auflagefläche 1,38 und bezogen auf die zur Auflage kommenden Profilteile 1,83, beim LKW, bezogen auf die gesamte Auflagefläche 0,9 und bezogen auf die zur Auflage kommenden Profilteile 1,27. Dieses Verhältnis ist also bei LKW-Bereifungen niedriger als bei PKW-Bereifungen.

4. Verteilung des Reifendruckes auf der Straße

Braunschweig V — Bei Luftbereifung ist das Druckmaximum in der Mitte ungefähr das 1,3fache des mittleren spezifischen Reifendruckes, der sich aus der Gesamtbelastung dividiert durch die Gesamtauflagefläche des Reifens ergibt und bei Luftreifen 3 kg/cm² und bei Vollgummireifen 5 kg/cm² beträgt.

Braunschweig X — In der Versuchsanstalt für Kraftfahrzeuge Berlin wurde für eine Reifenbelastung von 2 t die Reifenauflagefläche in cm² ermittelt. Infolge der Unebenheiten der Oberfläche sind die spezifischen Bahndrücke bei Einzelreifen immer niedriger als bei Zwillingsreifen, die ungleich belastet werden. Der spezifische Bahndruck von 38 Stück abgefahrenen Elastikreifen blieb nur bei 6 Reifen unter 8 kg/cm² und erreichte bei den übrigen 12 und 13 kg/cm², bei Zwillingsreifen sogar 14,5 kg/cm².

Neumann 03 a — Der Druck in der Auflagefläche wächst bei Vollgummireifen von außen (Null) bis auf 1,5mal mittlerer spezifischer Reifendruck in der Mitte, bei Luftreifen bis auf ca. 1,5mal Luftinnendruck und kann bis 2mal Luftinnendruck bei überlasteten Reifen ansteigen. Die Einsinktiefe ergibt sich aus dem spezifischen Flächendruck und der Bettungsziffer c (kg/cm^2). Die vom Verfasser angegebenen Bettungsziffern sind unter Punkt C a) /III 1) angeführt. Die maximalen spezifischen Flächendrücke (kg/cm^2) sind bei Eisenrädern mit 150 kg Belastung je cm Felgenbreite und 2 m Raddurchmesser: Erdbahn 6, Kiesbahn 8, Steinschlagbahn 16, festgefahrener Schotter 15 und Beton 125 kg/cm^2.

Martin 05 — Formel für die Druckverteilung bei Vollgummireifen

Schaar 02 — Die spezifische Flächenpressung eines Luftreifens auf die Fahrbahndecke ist bei stillstehendem Wagen gleich dem Luftinnendruck mal einem Wert für den Wandwiderstand der Reifendecke. Die Walkarbeit ruft eine Erwärmung des Reifens hervor, wodurch sich der Luftdruck und damit die Flächenpressung erhöht. Auch die innere Reibung im Reifen und die Zentrifugalkräfte verursachen bei zunehmender Geschwindigkeit ein Härterwerden des Reifens. Hieraus ergibt sich eine Zunahme der spezifischen Bodendrücke bei höheren Geschwindigkeiten. Bei hoch belasteten Luftreifen können dann Flächenpressungen erreicht werden, die nahe an die Werte herankommen, die bei Elastikreifen bei stoßfreiem Lauf auftreten. Bei der Berechnung der spezifischen Flächenpressung ist die Profilierung der Bereifung zu berücksichtigen.

Schenck 04 — Formel für die mittlere spezifische Flächendruckmessung, die nur bei elastischer Luftbereifung angewendet werden kann, wobei angenommen wird, daß der Luftschlauch eine gleichmäßige Verteilung der Belastung hervorruft. Bei starrer Bereifung konzentriert sich der Druck in der Mitte der Auflagefläche und nimmt nach dem Rand zu ab. Diese Abnahme kann nach der O'NEILschen Parabel erfolgen. Wenn die Radreifen an den Rändern abgerundet sind, hat die Auflagefläche die Form einer Ellipse. Die Spannungen werden dann nach einem Paraboloid verteilt.

Bode 05 — 85 % der Last trägt der Luftdruck, den Rest die Reifenwand. Der mittlere spezifisohe Bodendruck bleibt annähernd gleich.

Zoeppritz 01 — Bei Stahlfederbereifung (Notbereifung während der Kriegsjahre) sind die Bodenpressung, die Haftung beim Bremsen und die Antriebsübertragung ähnlich wie bei Luftreifen. Die leichteste Konstruktion mit Schraubenfedern wiegt aber immer noch dreimal so viel wie eine Luftbereifung. Die Gummibereifung läßt sich daher durch andere konstruktive Maßnahmen nicht ersetzen.

Wawrziniok 01 — Der Vorteil der Luftbereifung gegenüber Vollgummibereifung ist geringer spezifischer Flächendruck bei geringem Schlupf und besserer Bremswirkung.

Misset 01 — Das Schluckvermögen eines Vollgummireifens ist erheblich kleiner als das eines Luftreifens, selbst wenn der Luftreifen einen Innendruck von 8 atü hat. Der Walkverlust ist beim Luftreifen höher als beim Vollgummireifen.

Lowag 01 Nach Kamm sind Reifen mit geringem Luftdruck zu entwickeln, um große Auflagefläche, evtl. unter Anpassung des Luftdrukkes an den Beladungszustand, zu erhalten.

Schenck 06 Zur Berechnung des spezifischen Bodendruckes benötigt man die Bogenlänge des Rades, die auf der Fahrbahn aufliegt. Bei Eisenreifen spielt auch die Elastizität der Straßendecke einen erheblichen Einfluß; bei einem Eisenraddurchmesser von 62 cm ist die aufliegende Bogenlänge bei Granit 1,5 cm, bei Asphalt 2,6 cm, bei größeren Reifen bis 120 cm; auf Schotterdecke steigen diese Werte auf über 6 cm an. Hieraus ergibt sich ein spezifischer mittlerer Flächendruck von 14 kg/cm^2 bei guter Schotterdecke und von 66 bei Granit bzw. ein größter in der Mitte des Reifens bei Schotterdecke von 20 kg/cm^2 und bei Granit von 133 kg/cm^2.

Dempwolff 02 Spezifische Flächendrücke auf Flugplätzen.

Flugzeugtyp	Radlast in t	Flächendruck in kg/cm^2
einmotorige Maschine	6,8	3,87
mehrmotorige Maschine	17	4,57
schwere Maschine	27	5,27
schwerste Maschine	34	7,00
Zukunft	68	7,5

Kelly 01 Die in Betonfahrbahndecken entstehenden Spannungen hängen von der Größe der einzelnen Radlast ab. Achslast, Achsabstand und Gesamtfahrzeuggewicht haben eine geringere Bedeutung.

Paxson 02 Beobachtung der Veränderung der Auflagefläche mit zunehmender Belastung des Reifens bei 11 " und 20 " Bereifung. Hieraus Untersuchung, ob kreisförmige, elliptische oder rechteckige Flächen für die Ausrechnung zugrunde gelegt werden können.

B Oberfläche a) Ebenheit

I Fahrzeugverkehr Allgemein

1. Definition der Ebenheit

Neumann 08 In Anlehnung an DIN 4760 bis 62 sind Unebenheiten und Rauhigkeiten zu unterscheiden. Bei Unebenheiten ist der Abstand der Erhebungen größer als die Länge der Berührungsfläche des Reifens, wobei Erhebungen und Senkungen auf die geometrische Oberfläche der Straße als Soll-Oberfläche bezogen werden. Die tatsächliche Oberfläche wird als Ist-Oberfläche bezeichnet.

2. Vorschriften für Ebenheit

Mayer 01 — Die maximal zulässige Unebenheit darf in Deutschland 4 mm, gemessen mit der 4 m-Latte, betragen.

Oregon 01 — Die zulässige Unebenheit in den USA ist maximal 2 mm, gemessen mit einer 3 m-Latte.

A.G.Betonstraßen 01 — Die Mindestebenheit für neue Betonstraßen ist 4 mm, gemessen mit der 4 m-Latte, der Höhenunterschied an den Plattenrändern (Fugen) höchstens 2 mm. Die 4 m-Latten sind einzunivellieren. Das Gefälle, entlang den Einfassungen, muß mindestens 1 : 250 sein, das Quergefälle 1 bis 2 %.

Vorschrift für die Ebenheit: 4 mm Höchstabweichung, gemessen mit der 4 m-Latte. Gefälle an den Einfassungen mindestens 1 : 250, Quergefälle 1 bis 2 %.

3. Meßmethoden der Ebenheit

Braunschweig III — Straßenprofilmessung mit dem Profilograph, dessen 7 m langer, starker Träger auf seitlichen Stützen läuft, die wieder auf seitliche Fixpunkte aufgesetzt werden. Gemessen werden nur das Querprofil und dessen Veränderung durch den Verkehr sowie die Höhenverminderung durch Setzen. Die Längenprofile werden 1 : 10 verkleinert, die Höhenprofile 2 : 1 vergrößert.

Braunschweig V — Beurteilung der Straßenoberflächen nach Gütezahlen durch Besichtigung, wobei die beste Spur jeweils die Zahl 1 erhält und für die anderen Spuren entsprechend höhere Zahlen eingesetzt werden. Es erfolgt nur ein Vergleich der 4 Spuren, aber kein absoluter Vergleich der verschiedenen Decken. Zusätzlich werden die Flickstellen und deren Verhalten beobachtet.

Braunschweig VII — Ein Maß für die Veränderung der Oberflächenebenheit sind auch die Unterhaltungskosten für die Straßendecken.

Neumann 01 — Bei den Fahrversuchen in Braunschweig eingesetztes Ebenheitsmeßgerät: Profilograph.

Mayer 01 — Stuttgarter Wellenmesser, bestehend aus einer 2,5 m langen U-Schiene mit einem Rad in der Mitte, das als Fühlrad die Abweichungen durch einen Zeiger erkennen läßt.

Washo 01 — In den USA verwendeter handgeschobener Oberflächen-Plane-O-Meter von 2,5 m Länge, mit einer Tastrolle in der Mitte und hierdurch bewegtem Zeiger (ähnlich Stuttgarter Wellenmesser).

Raven 02 — Die verschiedenen bis 1937 bekannt gewordenen Verfahren sind wegen großen Aufwandes für die Praxis nicht brauchbar.

Braunschweig V — Kennzeichnung der Straßenoberfläche: Auf Grund der mit einem Normanhänger (ähnlich Bauart Essers) gemessenen Stöße läßt sich für die Straßenoberfläche ein Stoßgrad angeben und zwar im Verhältnis zu einer Normalstraße, für die der Stoßgrad gleich 1 gesetzt wird.

Crantz 03	Messung der Unebenheit der Fahrbahn und der Wechselwirkung zwischen Fahrbahn und Fahrzeug mit dem Vielfachmeßgerät von Ostwald, Heppenheim.
Neumann 08	Teleskopmeßeinrichtung (Bauart Ostwald) zur Erfassung der Straßenunebenheiten. Gemessen wird der Federweg in Stufen von + 1 cm, + 2 cm, + 3 cm und - 1 cm. Die Ausschläge auf 10 km werden zusammen gerechnet und ergeben ein gutes Bild der Stoßhaftigkeit der Oberfläche.
Wedemeyer 04	Versuchsanordnungen zur Messung der Welligkeit von Straßenoberflächen.
Crantz 04	Beschreibung des bayerischen Unebenheitsmessers nach Koehler-Fues.
Zube 01	Ebenheitsprüfung durch ca. 2,5 m lange Latte, die vorne und hinten auf Rollen läuft und in der Mitte ein Rastrad hat.
Neumann 08	Amerikanisches Unebenheitsmeßgerät: Summiert alle Unebenheiten bestimmter Größe auf einer bestimmten Strecke. Bewertungsschema: Unter 156 cm/km ausgezeichnet, 156 bis 235 cm/km gut, 235 bis 310 cm/km in Ordnung, über 310 cm/km uneben. Diese Bewertungsnoten allein geben aber keinen ausreichenden Maßstab, da die Welligkeit nicht im einzelnen erfaßt wird. Daher wird zusätzlich die Oberflächengestalt mit Meßrad und Oszillograph aufgenommen.
Wasser- und Wegebau 01	Beschreibung des Straßentasters nach Höltje.
Straßen- und Tiefbau 01	Beschreibung des Straßenprofilschreibers Viagraph, der in Frankreich entwickelt und amtlich anerkannt ist.
Neumann 08	Amerikanisches Straßenebenheitsmeßgerät, das auf zwei 3 m voneinander entfernten Rädern gelagert ist, wobei ein drittes Rad in der Mitte als Meßrad senkrecht, frei beweglich, eingebaut ist. Die Unebenheiten werden auf einen Zeiger, der in Augenhöhe angebracht ist, übertragen.
Wedemeyer 01	Messung der Straßenebenheiten durch Scheinwerferbeleuchtung und Gegenlichtaufnahme.
Koeßler 06	Als Maß für den Ebenheitszustand der Straße können die bei einem bestimmten Versuchsfahrzeug auftretenden dynamischen Radlasten verwendet werden. Bei den dynamischen Radlastversuchen in Braunschweig wurden 6 verschiedene Straßen - 3 gute und 3 schlechte - untersucht und von den ermittelten Radlasten ein Mittelwert gebildet. Im Vergleich zu diesem hat die gute Betonstraße um ca. 30 % niedrigere und die schlechte Betonstraße - mit schlaglochartigen Unebenheiten - um ca. 37 % höhere dynamische Radlasten.

AA Straßenebenheit 01

Goerner: Von den vielen bekannten Unebenheitsmessern wurden auf der Versuchsstrecke Lahr das Köhler-Fues- und das Mühlfeld-Gerät angewandt, deren Ergebnisse nicht übereinstimmen.
Croce: Das Köhler-Fues-Gerät zeichnet ein geodätisch richtiges Bild. Es gibt aber noch kein Auswertungsverfahren, welches die Profile mit Zahlen kennzeichnen läßt.
Mitschke: Beschreibung des trägheitslos arbeitenden Unebenheitsmeßgerätes von Mühlfeld und der Messungen der TH Braunschweig an 6 verschiedenen Meßstrecken von je 50 m Länge. Diese Strecken wurden auch mit dem Köhler-Fues-Gerät in 5 nebeneinander liegenden Meßlinien bei je 25 cm Abstand gemessen. Hierdurch ist ein Vergleich der Angaben der beiden Geräte möglich. Das Köhler-Fues-Gerät nimmt nur Profillinien auf, das Mühlfeld-Gerät dagegen Profilbänder bestimmter Breite. Infolge der ungleichen Feldlinienverteilung im Antennenbereich gehen die unter der Antennenmitte liegenden Unebenheiten stärker in die Mittelwertbildung der Unebenheit der aufgenommenen Fläche ein. Durch entsprechende Formgebung der Antenne soll dies verbessert werden.

AG.F+F 03

Croce: Kennzeichnung der Ebenheit und Rauhigkeit der Straßen. Ergebnis des Vergleiches von 12 Meß- und Auswertungs-Verfahren an je 2 Fahrbahnen von 5 verschieden ebenen Straßen. Werden aus den Meßwerten der beiden nebeneinander liegenden Fahrbahnen die Mittelwerte gebildet und nach steigender Unebenheit geordnet, dann ist bei 8 Verfahren die Reihenfolge der Strecken gleich; bei den übrigen ist die Reihenfolge von dieser und untereinander verschieden. Nur eine Reihenfolge kann aber richtig sein, d.h. nur ein Teil der Meßverfahren stuft richtig ein und das nur bei großen Unebenheitsunterschieden. Maßgebend für die Bewertung sind die Abweichungen des "Ist-Profils" vom "Soll-Profil" nach Höhe und Anzahl der Wendepunkte. Forderung nach einem Meßgerät, das gleichzeitig die Höhen der An- und Abstiege und die Anzahl der Wendepunkte bei bestimmter Streckenlänge mißt. Hieraus kann ein geodätischer Kennwert gebildet werden, wenn das Profil mit einer Spitze abgetastet wird, bzw. ein kinematischer, wenn es von einem nicht springenden Rad abgetastet wird. Der geodätische Kennwert gibt auch ein Maß für die Rauhigkeit der Straße.

Croce 04

Änderung des Meßgerätes von Mühlfeld/Koeßler 1954 auf zwei Frequenzen zur Erfassung langer und kurzer Bodenwellen sowie größerer Straßenbreite durch den Einbau von zwei Geräten verschiedener Frequenz.

Washo 01

Messung des Straßenprofiles beim Washo-Test mit einem Profilometer, welches in bestimmte Fixpunkte außerhalb des Straßenprofiles eingesetzt wird, wobei das Querprofil durch Abrollen eines selbstschreibenden Gerätes mit kleiner Tastrolle auf einem Brückenträger und genau justierten Schienen gemessen wird.

Washo 01

Oberflächenmeßgerät in Fahrtrichtung beim Washo-Test: Profilograph der California Division of Highways, bestehend aus einem auf vier vierrädrigen Wägelchen sitzenden Schreibgerät mit Tastrolle.

4. Unebenheiten von Straßen

Busch 04 — Eine ausreichende Ebenheit von Steinpflasterstraßen kann durch entsprechenden Aufbau erreicht werden.

Meng 02 — Die Oberflächenqualität und das Quergefälle ist bei Zementstraßen günstiger als beim Kleinpflaster.

Neumann 08 — Profilograph von Kern ergab auf 9 m Länge folgende durchschnittliche mittlere Abweichungen:
Zementbetondecke, mit Maschinen verlegt, ± 2,4 mm, von Hand verlegte Bitumendecke ± 1,8 mm.

Neumann 08 — Mit Ostwald-Gerät ausgeführte Messungen auf Reichsautobahnen ergaben keinen wesentlichen Unterschied zwischen bituminösen und Zement-Betondecken.

5. Wirkung der Unebenheiten von Straßen auf Fahrzeuge

Wedemeyer 05 — Manche Fahrbahnen sind mehr oder weniger wellig; die Betonstraßen sind in dieser Hinsicht besser, aber die Platten können sich gegeneinander neigen und verschieben. Aus diesen Unebenheiten entstehen Erregungsperioden für die Fahrzeuge. Sie entsprechen der Plattenlänge. Bei schweren Kraftfahrzeugen entspricht einer Wellenlänge von 1 m eine Resonanz-Geschwindigkeit von 30 km/h. Der Versuch, die Perioden zu durchbrechen, indem man die Länge der einzelnen Platten um einen gegebenen Mittelwert schwanken läßt, ist nicht ungefährlich, da auch die Differenz erregend wirken kann.

Wedemeyer 05 — Untersuchungen der schwingenden Fahrzeugteile ergaben, daß die Wellen der Fahrbahn vor allem die Achsen und Reifen zum Schwingen bringen. Die Frequenz beträgt 500 bis 600/min. Das Frequenzband ist klein, weil die Dimensionen der Achsen und Reifen weitgehend proportional zum Gewicht der Fahrzeuge sind. Die Härte der Reifen geht nur als Wurzelwert ein. Fahrbahnwellen können die Fahrzeuge in Schwingungen versetzen, die sich bis zur Unerträglichkeit steigern können.

Mitterlehner 01 — Die periodische Schwingung von Kraftfahrzeugen wird durch Pflasterung, Dehnfugen von Betonbahnen und mittlere Fahrbahnwellen von 1 bis 2,5 m Länge verursacht. Letztere regen die Hubschwingungen der Achsen an.

Koessler 07 — Die auf unebener Fahrbahn gemessenen größeren dynamischen Radlasten (s. B-a) / II-5) 6.) tragen wesentlich zur Zerstörung der Straße bei.

6. Reaktion des Menschen auf die durch die Straßenunebenheiten verursachten Fahrzeugbewegungen

Crantz 03 — Messung der Fahrzeugschwingungen auf dem Sitz im Institut von Prof. Koch, Hannover.

Wedemeyer 05 — Schon Bodenwellen von 5 bis 8 mm Höhe und 1 bis 2 m Länge werden im Fahrzeug als sehr unangenehm empfunden.

Dieckmann 01 — Messungen mit einem Oszillographen in einem Autobus beweisen, daß die vom Max-Planck-Institut für Arbeitsphysiologie festgestellten zumutbaren Werte bereits auf ebener Pflasterstraße bei unbeladenem Wagen überschritten werden.

Lehr 03 — Chassisschwingungen oberhalb 50/min sind aus physiologischen Gründen zu vermeiden. Abhilfemaßnahmen: 1. Anpassung der Hauptfederung nach Größe und Verlauf der niederen Frequenzschwingungen. 2. Verringerung der Nick-Schwingungen, für deren Dämpfung es einen optimalen Bereich gibt. 3. Beschränkung der Beschleunigung des Chassis auf weniger als 0,3 g (g = Erdbeschleunigung). 4. Vermeidung des Aufprallens des Wagenchassis auf die Anschläge auch auf Schlaglochstrecken.

Durch Versuche müssen diese Eigenschaften an möglichst verschiedenen Wagen festgestellt werden, damit über deren Federung auf verschiedenen Straßen ein sicheres Erfahrungsurteil vorliegt.

B Oberfläche a) Ebenheit

I Fahrzeug-Verkehr 3) Verkehr mit schweren Radfahrzeugen

Kentucky 01 — Die Wellenbildung auf Schwarzstraßen ist in erster Linie auf zu geringe innere Reibung in der Decke zurückzuführen, die weniger von den Kraftfahrzeugen als von dem zu großen Bindemittelgehalt verursacht wird. Angaben über günstige Korngrößenabstufung.

Göltz 03 — Einfluß der Straßenunebenheiten auf die Lenkung. Bei Schwerlastfahrzeugen haben schräge Querfugen keine Nachteile, bei schnell fahrenden leichten Kraftfahrzeugen jedoch unter Umständen ungünstige Auswirkungen, weil dadurch eine unbequeme labile Lenkung und gefährliche Unruhe der Vorderräder und der Lenkungsorgane entstehen können. Fahrversuche, auch über den Einfluß des Winkels und der Winkelrichtung der Querfugen, geplant (Forschungsantrag 1951).

Lang 01 — Betonstraßenuntersuchungen in Minnesota. Genaue Beobachtung des Verkehrs in 4 Jahren. Aufteilung der Zahlergebnisse in PKW, leichte, mittlere und schwere LKW sowie Sattelschlepper und Omnibusse.

Streit 04 — Die Autobahnbetonstraßen zeigen an der Überholspur geringere Schäden als an der Fahrspur. Die Platten liegen zwei Viertel ihrer Länge horizontal und haben sich im letzten Drittel nach unten durchgebogen.

B Oberfläche a) Ebenheit

I Fahrzeug-Verkehr 4) Verkehr mit Fahrzeugzügen

Chrysler 01 — Die Chassisschwingungen sind von der Federung, der Lastverteilung und der Reifencharakteristik abhängig. Die Zugmaschine hat infolge der Blattfedercharakteristik mit einem voll beladenen Anhänger eine Eigenfrequenz von etwa 200 Schwingungen/min und mit einem leichten Anhänger von etwa 225 Schwingungen/min.

Essers 10 Die dynamischen Stoßfaktoren sind für beladene Anhänger meistens kleiner als für die Treibachsen der Lastwagen, wahrscheinlich infolge der leichteren Achsen. Anhänger für eine gegebene zu befördernde Last sind infolge ihres günstigeren Verhältnisses Nutzlast zu Gesamtgewicht straßenschonend.

Croce 04 Die Unebenheiten der Versuchsstrecken in Lahr sind bei dem normalen Lastverkehr im ersten Jahr erheblich zurückgegangen, vermutlich infolge der Einebnung der kleineren Vorsprünge. Im zweiten Jahr waren die Unebenheiten insgesamt größer als im Anfang. Es war kein eindeutiges Urteil über das Verhalten des Unterbaues möglich.

Neumann 08 Vergleichsmessungen der Stoßhaftigkeit von bituminösen und Zementbeton-Decken der Autobahnen mit der Teleskopmeßeinrichtung von Ostwald ergaben keine wesentlichen Unterschiede zwischen beiden Straßenbauarten.

B Oberfläche a) Ebenheit

II Fahrzeugeigenschaften 2) Gewichtsverteilung

Meyer 2 01 Ein Stoß auf das Vorderrad wirkt sich auch auf das Hinterrad aus, so daß Nickschwingungen entstehen. Es ist möglich, diese durch entsprechende Abstimmung der Federn und großen Achsabstand zu verringern, wie Messungen gezeigt haben (s. auch B-a) / III-3)).

B Oberfläche a) Ebenheit

II Fahrzeugeigenschaften 3) Bewegungszustand

Bomhard I Die Messung der dynamischen Radlasten durch die Querdeformation der Reifen ist bei allen Geschwindigkeiten möglich. Gegen mechanische Beschädigungen bei großen Schlaglöchern ist die Einrichtung empfindlich.

Streit 07 Hohe Fahrgeschwindigkeit verlangt größtmögliche Ebenheit der Fahrbahn längs und quer zur Straßenachse.

Schaible 01 Besonders unangenehm sind - bei schwerem Schnellverkehr - Setzungen der Fahrbahn z.B. an den Widerlagern der Brücken.

Lindblom 01 Durch die Unwuchten der Reifen treten Schwingungen auf, die von der Geschwindigkeit bzw. der Umdrehungszahl der Räder abhängen. Sie dürfen keinesfalls in Resonanzfrequenz mit dem Chassisschwingungssystem kommen, da sich sonst starke Schwingungen aufschaukeln.

Essers 12 Der Einfluß der Geschwindigkeit auf die dynamischen Radlasten ist gering. Er steigt bis 60 km/h etwas an und scheint dann wieder schwach zu fallen.

Bode 05 Der dynamische Achsdruck wächst nach Essers mit der Fahrgeschwindigkeit ein wenig bis zu einem Maximum.

Koessler 07 Bei einem MAN-Lastwagen, mit 10 t-Treibachse, nahm die dynamische Radlast mit der Geschwindigkeit im Bereich von 0 bis 15 km/h stark und dann langsamer bis zu einem Maximum bei ca. 60 km/h zu. Der Stoßfaktor bleibt im Maximum der Kurven bei Verringerung der statischen Radlast annähernd konstant. Die Spitzenwerte des dynamischen Stoßfaktors sind bei guter Fahrbahn ca. 1,5 und bei schlechter Fahrbahn ca. 2. Eine Erniedrigung des Luftdruckes verursacht bei größerer Geschwindigkeit eine Erniedrigung der dynamischen Kräfte auf allen Fahrbahnen, z.B. um ca. 100 kg bei einer Luftdruckänderung von 6,25 auf 5 atü. Geschwindigkeitsabhängige Resonanzstellen können diese Verhältnisse sehr stark beeinflussen.

B Oberfläche a) Ebenheit

II Fahrzeugeigenschaften 4) Statische vertikale Last

SAE 01 An der Wellenbildung der Schwarzdecken ist nicht die statische Last der schweren Kraftfahrzeuge beteiligt. Die Ursachen sind vielmehr in der ungenügenden Standfestigkeit des Unterbaues oder der Decke oder einem zu hohen Bitumengehalt der Decke zu suchen.

Schaar 06 Durch die statische Last entstehen bei eisenbereiften Fahrzeugen erhebliche Bodendrücke. Werte, die sich je nach dem Raddurchmesser und der Nachgiebigkeit der Straßendecken für verschiedene Straßenarten ergeben, sind unter B-a) / III 1) angegeben.

Feldmann 01 Die statische Last verursacht bei Luftreifen einen nahezu gleichen Flächendruck.

Kentucky 01 Schwere Lasten verursachen auf Schwarzdecken wahrscheinlich kürzere Wellen als LKW und zwar von 2 bis 3 Fuß Länge, während PKW 8 bis 10 Fuß-Wellen verursachen.

Erz 02 Rechnerische Ermittlung der Beanspruchung der Straße durch das auf unebener Fahrbahn stehende Fahrzeug mit statisch unbestimmten Verhältnissen nach dem Prinzip der virtuellen Kräfte. Näherungsverfahren zur Ermittlung der Verdrehungssteifigkeit von Rahmen mit offenen Profilträgern.

1. Meßmethoden für dynamische Radlasten

Braunschweig IV

Messung der Beschleunigung an Kraftfahrzeugen mit dem Langer-Thomé-Gerät (Beschreibung siehe nachfolgend Langer 06). Das Meßgerät ist aufgebaut auf einer Schleppachse, die entweder leer oder mit verschiedenen Belastungen (2,36 bis 3 t, 3,68 t bzw. voll 5,18 t) über eine Blattfeder auf einen Elastikreifen wirkt. Hieraus Straßenwertung (s. Auswertungsmethoden B-a) / II 5) 4.). Meßgerät Maihak-Viameter für die Bewegung zwischen Achse und Chassis hat ein Stahlband, das an der Achse befestigt ist. Das Gerät gibt auf dem Chassis die Anzahl der Schwingungen, nicht aber deren Höhe an. Durch Unterdrückung werden kleine Stöße ausgeschieden.

Essers 12

Zusammenstellung der Meßprinzipien für die dynamische Raddruckmessung.

Grundsätzliche Arten: a) Messung der Kräfte innerhalb der Fahrbahn,
b) Messung der Kräfte, die vom Fahrzeug auf die Fahrbahn bzw.
c) von der Fahrbahn auf das Fahrzeug übertragen werden.

Meßgeräte für a): Kraftmeßdosen, elektronische Waagen, Meßgeräte für die Durchbiegung von Betonfahrbahnplatten, direkte Radlastmessungen auf dem Prüfstand, Messung der Bodenerschütterungen.

für b) und c) : Beschleunigungsmeßgeräte auf der Achse und auf dem Chassis, Messung der Durchbiegung der Wagenfedern und der Reifenverformung.

Kotitschke 02

Zusammenstellung der Meßmethoden für dynamische Raddruckmessung:

1. Messungen in der Fahrbahn:

a) Kraftmeßdose 1920, bestehend aus einem Kupferzylinder, der bei einmaligem Überfahren gestaucht wird. Eichung statisch durch Pressen. Messung erfolgt nur an einem Punkt und ist abhängig von der Art des Aufpralles.

b) Laufbandprüfstand nach Langer (1925), auf den Hindernisse aufgelegt sind, wobei die Drücke durch eine hydraulische Kraftmeßdose gemessen werden. Maximal mögliche Geschwindigkeit 40 km/h.

c) Elektronische Waagen (USA 1952) erfassen einen einzelnen Punkt.

d) Kapazitive Geber nach Graf und Weil messen die Dehnungen der Betonplatten in der Meterfahrspur, die in die Fahrbahn eingebaut sind.

2. Messungen der Bodenerschütterungen:

a) Methode von Essers und Kappes (Seismograph).

b) Methode von Quevhain, Schweiz (Seismograph).

c) Fahrzeug-Beschleunigungsmesser von Langer-Thomé, jedoch mit entsprechend höherer Selektivität als die des Seismographen.

d) Meister (1934) verwendet Schwingmaschinen, deren Kräfte genau bekannt sind und die Schwingungen im Boden verursachen, und vergleicht diese mit Schwingungen, die durch Kraftfahrzeuge verursacht werden. Messung der Schwingungen auf dem Boden durch Seismograph.

3. Messungen am Fahrzeug:

a) Trommelprüfstand von Bobeth (1913) schreibt die Achs- und Chassisbewegung auf.

b) Messung der Achsbeschleunigungen und der Kräfte zwischen Achse und Chassis in England (1930).

c) Nach verbesserter Methode (England 1932) verwendet man zwei Vertikalbeschleunigungsgeber auf der Achse und drei Beschleunigungsgeber auf dem Aufbau, jeweils einer senkrecht zur Fahrebene und einer in Fahrtrichtung, und mißt gleichzeitig die Verdrehungskräfte zwischen Rädern und Hinterachse.

d) Bode (1950) mißt die Durchbiegungen der beiden Hinterachsfedern und damit die Federwege. Durch zweimaliges Differenzieren ergeben sich die Achsbeschleunigungen, unter der Annahme, daß der Aufbau in Ruhe bleibt und die Beschleunigungen des Rades am höchsten sind. Auf diese Weise wurden zu hohe Stoßzahlen errechnet, da das Chassis nicht in Ruhe bleibt.

e) Essers benutzt Beschleunigungsmesser (Bauart Prof. Langer 1926) auf Achse und Chassis. Die dynamische Radlast errechnet sich dann aus Masse mal Beschleunigung der ungefederten Massen + Masse mal Beschleunigung der gefederten Massen.

f) Mühlfeld mißt durch an der Achse angebrachte Elektroden die Vertikaldeformation des Reifens.

g) Bomhart mißt mechanisch die Querdeformation des Reifens durch an der breitesten Stelle des Reifens seitlich angeordnete Klötze.

h) Das Laboratorium für Betriebsfestigkeit (s. auch Svenson 01 und 02) mißt 1953 die Deformation der Felge mit mehreren am Umfang verteilten aufgeklebten Dehnungsmeßstreifen. Es wird kein durchgehender Linienzug, sondern je nach Anzahl der Meßstreifen eine entsprechende Anzahl Punkte je Radumdrehung angezeigt. Zusätzlich sind eingebaut Achs- und Aufbaubeschleunigungsgeber und mit Dehnungsmeßstreifen versehene Dynamometer zwischen Achse und Feder. Diese Methode ist notwendig bei nicht starrem Aufbau, da sie die Deformation des Chassis berücksichtigt.

i) Essers schlägt 1953 vor, die dynamischen Radlasten aus den Werten der Beschleunigungsgeber auf Achse und Chassis durch elektrische Multiplikation und folgende Addition unter Berücksichtigung der Walk- und Trampelschwingungen sowie Nickschwingungen zu ermitteln. Die Geber müssen in bestimmten Abständen von der Längs- und Querachse befestigt werden, um die Größen in allen drei Richtungen in ihrer Summe richtig anzugeben (s. auch Bode 06). Hierzu ist die Bestimmung der Trägheitsmomente um die Längs- und Querachse, der Gewichte und der Schwerpunktlage nötig, wobei der Fahrzeugaufbau starr angenommen wird.

Essers 07 Norm-Meßanhänger für Unebenheitsmessungen, bestehend aus einem viereckigen Gußrahmen auf Schraubenfedern mit einem Federweg von 1 cm für je 18 kg Belastung und hydraulischen Teleskopstoßdämpfern auf einer Achse und einem Langer-Thomé-Beschleunigungsmesser mit elektrischem Zählwerk, Federhubmesser mit Kontaktgebern. Dieser Meßanhänger soll bei einer Normalgeschwindigkeit von 32 km/h bei konstanten Federungseigenschaften zur Messung der Unebenheiten der Straßen dienen. Er wird am Chassis des Zugwagens in üblicher Weise gelenkig federnd angehängt.

Bode 06 Vibrometer-Messungen auf Chassis und Achse. Das Vibrometer ist ein elektrisches Beschleunigungsmeßgerät der Firma Staiger & Mohilo. Bestimmung der senkrechten und waagerechten dynamischen Raddrücke mit Hilfe von Federwegschreibern durch Errechnung der Beschleunigungen aus den statisch festgestellten Federkennlinien.

Svenson 01 (s. auch Kotitschke 02). Deformation der Felge als Maß für die dynamische Radlast. Dehnungsmeßstreifen sind auf der Meßfelge aufgeklebt, und zwar in der Mitte des zylindrischen Teiles.

Bestimmung der dynamischen Radlasten aus der Biegung der Achsschenkel. Die Achse ist über und unter dem inneren Kugellagerring angeschliffen und dort je ein Dehnungsmeßstreifen aufgeklebt. Die gemessenen Biegungsmomente werden verursacht durch die statische Radlast, die dynamische Radlast und Seitenkräfte. Da die statische und dynamische Radlast durch Felgen- und Reifendeformation gemessen werden, bleibt die seitliche Radlast als Rest. Zusätzlich werden die Kräfte an den Befestigungselementen, z.B. der Strebe, gemessen.

Renner 01 Meßmethoden für dynamische Radlastmessungen (1929):

1. Beschleunigungsmesser von Langer-Thomé
2. Winkelbeschleunigungsmesser von Remann und Michels
3. Dämpfungsdehnungsmesser: Extensograph oder Akzelerograph von Duica
4. Feder mit Biegungsmeßgerät.

Zu 1. Eine Masse wird durch eine Feder auf eine Unterlage gepreßt und bei genügend großen Beschleunigungen abgehoben. Durch Ändern der Federvorspannung lassen sich verschiedene Beschleunigungen messen.

Zu 2. Die Masse wird zwischen zwei Federn gehalten und dient zur Winkelbeschleunigungsmessung bei kritischen Drehzahlen; für die Messung dynamischer Stöße ist das Gerät ungeeignet.

Zu 3. Der Dämpfungsdehnungsmesser besteht aus einem U-Rohr mit Quecksilberfüllung. Die auftretenden Eigenschwingungen sind störend. Ihre Dämpfung ist so schwierig, daß das Gerät für Straßenstöße unbrauchbar ist.

Essers 02 — Dynamische Radlastmessung durch Beschleunigungsmesser von Langer-Thomé. Beschreibung siehe Renner 01. Gesamtlast ist statischer Achsdruck + ungefederte Masse mal Beschleunigung + Federkonstante mal Federweg. Für die ersten Versuche wurde ein 8-t-LKW bei 40 und 60 km/h auf der Straße und dem Lauftrommelprüfstand benützt.

Langer 06 — Genauere Beschreibung des Langer-Thomé-Beschleunigungsmessers. Die durch eine Feder vorgespannten Pendelmassen, die bei Stößen in vertikaler Richtung beschleunigt werden, zeigen ihr Abheben durch Unterbrechung von Schwachstromkontakten an. Die Unterbrechungen werden auf einer Meßrolle angezeigt. Bei Verwendung mehrerer solcher Schwingungssysteme unterschiedlicher Masse und Federvorspannung ist es möglich, entsprechende Beschleunigungen zu messen. Die Methode liefert keine geschlossene Darstellung des Beschleunigungsvorganges. Erst durch Zählung der Häufigkeitswerte der einzelnen Stöße erhält man ein Maß für die Federungseigenschaften des Wagens oder die Stoßhaftigkeit der Fahrbahn.

Essers 08 — Wechselbeziehungen zwischen Fahrbahnunebenheit und dynamischer Reifenlast. Darstellung des derzeitigen Standes der Erkenntnisse und Beschreibung der Untersuchungsmethoden.

Essers 04 — Zusammenstellung der möglichen Meßverfahren der dynamischen Raddrücke (ähnlich Kotitschke 02) und Kennzeichnung ihrer Vor- und Nachteile. Genauer beschrieben ist das Verfahren von Essers, d.h. der gleichzeitigen Beschleunigungsmessung auf Achse und Aufbau.

Essers 03 — Messung der dynamischen Raddrücke von Lastkraftfahrzeugen in Viernheim im Auftrage des Bundesverkehrsministeriums. Meßmethode: Ein Beschleunigungsgeber auf der Achse, direkt unter der Feder, und ein zweiter auf dem Chassis, auf einer schweren in Sand gebetteten Platte. Die Geber sind an einen Oszillographen angeschlossen, der gleichzeitig Zeit- und Wegmarken aufschreibt. Die Gesamtlast auf die Straße ist dann die statische Last ± der maximalen Beschleunigung der Achse ± der des Aufbaus. Je nach der Bewegungsrichtung von Achse und Aufbau wirken die dynamischen Raddrücke als Entlastung oder Belastung, wobei sich beide Kräfte addieren oder subtrahieren können. Die Beschleunigungsgeber (Hersteller Staiger & Mohilo, Stuttgart) haben eine Eigenfrequenz von 600 Hz und eine Trägerfrequenz von 500 Hz.

Braunschweig X — Direkte Messung der Stöße auf die Straßenoberfläche durch Erschütterungsmeßgeräte. Indirekte Bestimmung der Stöße durch die Messung der Federwege, so daß auf Grund der

Federkennlinien die Federkräfte bestimmt werden können, und die Maximalbeschleunigungen der Radnabe (bei den Fahrversuchen in Braunschweig).

Bomhard I	Bestimmung der dynamischen Raddrücke aus der Messung der Querdeformation der Reifen (s. auch Kotitschke 02). Die Ausbauchung des Reifens wird an der stärksten Stelle innen und außen am Rad gemessen. Aus der Differenz der beiden Anzeigen lassen sich auch die Seitenkräfte feststellen. Die Deformationen werden mechanisch von Laufbolzen auf kleine Schreibwerke übertragen. Das Gerät ist bei schmutziger Straße und unbefestigten Wegen oder Geländestrecken sowie für längere Fahrtstrecken nicht brauchbar.
Koeßler 05	Trägheitsloses Hochfrequenzmeßverfahren (Mühlfeld) zur Feststellung der vertikalen Deformation des Reifens. Der Reifen dient als Meßfeder.
Behrmann 01	Das Meßgerät von Mühlfeld besteht aus einem offenen Meßkondensator, der starr an der Achse befestigt ist, wobei zugleich drei Geräte 8 cm vom Boden entfernt eingebaut sind, und zwar das erste neben dem Rad in Verlängerung der Achse, das zweite vor dem Rad in der Mitte und ein drittes innen unter der Achse 5 cm vom Reifen entfernt. Die Registrierung der Werte erfolgt durch einen tragbaren Oszillographen mit fünf Schleifen.
Mühlfeld 01	Das Meßprinzip des Mühlfeld-Meßgerätes besteht aus einem durch einen Generator angeregten Schwingungskreis, der durch das Streufeld der Fühlelektrode beeinflußt wird. Kapazitätsänderung und Verlustwinkeländerung werden gleichzeitig gemessen. Hierdurch wird Unabhängigkeit von den elektrischen Eigenschaften der den Elektroden gegenüber liegenden Stoffe erreicht und nur die Änderung des Abstandes des Bodens von der Antenne genau angezeigt.
Koeßler 02	Beschreibung der Meßmethoden für die dynamische Radlastbestimmung und ihrer Einbauanordnungen.
Hofmeister 01	Beschreibung eines gegeninduktiven Schwingmeßverfahrens für dynamische Radlasten.
Lampe 01	Ein Vergleich über die Änderung der Bodenhaftung der Räder bei dynamischen Fahrversuchen zeigt, daß einfache statische Versuche bereits erheblichen Aufschluß über die Bodenhaftung beim fahrenden Fahrzeug vermitteln.

2. Eichung von Meßgeräten für dynamische Radlasten

Behrmann 01	Eichung der drei an verschiedenen Stellen an der Achse (vor dem Rad, außen und neben dem Rad) eingebauten Mühlfeld-Geräte durch Überfahren von Sinusbohlen, Messung der reinen Vertikalkraft durch Belastung des ruhenden Rades auf ebener Fläche sowie des umlaufenden Rades auf 2-m-Lauftrommel mit verschiedenen Geschwindigkeiten auch bei Auflage von verschiedenen Hindernissen. Ein Vergleich der auf der Trommel ge-

messenen statischen Werte mit den statischen Werten auf dem Boden läßt den Einfluß der verschiedenen Einbaustellen der Meßgeräte und außerdem der Trommelkrümmung erkennen.

Essers 07	Eichung des Norm-Einachsanhängers auf dem Trommelprüfstand. Berechnung der Bewegungsvorgänge und Auswertung der Versuchsergebnisse über den Einfluß der Bodenunebenheiten auf die dynamischen Raddrücke zur Aufklärung der Bewegungsverhältnisse und zur Beurteilung der Eignung der Prüfstandsanordnung und des Langer-Thomé-Beschleunigungsmeßverfahrens.
Bomhard 01	Die Eichung des Gerätes zur Messung der Querdeformation des Reifens erfolgt auf einem Trommelprüfstand oder auf einwandfreier Autobahnstrecke mit aufgelegten Hindernissen.
Bode 06	Bei der Beschleunigungsmessung bestehen folgende Fehlermöglichkeiten: Die tatsächliche Anzeige ist ein Relativausschlag zwischen Achse und Aufbau. Die Eichung erfolgt statisch. Die Anzeige ist nur richtig, wenn die Abstimmung richtig ist, d.h. das Verhältnis der Erregerfrequenz zur Eigenfrequenz gleich oder kleiner als 0,4 ist, bei einer Dämpfung von 0,7. Dies ist erreichbar, wenn die Eigenfrequenz des Gerätes hoch genug ist im Vergleich zu den Frequenzen der Straße. Eine Phasenverschiebung zwischen den Bestandteilen der Erregung - der Grundschwingung der Achsmasse und der überlagerten Erregung - kann eintreten. Der Meßausschlag hinkt der Einwirkung um einen Betrag nach, der von der jeweiligen Frequenz der Erregerbestandteile abhängt. Daher ist Hochabstimmung und richtige Wahl der Dämpfung notwendig. Auch der Fehler einer zeitlichen Nichtübereinstimmung kann sehr klein gehalten werden (genaue Untersuchungen).
AG F&F 01	Essers: Die an der TH Braunschweig mit dem Mühlfeld-Gerät gemessenen dynamischen Radlasten stimmen mit den in Aachen gemessenen, die zwischen 1,6 bis 2 liegen, etwa überein. Svenson: Die mit der Meßfelge gemessenen Radlasten stimmen mit den in Braunschweig und Aachen gemessenen ungefähr überein.
Bomhard I	Bei der Verwendung des Reifens als Meßfeder für dynamische Raddruckmessungen bestehen folgende Fehlermöglichkeiten: 1. Bei der Querverformung des Reifens als Maß für den dynamischen Raddruck spielt die Formgenauigkeit von Reifen und Felge eine besondere Rolle. Die Reifen müssen genau ausgewuchtet und mit einer Genauigkeit von ± 0,2 mm im montierten Zustand abgeschliffen sein. 2. Der Reifenluftdruck beeinflußt die Querfederung ebenso wie die Vertikalfederung und muß daher genau konstant gehalten werden. 3. Kleine Reifentemperaturänderungen verursachen schon erkennbare Luftdruckänderungen. Bei kurzen Fahrstrecken sind konstante Verhältnisse erreichbar. 4. Einfluß der Fahrbahnoberfläche. Die Neigung der Straße ist vernachlässigbar, wenn von zwei Seiten gleichzeitig

gemessen wird. Rillen und Schlaglöcher verursachen Oberschwingungen, die als überlagerte Radlastschwingungen leicht erkennbar sind.

5. Fahrgeschwindigkeit. Bei hoher Geschwindigkeit wird der Reifen härter, wobei bei normal belastetem PKW-Reifen die Querdehnung z.B. bei einer Geschwindigkeitserhöhung von 0 bis 80 km/h sich um 5 mm verringert. Bei minimalem Luftdruck kann dieser Wert auf 9 mm ansteigen. Die Radialdehnung ändert sich erheblich weniger.

6. Einfluß der Lastwechselfrequenz auf die Reifenkennlinie. Beim PKW-Reifen verursachen Frequenzen von 5 bis 10/s Laständerungen von ± 5 kg bei 50 km/h. Dieser Dämpfungseinfluß scheint bei höheren Frequenzen nicht zuzunehmen.

3. Versuchsstrecken für dynamische Radlastmessungen

Behrmann 01

Die Versuchsstrecken bei den dynamischen Radlastmessungen in Braunschweig mit dem Mühlfeld-Gerät waren: Je 2 Kleinstein-, 2 Makadam- und 2 Betonstraßen, wovon jeweils eine Strecke gut und eine mittelschlecht mit einer Reihe von Schlaglöchern war. Die Strecken waren jeweils 50 m lang, Markierungen durch Erhöhungen. Die Ebenheit wurde von Dr. Croce-Inzell mit dem Koehler-Fues-Gerät in Abständen von 25 cm vor und nach den Versuchen gemessen.

Bomhard I

Untersuchte Straßenprofile bei den dynamischen Radlastmessungen durch Querdeformation des Reifens:
Autobahn gut, Beton;
Autobahn schlecht, Beton mit breiten Querfugen;
Asphaltstraße gut;
Asphaltstraße wellig;
Asphalt mit starken Unebenheiten auf moorigem Untergrund;
Granitpflaster wellig mit rechwinkligen Kopfsteinen.
Alle Profile wurden vermessen.

Essers 03

Versuchsstrecke für dynamische Radlastmessungen Viernheim: Neugebaute Autobahn mit 10 m bzw. 400 m langen Betonplatten. Messung ohne Hindernis oder mit einem 35 mm hohen Holzbrett von 300 mm oberem Krümmungsradius. Versuchsfahrzeuge:
Zweiachs-LKW, einer mit 150 PS (8 bis 9 t Nutzlast) und
einer mit 210 PS (8 t Nutzlast);
Zweiachs-Anhänger, einer mit harter Blattfederung (12 t Nutzlast) und einer mit Spezialschraubenfederung (12 t Nutzlast) sowie ein
dreiachsiger, normal gefederter Anhänger (16 t Nutzlast).
Insgesamt 287 Untersuchungen im leeren und beladenen Zustand mit und ohne Überfahren des genannten Hindernisses. Die Fahrt erfolgte genau nach Strich mittels Visiereinrichtung, mit einer Genauigkeit von ± 5 cm.

4. Auswertungsmethoden für dynamische Radlastmessungen

Braunschweig V

Auswertungsmethode von Langer-Thomé. Der Stoßgrad ist die maximale Stoßbeschleunigung, die 100mal auf 1 km, d.h. 1mal auf 10 m auftritt. Hieraus ergibt sich eine Wertungszahl bei gegebener Bereifung für die Straßenoberfläche oder bei gegebener Straße für die Bereifung und Federung. Normale Fahrgeschwindigkeit 30 km/h.

Svenson 01 Bestimmung des Stoßfaktors als des Verhältnisses der dynamischen Radlast zu statischer Radlast, und zwar bei Be- und Entlastung. Die Auswertung erfolgt graphisch, indem der Stoßfaktor linear und die Summenhäufigkeit des Stoßfaktors logarithmisch in asymptotischer Annäherung an die Stoßhäufigkeiten 0 % bzw. 100 % aufgetragen werden. Dies ermöglicht eine lineare Darstellung der Meßresultate und Extrapolation auf die Endwerte 0 % bzw. 100 % zur Feststellung der theoretisch möglichen Stoßfaktoren. Die maximal möglichen Stoßfaktoren (100 %) sind dann für die Bemessung der Kraftfahrzeuge und der Straßen von Bedeutung.

Behrmann 01 Normale Auswertungsmethode von Koeßler. Kennwert ist der 3mal auf jeder Meßstrecke von 50 m Länge auftretende Maximalstoß, der als Stoßfaktor bezeichnet wird. Neue Auswertungsmethode: Nicht nur die drei Maximalstöße, sondern auch die Stoßkollektive sind für die Auswertung zu berücksichtigen.

Bomhard I Neuer Begriff zur Kennzeichnung der Verkehrssicherheit der Kraftfahrzeuge: Mittlere dynamische Radlastminderung, d.h. Minderung der Straßenhaftung. Die Kennzahl wird gebildet als Summe der planimetrierten Flächen Kraft x Zeit, die unter der Linie der statischen Last liegen. Sie wird in Prozent von der Gesamtfläche statische Last x Zeit angegeben.

Langer 04 Das Langer-Thomé-Beschleunigungsmeßgerät addiert die Amplituden beliebiger Schwingungsvorgänge durch Zählung der Stöße verschiedener Beschleunigung. Für die Stoßhaftigkeit ist der aus der Stoßhäufigkeitslinie ermittelte Stoßgrad maßgebend.

Essers 03 Auswertung der Meßergebnisse von Viernheim: Die Registrierstreifen der Beschleunigungen der Achse und der des Aufbaus werden durch Storchschnabelzeichengerät mit der Masse multipliziert und mit Zeitgleichheit übereinander eingezeichnet. Hieraus erfolgt graphische Addition und Subtraktion, so daß die Differenzen die dynamischen Radlasten ergeben.

AA Straßenbeanspruchung 11.1.57 Svenson: Einfaches Verfahren zur Auswertung des Belastungskollektivs der dynamischen Radlasten, wobei nicht allein die zufällig auftretenden Maximalstöße der Beurteilung zu Grunde gelegt werden.

5. Berechnungsmethoden der dynamischen Radlasten

Klöppel 01 Analytische Bestimmung der Größe des dynamischen Raddruckes luftbereifter Kraftfahrzeuge beim Überfahren von Bodenunebenheiten durch Integration zweier gekoppelter Differentialgleichungen zweiter Ordnung. Dabei werden die periodisch sich ändernden Unebenheiten der Straße als Erregung und die Bereifung sowie die Radfederung als Federn eingesetzt. Das System besteht also aus 2 Massen und 2 Federn mit periodischer

Auslenkung. Zahlenbeispiele für die Höhe der dynamischen Raddrücke während des Schwingungsvorganges in Abhängigkeit von der Geschwindigkeit.

Marquard 06	Analytische Berechnung der dynamischen Bodendrücke beim Überfahren eines sinusförmigen Hindernisses. Gegenüber der Methode Klöppel 01 (s. oben) wird die Dämpfung berücksichtigt. Untersuchung der Vorgänge bei verschiedenen Dämpfungen für Einzelhindernisse und Wellenstraßen.
Mitschke 01	Möglichkeit der analytischen Erfassung der Wirkung von Straßenunebenheiten auf das Kraftfahrzeug. Kurze Darstellung des Verfahrens und seiner Ergebnisse. Die Berechnung läßt sich in Nomogrammen zusammenfassen, die den Stoßfaktor in Abhängigkeit von der mittleren Fahrgeschwindigkeit, der Wellenlänge und der Höhe von Einzelhindernissen bzw. von Wellenstraßen ermitteln lassen.
Rausch 01	Vereinfachte Berechnungsweise des Raddruckes von luftbereiften Kraftfahrzeugen beim Überfahren von Bodenunebenheiten. Lediglich Berücksichtigung einer einmaligen Unebenheit. Der Stoßgrad nähert sich bei hohen Geschwindigkeiten asymptotisch einem Höchstwert, weil bei kurzzeitigen Stößen die ganze Unebenheit infolge der Trägheit der am Federungssystem beteiligten Massen vom Reifen aufgenommen wird. Es wird vereinfachend angenommen, daß dies auch bei geringeren Geschwindigkeiten der Fall ist und die Stöße dann erst später auf den Wagen übertragen werden. Hieraus einfache Berechnungsmöglichkeit des Stoßgrades, wobei sich zu hohe Werte ergeben. Aufschaukelung durch periodische Anregung nicht berücksichtigt.
Hofmeister 01	Umfangreiches Material über die Möglichkeiten zur Bestimmung von Schwingungssystemen durch analytische Auswertung: Theorie und Berechnung von Schwingungsmeßgeräten, Darstellung mechanischer Schwingungssysteme durch elektrische Ersatzschaltungen. Berechnung von Schwingungssystemen mit Hilfe der Matrizenrechnung und der 4-Pol-Theorie. Umfangreiche Hinweise und Anweisungen, wie ein unbekanntes Schwingungssystem zu erfassen ist.
Idussroy 01	Analytische Behandlung des Schwingungsvorganges auf einer Wellenstraße mit einem Massensystem ohne Dämpfung. Einflüsse der Abfederung des Wagen-Kastens und der Bereifung.
Klöppel 01	Bei der analytischen Bestimmung der dynamischen Raddrücke ergibt sich, daß diese direkt proportional zur Bodenerhebung sind. Eine Zunahme der Wellenlänge bewirkt eine Verringerung des dynamischen Raddruckes (nichtlineare Funktion).
Koeßler 05	Analytische Untersuchungen mit graphischen Darstellungen über die Abhängigkeit der Stoßfaktoren von den Schwingungseigenschaften des Fahrzeugs unter Berücksichtigung der Lasthäufigkeitsfaktoren.

Essers 04 — Berechnung der dynamischen Raddrücke aus der Beschleunigung der Achse und des Aufbaus. Ableitung der Formeln, auch für andere Meßmöglichkeiten, wie der Messung des Federweges und der Dämpfung unter Berücksichtigung der Federkonstanten des Reifens und der Federung des Aufbaus.

6. Höhe der dynamischen Radlasten

Langer 01 — Stoßfaktoren für Vollgummi- und Eisenreifen bei geringen Fahrgeschwindigkeiten auf Stadtstraßen. Auswertung durch Häufigkeitskurven.

Langer 02 — Einfluß des Gesamtgewichtes der Achse auf den Stoßgrad. Eine Veränderung von 5,18 t auf 2,36 t hat einen geringen Einfluß auf den Stoßgrad. Der Stoßgrad steigt bei Luftbereifung keinesfalls rascher als proportional mit dem Gesamtgewicht des Kraftfahrzeuges.

Essers 03, Essers 04 — Die mit Beschleunigungsmessern auf Aufbau und Achse ermittelten dynamischen Raddrücke waren für schwere LKW auf guter Fahrbahn ohne größere Unebenheiten 1,2 bei beladenem und 1,4 bei leerem Fahrzeug. Beim Überfahren eines 30 mm hohen Hindernisses ergaben sich Stoßwerte von 1,4 im beladenen und 2,3 im unbeladenen Zustand bei schweren LKW. Die Gesamttraglast war jedoch beim unbeladenen Fahrzeug stets kleiner als beim beladenen. Die Höchstwerte wurden erreicht mit einer Sonderfederung bei einem schraubengefederten Zweiachsanhänger, bei dem die Achsbeschleunigungen ca. viermal so groß wie bei anderen Fahrzeugen waren.

Essers 12 — Für beladene schwere Kraftfahrzeuge beträgt die dynamische Radlast auf mittleren Straßen 1,6 bis selten 2mal statische Last; bei unbeladenen Wagen ist die dynamische Last verhältnismäßig größer, jedoch absolut kleiner als beim beladenen Fahrzeug.

Bode 07 — Zusammenstellung der dynamischen Raddrücke für einen MAN-Lastwagen von 10,2 t. Bei der höchsten Hindernishöhe von 9 cm betrug der dynamische Höchstwert 10,4 t bei 45 bis 50 km/h Geschwindigkeit.

Koeßler 05 — Nach dem Verfahren von Mühlfeld lag bei den verschiedenen Meßstrecken der Wert, der sechs- bis achtmal vorkommt, bei beladenen und unbeladenen Fahrzeugen zwischen 1,2 bis 2,0. Größere Werte bis 3,0 kommen nur beim unbeladenen Fahrzeug vor.

Behrmann 01 — Untersuchung der Stoßfaktoren mit dem Mühlfeld-Gerät im Institut von Koeßler an 3 PKW, 3 LKW, 2 Omnibussen und 2 Anhängern; Messung an der Hinterachse. Zur Klärung des Einflusses der Federung diente ein Spezialmeßanhänger mit 8 t Achsdruck. Untersucht wurden verschiedene Blattfedern, und zwar harte, entsprechend einer Anhängerfederung, weiche, entsprechend einer LKW-Federung, in gefettetem und angerostetem Zustand, sowie Schraubenfedern mit und ohne Stoßdämpfer. Der dreimal auf jeder Meßstrecke von 50 m Länge auftretende Höchstwert ist der Stoßfaktor, der im beladenen

Zustand bis 1,8, im leeren Zustand bis 3 ansteigen kann. Weichere Federn bei unverändertem Stoßdämpfer bringen eine erhebliche Verschlechterung, bei geeignetem Stoßdämpfer eine Verbesserung bis 10 % und ohne Dämpfer eine Verschlechterung um 20 %.

Goerner 01 — Bei der Messung der dynamischen Radlasten im Institut Koeßler der TH Braunschweig ergaben sich Stoßzahlen zwischen 1,2 bis 2, vereinzelt bei leeren Fahrzeugen bis 3,3.

Bomhard I — Beim Auffahren eines PKW auf eine Fahrbahnstufe von 14 mm Höhe und 13 m Länge mit 73 km/h und bei einer statischen Last von 275 kg betrug die dynamische Zusatzlast 190 bis 205 kg = 0,7 der statischen, bei einem zweiten Aufprall 70 kg, bei einem dritten Aufprall 40 kg. Beim Abfahren von diesem Hindernis betrug die Aufprallkraft nur 35 kg mit Stoßdämpfer und 80 kg ohne Stoßdämpfer.

Einfluß der Straßen auf die Kraftfahrzeuge.
Radlastminderung bei 70 km/h auf: Betonstraße 2 %, Asphaltstraße 3,5 %, welliger Asphaltstraße 7,5 %, schlechter Asphaltstraße 13 %, Granitpflaster wellig 16,5 %, Kleinsteinpflaster mit Bauschäden 20 %. Bei Granitpflaster ist der Einfluß einer senkrechten oder diagonalen Verlegung der Steine deutlich erkennbar. Beim Übergang von einer Straßendecke zur anderen kann plötzliches Springen eintreten. Die Ursache für die Radlastminderungen sind vor allem Achsschwingungen. Höchstzulässige Radlastminderung mit Rücksicht auf die Fahrsicherheit ist bei trockener griffiger Straße 25 %.

Koeßler 06 — Der Vergleich der Stoßhäufigkeiten auf den Meßstrecken ergab für die gute Betonstraße um 30 % geringere und für die schlechte Betonstraße um ca. 40 % höhere dynamische Radlasten als dem Mittelwert der Versuchsstrecken entspricht. Die unebene Fahrbahn trägt daher selbst zu ihrer Zerstörung bei.

Wedemeyer 05 — Die Veränderung des statischen Raddruckes ist im allgemeinen klein. Es lassen sich aber Werte nachweisen, die viel höher als die statische Last sind. Sie sind um so größer, je geringer die Dämpfung der Bereifung ist.

Erz 02 — Im normalen Fahrbetrieb erreichen die zusätzlichen dynamischen Radlasten ungefähr die Werte der statischen Radlasten, in ungünstigen Fällen deren doppelten Betrag.

Essers 10 — Untersuchung der dynamischen Kräfte, die zusätzlich zur statischen Achslast wirken unter dem Gesichtspunkt, welche Achslasten für die Straßen zumutbar sind. Sowohl bei der Zugmaschine als auch beim Anhänger erhöht sich die Stoßzahl mit abnehmender Nutzlast.

AA Straßenbeanspruchung 10.1.58 — Mitschke: Die Stoßfaktoren auf der neuen Versuchsstraße bei Lahr schwanken von 1,17 bis 1,49 für LKW und bis 1,8 für Anhänger. Die Messungen konnten nicht mit allen Fahrzeugen an derselben Straßenstelle erfolgen, da auf der einen Strecke nur die 24 t- und auf der anderen die 32 t-Lastzüge fahren dürfen.

Marquard 03 — Errechnung der Höhe des dynamischen Stoßes. Der dynamische Stoß beim Überfahren eines Hindernisses ist unter Zugrundelegung eines Dämpfungsfaktors von 0,2 ungefähr doppelt so groß wie die Energie, die sich aus dem statischen Anhub der Gesamtmasse auf die Höhe des Hindernisses ergeben würde.

Essers 03 — Dynamische Raddrücke bei den Messungen in Viernheim:

Kraftfahrzeug	ohne Hindernis		mit Hindernis	
	beladen	unbeladen	beladen	unbeladen
10-t-LKW-Achse	14 t	7,5 t	17,2 t	12,5 t
Zweiachs-Anhänger 8-t-Achse	8,56 t	3,7 t	12,2 t	5,6 t
Dreiachs-Anhänger 8-t-Achse		11 bis 12,6 t		

Umfangreiches Kurvenmaterial.

Essers 10 — Sowohl beim LKW als auch beim Anhänger vergrößert sich der dynamische Stoßfaktor mit abnehmender Nutzlast.

Koeßler 03 — Die dynamischen Radlasten eines 7,5-LKW sind bei schlechter Betondecke infolge der Schlaglöcher relativ schlechter als bei schlechtem Kleinsteinpflaster. Bei besserer Fahrbahn verursacht die 10-t-Achse nur einen Stoßfaktor von 1,2. Maximal gemessener Stoßfaktor der 10-t-Achse eines beladenen schweren Kraftfahrzeugs = 2.

Goerner 01 — Bei den Messungen der dynamischen Radlasten der TH Braunschweig ergaben sich bei schweren Kraftfahrzeugen Stoßzahlen zwischen 1,2 und 2 im beladenen Zustand, vereinzelt bei besonders ungünstiger Federung bis 3,3, bei geringem Einfluß der Fahrgeschwindigkeit.

Feeters 02 — Die Stoßlast ist beim Aufsetzen von Flugzeugen normalerweise nicht größer als die statische Last. Bei sehr schlechter Landung kann während eines Bruchteils einer Sekunde mit der dreifachen Last gerechnet werden.

7. Einfluß der Geschwindigkeit auf die dynamischen Radlasten

Essers 12 — Der Einfluß der Geschwindigkeit auf die dynamischen Radlasten ist gering. Er steigt bis 60 km/h an und scheint bei höheren Geschwindigkeiten wieder schwach zu fallen.

Bode 05 — Der dynamische Raddruck wächst nach Essers mit der Fahrgeschwindigkeit etwas an. Er ist bei leerem Fahrzeug viel größer als bei beladenem.

Koeßler 07 — Die dynamische Radlast steigt im Bereich von 0 bis 15 km/h steil an und erreicht bei ca. 60 km/h das Maximum. Die Spitzen der dynamischen Radlasten liegen bei der 10-t-Achse eines MAN-Lastwagens bei 1,5 auf guter und 2 auf schlechter Fahrbahn (bezogen auf die statische Radlast).

Normann 02 — Bei einem LKW mit Tandem-Achsen ist die Belastung auf den Boden bei stehendem Wagen, 16 km/h und 32 km/h ungefähr gleich hoch. Sie steigt bei 48 und 64 km/h an der zweiten Achse mit der Geschwindigkeit erheblich an und erreicht bei 83 km/h den doppelten Wert. Es wurden auch Zweiachser untersucht. Eine Betonplatte biegt sich bei einem Zweiachser an der 8 t-Hinterachse gegenüber dem ruhenden Gewicht bei 11 km/h entsprechend einer Gewichtssenkung von 45 kg, bei 48 km/h von 180 kg und bei 80 km/h von 270 kg weniger durch.

Schuster 03 — Der dynamische Raddruck wird auch durch den Druck des Fahrtwindes, der durch die Karosserieform beeinflußt wird, erhöht.

Essers 10 — Bei den Untersuchungen über die dynamischen Kräfte bei LKW und Anhängern wurden auch Versuche über den Einfluß der Geschwindigkeit durchgeführt, worüber Zahlenwerte angegeben sind.

Oberbach 12 — Die Beanspruchung der Fahrbahndecke ist von der Geschwindigkeit unabhängig, so lange keine Erschütterungen auftreten. Erst bei unebener Oberfläche kann die Fahrgeschwindigkeit von Einfluß werden. Die Beanspruchung der Fahrbahn ist daher von ihrer Ebenheit abhängig.

Essers 01 — Feststellung der kritischen Geschwindigkeiten für Größtbeschleunigungen an Achse und Aufbau bei einem bestimmten sinusförmigen Hindernis. Bis 20 km/h ist der Kurvenanstieg steil, bei 25 km/h minimal, bei 40 km/h gering, bei 50 km/h wieder minimal und bei 60 km/h plötzlich sprunghaft höher. Der Einfluß der Geschwindigkeit ist daher erheblich, jedoch nicht linear zunehmend, wenn ein größeres Hindernis auf der Fahrbahn liegt.

Essers 12 — Der Geschwindigkeitseinfluß ist gering; er steigt bis zu Geschwindigkeiten von 60 km/h und scheint bei höheren Geschwindigkeiten wieder etwas zu fallen.

Koeßler 05 — Bei normalen Fahrzeugen ist keine Abhängigkeit der dynamischen Last von der Geschwindigkeit festzustellen; sie kommt nur bei schlecht gefederten Fahrzeugen vor. Auch die Häufigkeit der Stöße auf die Fahrbahn ergibt keinen Geschwindigkeitseinfluß. Dies ist jedoch stark abhängig vom Straßenzustand.

Koeßler 07 — Im Versuchsbereich zeigte sich ein beinahe verschwindender Einfluß der Fahrzeuggeschwindigkeit. Nur bei leeren Nutzfahrzeugen nimmt der Stoßfaktor im Durchschnitt mit der Geschwindigkeit zu, wobei der neue Omnibus eine Ausnahme macht. Untersucht wurden alle verfügbaren Fahrzeugtypen, vom kleinen PKW bis zum mittleren und großen PKW, leichte, mittlere und schwere LKW, Dreiachs-Schwerlastwagen, alter und neuer Omnibus, mit und ohne Anhänger. Alle Untersuchungen bezogen sich auf den Einfluß der Geschwindigkeit auf die dynamische Radlast.

Behrmann 01	Es besteht eine kaum merkliche Abhängigkeit von der Geschwindigkeit, keinesfalls aber eine progressive Zunahme, vielmehr eine Zunahme bis zu einem Maximum und dann wieder eine geringe Abnahme.
Goerner 01	Bei den Messungen der dynamischen Radlasten von Prof. Koeßler zeigte sich, daß der Einfluß der Fahrgeschwindigkeit auf die Stoßzahl gering ist.
Road Research Board 01	Einige Meßergebnisse über die Stoßbeiwerte infolge der Unebenheit der Straße.
Essers 03	Ergebnisse der Messungen in Viernheim: Die Geschwindigkeit wirkt sich bei beladenem und leerem Fahrzeug beim Überfahren eines 3 cm hohen Hindernisses nur geringfügig auf die dynamischen Radlasten aus. Ohne Hindernis steigen letztere etwas an.
AA Straßenbeanspruchung 11.1.57	Svenson: Ein Einfluß der Geschwindigkeit war bei den Messungen der dynamischen Radlasten des Laboratorium Darmstadt nur bis 50 km/h feststellbar.
Koeßler 03	Die Geschwindigkeit hat bei schweren beladenen LKW nahezu keinen Einfluß auf den Stoßfaktor.

8. Schwingungserscheinungen an Kraftfahrzeugen

Chrysler 01	Der Straßenzustand sowie die Geschwindigkeit haben auf die Schwingungen des Chassis und der Achse insofern einen Einfluß, als die Frequenz der Unebenheiten maßgebend dafür ist, ob die Schwingungen durch den Reifen oder durch die Federung aufgenommen werden. Die hauptsächliche Ursache für hochfrequente Resonanzschwingungen sind regelmäßig gelegte Fugen bei Betonstraßen. Graphische Darstellungen zeigen, daß für jedes Schwingungssystem bei einer bestimmten Geschwindigkeit in Abhängigkeit vom Fugenabstand Resonanzfrequenzen auftreten. Es ist deshalb erwünscht, die Fugen in unregelmäßigen Abständen zu legen. Auf jeden Fall muß die Unebenheit an den Fugen besonders gering gehalten werden.
AG-Betonstraßen 01	Durch Variieren des Fugenabstandes von Betonplatten ist die Bildung von Resonanzschwingungen der schweren Kraftfahrzeuge zu verhüten.
Lehr 03	Berechnung der durch die Fahrbahn dem Fahrzeug aufgezwungenen Schwingungen bei angenommenen Wellenbahnen im Resonanzzustand mit dem Fahrzeug. Hieraus ergeben sich Hinweise für die kritischen Wellenformen der Straße und die Beziehungen zum Achsabstand.
Bomhard I	Eine Fahrbahnstufe von 14 mm Höhe und 13 m Länge verursachte folgende Schwingungszahlen: mit Dämpfer 2,5; ohne Dämpfer 5. Das Chassis erfuhr mit Dämpfer einen um 6 mm größeren Ausschlag als ohne Dämpfer.

Martin 05 Bei Vollgummireifen können infolge der Druckverteilung nach der O'NEILLschen Parabel pseudo-harmonische Radschwingungen erzeugt werden.

Gaßmann 01 Durch die Straßenfahrzeuge erfolgt eine Zerstörung der Straßendecke, die dann wieder Fahrzeugschwingungen verursacht. Diese dynamischen Lasten setzen sich im Boden fort und verursachen eine unzulässige dynamische Beanspruchung der Straßen.

Wedemeyer 04 Die Welligkeit der Straße führt zu periodischer Schwingungserregung der Fahrzeuge. Die Schwingungen der Achsen erzeugen einerseits die Wellen auf den Straßen, andererseits führen die Wellen der Straße durch Schwingungsumwandlung zur Resonanzerregung der gefederten Massen. Daher ist eine Dämpfung der Reifen anzustreben.

Wedemeyer 06 Fahrbahnwellen bestimmter durchschnittlicher Höhe und Länge führen bei bestimmten Fahrgeschwindigkeiten zu Resonanzerscheinungen des Fahrzeugkörpers. Diese Resonanzschwingungen wirken auf die Fahrbahn ein und vergrößern die Fahrbahnwellen. Daher ist eine ständige Überwachung und Ausbesserung der Fahrbahnoberfläche notwendig.

SAE 01 Die Wellenbildung von Schwarzdecken ist nicht auf einzelne Ursachen zurückzuführen. Sie ist weniger in den dynamischen Raddrücken der Kraftfahrzeuge als in der ungenügenden Standfestigkeit des Unterbaus und der Decke zu suchen und wird durch schweren Verkehr nur verstärkt.

Klöppel 01 Bei den den analytischen Berechnungen der dynamischen Raddrücke zugrunde gelegten Lastkraftwagen treten Resonanzerscheinungen bei ca. 25 km/h ein, wobei die Wellenlänge ca. 1 m beträgt.

Kentucky 01 Wenn bei Schwarzdecken Wellenbildungen auftreten, so haben sie infolge von Resonanzschwingungen bei Lastwagen eine Länge von ca. 0,6 bis 1 m, bei PKW von ca. 1,3 bis 2 m.

Lehr 03 Wellenbahnen können zu Resonanzschwingungen des Fahrzeugs führen. Diese Fälle wurden rechnerisch behandelt und hieraus Schlüsse über kritische Wellenformen der Straße gezogen.

Mayer 01 Wellenbildungen auf Wüstenstraßen, die aus losen gröberen Steinen mit Tonbindung bestehen, mit einer Wellenlänge von ca. 1 m sind auf Resonanzschwingungen verschiedener Fahrzeugteile zurückzuführen. Der Schaden ist schon nach einer verhältnismäßig geringen Anzahl von Fahrzeugbelastungen sehr hoch. Bei Rundlaufversuchen in Paris auf einer Bahn von 15 m ∅ und 80 cm Breite mit einem Stahlrahmen mit zwei angetriebenen und zwei frei laufenden Rädern, die auf verschiedenen Spuren laufen, konnten diese Wellen nachgebildet werden. Die Wellenlänge entspricht der Eigenschwingungszahl der ungefederten Massen, d.h. der Massen der Rad-Achsen und eines Anteils der Aufhängefedern. Der Reifendruck und die Steifigkeit der Federn bestimmen den Abstand der Wellen. Größere Steifigkeit der Federaufhängung und Verminderung des Reifendruckes sowie Überlastung der Räder verursachen größere Abstände der Wellen. Bereits nach 100 Runden begann die Wellenbildung, nach 200 Runden erfolgte Abbruch der Versuche, da die Wellen zu groß wurden.

Essers 08 — Der Schwerpunkt der Verbesserungen zur Erniedrigung der dynamischen Raddrücke und zur Verhütung von Schwingungen muß bei der Straßenebenheit liegen, weil die Entwicklung der Fahrzeuge die Bahnkräfte nur noch wenig vermindern kann.

Schaar 03 — Die Berührung beim Zusammenstoß eines Rades mit einem Hindernis bleibt immer innerhalb von zwei Grenzzuständen; entweder wird das Hindernis von der Bereifung voll geschluckt, dann bewegt sich die Radachse nicht aus ihrer Ebene und es findet kein Stoß statt, oder das Hindernis wird überhaupt nicht eingebettet, dann haben wir den anderen Grenzzustand der Nichtfederung des Reifens. Die Höhe der einwirkenden Kräfte hängt daher sehr von der Schluckfähigkeit des Reifens ab.

Das Fahrzeug erfährt durch die Unebenheiten der Fahrbahn Erschütterungen. Dabei sind für die Einwirkungen auf die Straßen besonders die Kräfte von Bedeutung, die das Anheben des Rades verursachen, und die dann beim Wiederaufprall auf die Fahrbahn entstehen. Man unterscheidet zwischen ein- und beidseitigem Stoß. Beim einseitigen Stoß treten starke Verwindungen des Fahrgestells auf, der beidseitige Stoß kommt selten vor und wird nicht behandelt.

AA Straßenbeanspruchung 10.1.58 — Svenson: Bei der Feststellung der Beschleunigungen, die an einer Lastwagenachse auftreten können, wurden Werte bis zu 35facher Erdbeschleunigung gemessen. Sie sind auf Schwingungserscheinungen zurückzuführen, und die Ausschläge haben so kleine Amplituden, daß sie keinen Einfluß auf dynamische Radlasten zu haben brauchen.

Mitschke: Die Nachrechnung einer Schwingung von ca. 50 Hz bei einer Amplitude von 1 mm ergibt Beschleunigungen von 50facher Erdbeschleunigung. Solche Schwingungen beeinflussen die dynamischen Raddrücke nicht.

Lehr 03 — Die schwingungstechnischen Eigenschaften verschiedener Wagen müssen auf verschiedenen Straßen untersucht werden, um hieraus Richtlinien für die bestmögliche Federung zu bekommen.

Meyer 2 - 01 — Nickschwingungen bei Kraftfahrzeugen können durch geeignete Federung und großen Achsabstand erheblich vermindert werden (s. B-a) / III-3)).

Lehr 03 — Nickschwingungen lassen sich durch Vergrößern des Achsabstandes und günstige Dämpfung (ca. 0,25 bis 0,3) verringern. Die Nickschwingungen werden durch Federkopplung verursacht.

Mitterlehner 01 — Durch Wellen auf der Straße können periodische Schwingungen des Fahrzeugs angeregt werden, die einen Fahrwiderstand bis zur Höhe des Rollwiderstandes erzeugen können. Nach Reihenuntersuchungen liegt dessen Maximum bei 1 m Fahrbahnwellenlänge für 12 km/h. Bei längeren Wellen rückt es in den Bereich normaler Reisegeschwindigkeiten.

9. Einfluß der Federung auf die dynamischen Radlasten

Bode 05 — Der Stoßfaktor beträgt bei 60 km/h für denselben Wagen bei einer weichen Blattfeder 1,5 und bei einer harten Blattfeder 1,6. Bei einem gut gefederten Omnibus waren die dynamischen Raddrücke 1,1 auf guter und 1,25 auf schlechter Straße geringer als bei einem gleich schweren LKW mit 1,25 auf guter und 1,6 auf schlechter Straße. Durch den Einbau besserer Federn läßt sich die Straßenbeanspruchung verringern.

Neumann 03 a — Die dynamischen Stöße sind bei Doppelachsen infolge der Waagebalkenanordnung geringer als bei Einzelachsen.

Bode 06 — Angabe einiger Werte der Federdurchbiegungen und hieraus errechneter Stoßfaktoren beim Überfahren verschiedener Hindernisse (s. B- / III-3)).

AA Straßenbeanspruchung 14.6.57 — Kamm: Bei den bisherigen Messungen der dynamischen Radlasten wurde die Federkonstante der Aufbaufederung nur im Verhältnis 1 : 1,5 im Gegensatz zu der des Reifens (1:10) variiert. Die Messungen sollten auch auf möglichst verschiedene Werte von Federung und Dämpfung erweitert werden.

Essers 03 — Die Abfederung des Aufbaus hat nur einen geringen Einfluß auf die dynamischen Radlasten, so daß auch die jetzt bekannte Luftfederung nur eine unwesentliche Verringerung der dynamischen Radlasten verursachen kann. Außerdem dürfen bei Anhängern, bei denen das Verhältnis von Nutzlast zu Totlast am größten ist, konstruktive Maßnahmen zur Verbesserung der Federung nichts kosten.

10. Einfluß des Reifens auf die dynamischen Radlasten

Essers 12 — Der Einfluß des Luftdruckes der Luftbereifungen auf die dynamische Radlast ist groß. Bei der Elastikbereifung betrug diese nach früheren Versuchen das 4 bis 5fache der statischen Last.

Koeßler 07 — Die dynamische Radlast nimmt im allgemeinen mit der Senkung des Reifendruckes ab. Bei 60 km/h erniedrigte sie sich bei einer Senkung des Reifendruckes von 6,25 auf 5 atü (20 %) von 7,9 auf 6,4 t (19 %). Auf schlechten Straßen können sich die Verhältnisse infolge von Resonanzerscheinungen umkehren. Bei 3,75 atü Reifendruck steigen die Werte wieder auf 6,65 bis 7,35 t.

Lindblom 01 — Die Umwucht der Reifen kann eine erhebliche Erhöhung der dynamischen Radlasten verursachen, da hierdurch Schwingungen der Achse angeregt werden. Die Geschwindigkeit bzw. Umdrehungszahl der Räder muß mit der Resonanzfrequenz des Achsen-Chassis-Schwingungssystems abgestimmt sein. Dies gilt vor allem für PKW, da auch bei unbeladenen Lastwagen die Resonanz-Drehzahl der Räder normalerweise nicht bei der üblichen Fahrgeschwindigkeit erreicht wird.

AA Straßenbeanspruchung 10.1.58	Zoepritz: Durch größere Reifen mit geringerem Luftdruck können die dynamischen Radlasten um ca. 5 % gesenkt werden. Rechtfertigt aber eine derartige Verbesserung eine Umkonstruktion der Fahrzeuge und eine stärkere Verformung des Reifens mit höherem Rollwiderstand?
AA Straßenbeanspruchung 14.6.57	Kamm: Bei den bisherigen Messungen der dynamischen Radlasten wurde die Reifenfederung im Verhältnis 10 : 1 (Vollgummi zu Luftreifen) variiert, nicht aber die anderen Einflüsse, so daß es nicht sicher ist, ob der Reifen den größten Einfluß auf die dynamischen Radlasten hat.
Haller 03	Die Größe der dynamischen Stoßkraft hängt wesentlich von der Bereifung ab. Die bei Betonstraßen auftretenden kritischen Beanspruchungen werden durch Einzel-Bereifungen verursacht.
Braunschweig X	Die Abhängigkeit der Stoßzahl vom Reifendruck ist gering; diese ändert sich bei 40 km/h von 1,25 auf 1,35 bei einer Änderung des Reifendruckes von 4 at auf 6 at.
AA Straßenbeanspruchung 14.6.57	Ausschlaggebend für die dynamische Last ist die Reifenfederung. Rad- und Achsmasse, Federung und Stoßdämpfer haben einen geringeren Einfluß. Eine Reifendruckregelung derart, daß der Reifen auf schlechter Straße weich und auf guter Straße hart federt, ist technisch durchführbar.

11. Einfluß der dynamischen Radlasten der Kraftfahrzeuge auf die Straßenoberfläche

Wedemeyer 05	Einige Bilder zeigen, wie Fahrbahnen im Laufe der Zeit durch Wellung zerstört werden. Die Wellen haben verschiedene Längen und sind unabhängig vom Herstellungsverfahren der Straße. Sie hängen vor allem von der Geschwindigkeit ab, die durchschnittlich auf der Straße gefahren wird. Größere Wellenlängen kommen nur bei Großpflaster vor und bewirken ständiges Springen der Reifen. Die Entstehung dieser Unebenheiten ist in irgend einem zufälligen Vorsprung zu suchen, der die Schwingungen des Wagens anregt. Die auftretenden Schwankungen des Bodendruckes bewirken zunächst ein geringfügiges Wegdrücken der Fahrbahndecke an der Stelle höchsten Druckes. Wenn die Unebenheiten der Fahrbahn bei Schwarzdecken Werte von 12 mm erreichen, ist mit dem Beginn der Bildung von Schlaglöchern zu rechnen.
Wedemeyer 02	Wellenbildungen treten bei allen Straßenbauarten mit nicht starrer Decke auf infolge der dynamischen Schwingungen, vor allem der Achsen. Bei 60 km/h Geschwindigkeit entsprechen 8,5 Schwingungen pro Sekunde der Achse 1 m Wellenlänge; 10 mm Wellenhöhe werden bereits gefährlich, bei 15 mm Höhe tritt Abheben der Räder ein.
Marx 01	Wellige Straßenbeläge können niemals im Laufe der Zeit durch den Kraftfahrzeugverkehr eben werden, sondern die Wellenbildung wird zunehmend stärker.

AA Straßenbeanspruchung 10.1.58

Croce: Da die Anfangsunebenheit der Straße von größter Bedeutung für ihre Lebensdauer ist, ist die Straße möglichst eben zu bauen. Andererseits ist festzulegen, von welcher Unebenheit an der Stoßfaktor so groß wird, daß die Straße in Ordnung gebracht werden muß. Zur Kennzeichnung der straßenschonenden Bauweise von Fahrzeugen wäre es richtig, nicht einen zulässigen Stoßfaktor zu suchen, sondern eine Beziehung des Stoßfaktors zur Unebenheit der Straße.

Weil: Bei Betonstraßen wirken sehr kurzzeitige Stöße nicht, so lange die Straße eben ist. Wahrscheinlich zerstören derartige einzelne hohe Spitzenwerte die Straßen weniger als lang andauernde häufigere niedrigere Werte. Es muß das ganze Kräftekollektiv der Beanspruchung berücksichtigt werden.

AG F&F 01

Svenson: Die Beanspruchung der Straße ist um so größer, je schlechter ihr Zustand ist, so daß eine schlechte Straße sich sehr schnell völlig zerstört.

12. Einfluß der Straßen auf die dynamischen Radlasten der Kraftfahrzeuge

Sehl 02

Schlechter baulicher Zustand der Straße verursacht höhere dynamische Beanspruchungen, die bei der Dimensionierung der Straßen zu berücksichtigen sind. Daher müssen der Fahrbahnbelag und der Unterbau ein ausreichendes Eigengewicht haben.

AA Verkehrserschütterungen 01

Die vom Fahrzeug auf den Straßenkörper eingeleitete Energie wird umgesetzt in elastische und plastische Verformungen des Straßenkörpers. Nur der plastische Anteil vermindert die Stoßenergie. Der elastische Anteil pflanzt sich als Erschütterungen weiter fort. Zur Beurteilung der Auswirkungen der Verkehrserschütterungen sind diese durch sofort anzeigende Meßgeräte, wie Seismographen, zu messen.

13. Nachahmung dynamischer Radlast-Einwirkungen auf Straßen durch Schwingmaschinen

Ramspeck 04

Die Fahrbahndecke erfährt bei dynamischer Beanspruchung durch Kraftfahrzeuge eine Folge von Stößen in Form von rasch wechselnden unterschiedlichen Schwingungen. Die von Schwingmaschinen der Straßendecke aufgezwungenen Schwingungen beliebiger Frequenz und Dauer lassen die in der Decke entstehenden Spannungen rechnerisch erfassen, da es sich um Sinusschwingungen handelt. Die Schwingweite ist bestimmt von der Art des Untergrundes und der Deckenstärke. Als Meßeinrichtung werden elektromagnetische Instrumente verwendet, die an mehreren Punkten des Untergrundes eingebaut werden. Bei niedrigen Schwingungszahlen schwingt die Decke in derselben Weise in Resonanz mit dem Untergrund, bei höheren führt die Decke auf diesem Biegeschwingungen aus. Weitere Versuchsreihen werden ein umfassenderes Bild der Zusammenhänge vermitteln.

Ramspeck 08

Die Messung der beim Verkehr auftretenden dynamischen Beanspruchungen einer Betondecke ist schwierig, wenn sie unter

Verkehr steht. Daher künstlich aufgebrachte Beanspruchungen durch sinusförmige Schwingungen verschiedener Frequenz und Amplitude. Die Ausbreitungsgeschwindigkeit der Wellen kann als Kennzeichen für den Zustand der Straße benützt werden.

Ramspeck 03 — Die Fortpflanzungsgeschwindigkeit der Biegungsschwingungen einer Betondecke auf elastischer Unterlage ist ein Maß für die Widerstandsfähigkeit des gesamten Straßenkörpers. Sie hängt ab von der Deckenstärke, der Dichte, der Lagerung der Dammschüttung und der Tragfähigkeit des Untergrundes.

Nijboer 10 — Nachahmung der Kraftfahrzeugeinwirkung durch Schwingungsmaschine, die durch eine Exzenterlast sinusförmige Schwingungen erzeugt. Die Periodendauer entspricht dabei der Geschwindigkeit der Fahrzeuge. Die Belastung wird durch eine Gruppe von Unwuchterregern bewirkt, die so gekoppelt sind, daß sich die horizontalen Komponenten aufheben. Antrieb und Unwucht sind auf einen einachsigen Hänger montiert, der so große Masse hat, daß keine Eigenschwingungen auftreten. Auf der Druckfläche der Straße werden Meßstreifen angebracht.

Nijboer 06,07,08 — Eine Frequenz der Schwingungsmaschine von ca. 1/100 s entspricht einer Fahrgeschwindigkeit von 100 km/h. Die Last schwankt zwischen 4000 und 4300 kg. Auf der Straße werden die vertikale Durchbiegung und die Wellenlänge mit elektromagnetischen Aufnehmern gemessen. Hieraus kann die Steifigkeit der Straße und des Untergrundes berechnet werden. Als Steifigkeit der gesamten Straßenkonstruktion definiert man das Verhältnis Kraftamplitude/Durchbiegung, das durchschnittlich 200 bis 400 t/cm ist. Hieraus errechnet sich eine Durchbiegung der Decke von 0,1 mm für 1 t Belastung im Bereich von 1 bis 2 t Last. Das exponentielle Anwachsen bei größeren Kräften gibt in doppellogarithmischer Darstellung eine Gerade.

Nijboer 03 — Die Frequenz der Schwingungsmaschine von 5 bis 60 Hz entspricht einer Fahrgeschwindigkeit von 5 bis 60 km/h, wobei die Wechselkraft bis 2 t gesteigert werden kann. Hierzu kommt noch ein Ballastgewicht von 2,3 t, so daß die maximale Lasteinwirkung an einer Stelle bis 4,3 t gesteigert werden kann.

B Oberfläche a) Ebenheit

II Fahrzeugeigenschaften 7) Dynamische horizontale Last

1. Meßgeräte für dynamische horizontale Lasten

Meister 03 — Einige der vertikalen Beschleunigungsmeßgeräte können auch in horizontaler Richtung eingesetzt werden, wie der Kohle-Beschleunigungsmesser von Askania und der kapazitive Beschleunigungsmesser von Meister.

Bomhard I — Die Seitenbeschleunigungen beim Durchfahren von Kurven können durch Messung der Querdeformation des Reifens durch Seitenabgriff nach der Methode Bomhard genau erfaßt werden, da die Differenz der Ausschläge zwischen dem innen und dem außen am Meßrad eingebauten Fühler nur auf die Seitenkräfte zurückzuführen ist.

Braunschweig XI	Beschleunigungsmeßgerät Siemens & Halske: Pendel, das gegen eine Feder drückt und Kontakte in verschiedenen Richtungen gibt.

2. Ursachen der horizontalen Seitenkräfte

Bomhard I	Die Ursachen der horizontalen Seitenkräfte sind die Neigung der Straße, einseitige Querstöße - am stärksten bei Granitpflaster -, die Fliehkraft bei Kurvenfahrt und das Schleudern. Einseitige Stöße werden infolge der geringen Seitenelastizität der Luftreifen und vor allem der Federn härter als die Vertikalstöße übertragen.
Feldmann 01	Kräfte in Fahrtrichtung treten beim Bremsen und Anfahren auf.
Behrmann 01	Horizontal wirken Kräfte beim Bremsen und Beschleunigen in Fahrtrichtung und beim Durchfahren der Kurven.

3. Höhe der horizontalen Kräfte

Bomhard I	Waagerechte Stöße senkrecht zur Fahrtrichtung werden härter als Vertikalstöße übertragen, da die seitliche Elastizität der Luftreifen und vor allem der Aufhängung der Federung geringer als in vertikaler Richtung ist.
Schaar 04	Beim Springen des Triebrades treten besonders große Schubkräfte auf, wenn das Rad nach dem Sprung wieder auf die Fahrbahn zurückkehrt, da der Motor das Rad inzwischen auf höhere Drehzahlen gebracht hat. Die Größe dieser horizontalen Schubkraft in Fahrtrichtung hängt von der Reibungszahl und der Radlast ab.
Dittrich 09	Die Vernichtung der kinetischen Energie eines Fahrzeuges in der Bremsstrecke verursacht eine erhebliche Schlagbeanspruchung der Fahrbahn. Die Vernichtung der Fahrwucht erfolgt nicht geradlinig, sondern praktisch nach einer Kosinusfunktion, wodurch der waagerechte Schlag auf Schlaglöcher oder Straßenvorsprünge den zwei- bzw. dreifachen Wert der rechnerisch ermittelten Horizontalkomponente erreichen kann.
Braunschweig III	Nach Becker erreichen die Horizontalstöße ca. 1/4 der Vertikalstöße.
Bode 07	Bei einem 10,2 t-MAN-LKW betrug bei 45 bis 50 km/h beim Auffahren auf ein Hindernis von 9 cm Höhe die Horizontalkraft im ungebremsten Zustand 7,3 t.
Gassner 02	Bei einem Lieferwagen mit 0,75 t Nutzlast, einem Lastwagen mit 1,5 t Nutzlast und einem Anhänger mit 10 t Nutzlast schwanken die Seitenkräfte zwischen 0,4 bis 0,8 der statischen Last des beladenen Wagens. Die Seitenkräfte sind um

so kleiner, je größer der Reifen und die Vorderachslast ist. Der Beladungszustand hat keinen nennenswerten Einfluß auf die Größe der relativen Seitenkräfte, d.h. diese sind im leeren Zustand nahezu ebenso hoch wie im beladenen Zustand, so daß sich die oben angegebenen Werte bei leerem Zustand, bezogen auf die statische Last, erheblich erhöhen. Die Häufigkeit der horizontalen Störimpulse schwankt bei 10 000 Fahrkilometern, je nach Straßenbeschaffenheit, zwischen 1 bis 3 Millionen.

Svenson 01	Größe der Horizontalkräfte in Fahrtrichtung. Scharfes Bremsen verursacht auf schlechter Straße einen Horizontaldruck von 12 kg/cm^2 und auf guter Straße von 22 kg/cm^2.
Bode 06	Meßresultate über dynamische horizontale Raddrücke für verschiedene Straßen, Hindernisse und Geschwindigkeiten.
Buck 01	Die dynamische horizontale Last in Fahrtrichtung, verursacht durch Stöße infolge unebener Fahrbahn, kann durch geeignete Wahl des Winkels der Schrägstellung der Wagenfedern nach vorne beliebig klein gehalten werden. Dabei ist zu berücksichtigen, daß eine einmal festgelegte Federschräge nicht allen Fällen der Praxis gerecht werden kann. Die horizontale dynamische Radlast ist abhängig von der Form und Höhe des Hindernisses sowie von der Größe des Rades. Bei gleichbleibender Fahrgeschwindigkeit und gleicher Hindernishöhe wird die Horizontalbeschleunigung um so geringer, je schräger die Feder eingebaut ist. Hieraus folgt, daß eine kleinere Neigung der Feder die Gefahr des Springens des Rades erhöht bzw. eine größere die Bodenhaftung verbessert. Optimale Werte liegen bei einer Neigung nach vorn von 10° bis 15°.
Koeßler 07	Ein schlechter Fahrbahnzustand erhöht die dynamischen Horizontalkräfte. Bei 50 km/h und 6,25 atü Reifendruck beträgt die Horizontalkraft auf schlechter Fahrbahn das 1,5fache der Werte bei guter Fahrbahn. Der Anstieg ist im Bereich von 0 bis 20 km/h am stärksten, dann wird er schwächer bis 40 km/h und verläuft oberhalb von ca. 40 km/h parabelförmig. Meßresultate bei verschiedenen Belastungen und Geschwindigkeiten.
Nijboer 01 u. 05	Die größten horizontalen Kräfte sind die Treib- und Bremskräfte. Die letzteren können bis 0,7 der statischen Last betragen.
AA Straßenbeanspruchung 14.6.57	Svenson: Es wurden folgende Horizontalkräfte in Fahrtrichtung gemessen: Auf schlechter Straße, beladen, bei 40 km/h 1,2mal der statischen Last, unbeladen 1,6mal der statischen Last. Gleichzeitig wurde auch der Schlupf gemessen. Senkrecht zur Fahrtrichtung können die Kräfte bei Kurvenfahrt 40 % der statischen Last erreichen.
AA Straßenbeanspruchung 11.1.57	Svenson: Bei den jetzt bekannten Kraftfahrzeugbauarten können die seitlichen Horizontalstöße bei Geradeausfahrt infolge Schleuderns 30 bis 40 % und maximal 100 % der statischen Last betragen.

Schaar 04 — Der Kraftschluß eines getriebenen Rades wird dadurch negativ beeinflußt, daß beim Sprung des Rades von der Fahrbahn sich dieses schneller weiter dreht, so daß beim Aufprall eine sehr hohe horizontale Schubkraft ausgeübt wird (s. auch B-a) / II-7)).

Schaar 03 — Das Fahrzeug erfährt durch die Unebenheiten der Fahrbahn Erschütterungen, welche den Kraftschluß des Fahrzeugs beeinflussen.

Lampe 01 — Die Bodenhaftung der Räder hängt im wesentlichen von der Federung und der Dämpfung ab. Vergleiche von statischem Fall mit dynamischen Fahrversuchen zeigten, daß der einfache statische Versuch bereits erheblichen Aufschluß über die Bodenhaftung bei fahrendem Fahrzeug vermittelt.

Dittrich 09 — Ein auf der Straßenoberfläche abrollender Reifen ist ständig dynamischen und thermischen Beanspruchungen unterworfen. Die Änderungen der Größe des Kraftschlusses sind infolge der technologischen Eigenschaften des Reifens bis jetzt noch nicht einwandfrei bekannt. Bei der Vernichtung der kinetischen Energie eines Fahrzeugs in der Bremsstrecke muß die Fahrbahn die gesamte Energie aufnehmen. Der Kraftschluß hängt dabei sehr stark von der Ebenheit der Fahrbahn ab.

Schenck 06 — Günstiges Reifenmaterial ist Gummi, wobei Vollgummireifen zu hart sind; Luftreifen federn gut, schlucken Hindernisse und schwächen Stöße ab. Sie ermöglichen gleichmäßige Verteilung des Raddruckes auf die Auflagefläche, so daß sich ein guter Kraftschluß einstellt.

Lüer 01 — Die Griffigkeit der Teerdecken ist bei richtigem Aufbau sehr gut. Angaben über günstige Mischungsverhältnisse.

B Oberfläche a) Ebenheit

III Eigenschaften von Fahrzeugteilen 1) Reifen

1. Dynamische Meßmethoden für Bereifungen

Becker 01 — Zusammenstellung der Meßmethoden für Untersuchung der Formänderung von Bereifungen bei verschiedenen Hindernissen, statisch mit der sogenannten Werder-Maschine, dynamisch auf einem Prüfstand mit laufender Walze mit aufgeschraubten Nocken, wobei die Achsbewegung bei bestimmter Belastung gemessen wird.

Rossem 01 — Statische und dynamische Untersuchungen an Vollgummibanden durch Fallenlassen des Rades am Schwingarm gegen eine Platte.

1. Statische Druckproben, Messung des Arbeitsvermögens, Messung der Eindrucktiefe auf ebener Platte.

2. Lauf auf angetriebener Trommel mit eingeworfenen Hindernissen. Beobachtung der Achsbewegung bei statischer Vorlast. Ein 5 cm-Keil z.B. verursacht eine dynamische Belastung von 520 kg bei 2 t Radlast, bei Elastikreifen und 40 km/h.
3. Hindernisse mit eingebauter Brinellkugel zur gleichzeitigen Messung des Druckes auf das Hindernis.

Bomhard I — Messung der Querdehnung des Reifens durch Bestimmung der Ausbauchung an den Seitenwänden. Ein Anpreßdruck des Fühlers von 350 g genügte, um alle Querhübe einwandfrei zu übertragen. Der maximale Querhub eines PKW-Reifens mit einer Belastbarkeit von 470 kg beträgt bei Laständerungen von 300 kg 10 mm. Das Aufschreiben erfolgte durch Ritzen eines Films.

Braunschweig X — Gesamtmessungen an Bereifungen:
1. Profilhöhe bei Vollelastikreifen mit Nadel
2. Eindrückung bei verschiedenen Belastungen
3. Spezifischer Bodendruck
4. Gewichtsveränderungen durch Abrieb
5. Stoßwerte mit dem Schlagpendelgerät von Langer
6. Temperaturmessung im Reifen durch:
   a) in Bohrung eingesetztes Quecksilberthermometer,
   b) auf Oberfläche aufgesetztes Termoelement,
   c) Einstichthermoelement.

2. Federungseigenschaften von Reifen

Braunschweig X — Feststellung des Arbeitsvermögens und spezifischen Bodendruckes von Elastikreifen mit verschiedenen Profilhöhen. Der spezifische Bodendruck ist bei neuen Profilen 9 bis 10 kg/cm^2 und steigt bei geringeren Profilhöhen erheblich an. Das Arbeitsvermögen von neuen Vollgummireifen ist 4 bis 8 mkg, von neuen Elastikreifen fast 19 mkg, von abgefahrenen 8 bis 12 mkg.

Die Gummihärtezahl steigt im Mittel linear mit abnehmender Profilhöhe. Nach Abdrehen der Gummioberfläche ist die Härtezahl etwas niedriger, woraus geschlossen werden kann, daß der Gummi an der Lauffläche durch die Fahrbeanspruchung mehr erhärtet als im Inneren.

Das Arbeitsvermögen von Einzelreifen liegt höher als das von Zwillingsreifen, da die Reifen meistens nicht gleichmäßig hoch beansprucht werden.

Becker 01 — Elastizitätsmodul von Gummi: Die dynamische Federkonstante steigt bei sinkender Temperatur. Die dynamische Dämpfung ist bei + 40° C am höchsten.

Essers 12 — Der Einfluß des Pneudruckes auf die dynamischen Radlasten ist groß. Die dynamischen Radlasten von Elastikbereifungen betragen nach früheren Versuchen das Vier- bis Fünffache der statischen Last.

Kautschuk 01	Bei der Entwicklung zum Ballonreifen wurde die Tragfähigkeit von 1,8 auf 1,4 t verringert, wobei der Luftdruck von 6,3 auf 4,6 atü erniedrigt wurde. Die Felgen mußten um 20 bis 25 % verbreitert werden. Die Auswuchtung der Reifen ist besonders wichtig.
Wedemeyer 02	Die Kennlinie der Reifen ist in erheblichem Maße progressiv.
Bomhard I	Genaue Untersuchung der Federungswege von PKW-Reifen, die als Meßfeder dienen sollen. Erhöhter Reifendruck verursacht hohe Achsfrequenz und harte Stöße auf das Chassis; weiche Reifen sind ungünstig wegen zu großer Walkarbeit.
Weber 01	Der Federungsvorgang bei Luftbereifungen erfolgt dadurch, daß bei höherer Belastung die Bodenauflagefläche größer wird und dadurch das Gleichgewicht zwischen Tragkraft und Belastung hergestellt wird. Hierbei erfolgt keine nennenswerte adiabatische Kompression der Luft. Bei statischer Belastung eines Reifens 6,40 x 13" ist der Anteil der Tragkraft des luftleeren Reifens ca. 20 %, der Rundhaltekraft der Preßluft ca. 18 %, des Kompressionsanteils der Preßluft 5 %, so daß ca. 57 % der Tragkraft auf die Preßluft entfallen. Die Erwärmung während der Fahrt erfolgt durch die Deformation des tragenden Teils des Reifens.
Frotta 01	Röntgenaufnahmen zur Feststellung der Formänderungen der Cordlagen von Luftreifen. Die Art der Formänderung ist weitgehend unabhängig vom Reifeninnendruck.
Schmidt 07	Die Reifenfederung, d.h. die Schluckfähigkeit der Reifen, ist durch die Erniedrigung des Luftdruckes in den letzten 20 Jahren wesentlich vergrößert und damit die durch den Reifen übertragene dynamische Last stark verringert worden.
Koeßler 04	Untersuchungen über die Reifenfederung und ihren Einfluß auf die Schwingungseigenschaften der Fahrzeuge.
Kamm 17	Reifen mit verkürzter Seitenwand haben geringeres Federungsvermögen und größere Seitensteifigkeit als übliche Luftreifen; ihr Gewicht ist um 16 % geringer und könnte noch weiter gesenkt werden.
Zoeppritz 01	Die Federkennlinien von schlauchlosen Vollelastikreifen (moderne Entwicklung) sind etwas progressiv. Ihre Steifigkeit ist besser als bei Luftreifen, ihre Bodenpressung ist hoch.
Phoenix 03	Metallgummigefedertes PKW-Rad - mit Metallgummieinlage zwischen Felge und Radnabe - ermöglicht zusätzliche Federwege in der Ebene des Rades, absorbiert Hochfrequenzschwingungen und ergibt bessere Bodenhaftung.

3. Dämpfungseigenschaften von Reifen

Weber 01	Die Dämpfung der Reifen ist äußerst wichtig.

Bomhard I	Die Federungsdämpfung des Reifens ist bei PKW-Reifen (6,40-13" von 470 kg Belastbarkeit) nur gering. Sie ist um ca. 20 % unsymmetrisch. Die mittlere Dämpfungskraft beträgt ca. 90 kg x s/m, so daß ein Teil der Federungsarbeit des Reifens durch die Dämpfung wieder aufgebraucht wird.
Essers 09	In Reihenversuchen wurden die Art der Reifendämpfung und ihre Beiwerte so erfaßt, daß ein Dämpfungsgesetz in analytischer Form abgeleitet werden konnte.
Becker 01	Dynamische Dämpfung und Elastizitätsmodul von Gummi. Erstere steigt bei fallenden Temperaturen.
Springer 01	Eigenschaften der gummiumhüllten Textilien im Autoreifen. Die relative Dämpfung in Prozent ist bei Baumwolle 19 bis 27, Kunstseide 16, Perlon 9 bis 12, Stahldraht 2. Die erreichbare Festigkeit in kg/mm^2 ist bei Baumwolle 24 bis 28, Kunstseide 30 bis 35, Perlon 45 bis 58 und Stahldraht 240. Die Zerreißfestigkeit nimmt in feuchtem Zustande bei Baumwolle zu, bei Kunstseide ab. Sie beträgt bei 80° C, bezogen auf die jeweils höchsten Werte, bei Kunstseide trocken 100 %, bei Baumwolle trocken 75 %, bei Kunstseide feucht 75 % und bei Baumwolle feucht 100 %. Die Haftfestigkeit eines Fadens, der in 1 cm dicken Blöcken einvulkanisiert ist, wird bei 5 kg Belastung durch Feststellung der Lösezeit gemessen.
Schmidt 01	Der spezifische Flächendruck ändert sich mit dem Reifeninnendruck, der in den letzten Jahren verringert wurde. Dadurch ist die tatsächliche Beanspruchung der Fahrbahndecke durch die Einzelfahrzeuge in den letzten 25 Jahren nicht gewachsen.

4. Einfluß der Reifen auf die dynamischen Raddrücke

Neumann 03 a	Bei einem 25 mm hohen Hindernis und 20 km/h ist der Stoßfaktor von neuen Vollgummireifen 4, von neuen Elastikreifen 1,15.
Essers 04	Niedrige Luftreifen-Innendrücke ergeben kleinere Stoßzahlen als hohe und beanspruchen daher die Straße weniger.
Becker 01	Bei 40 km/h steigt bei einem Hindernis von 25 mm Höhe der dynamische Raddruck gegenüber der statischen Last bei PKW-Luftreifen um 15 %, bei Riesenluftreifen um 30 %, bei Elastikreifen um 100 %, bei Vollgummireifen um 250 %.
Braunschweig X	Die Werte der statischen Druckverteilung im Reifen erhöhen sich bei einer Eindrückzeit von 0,05 s für den ganzen Stoß um ca. 30 %.
Schaar 02	Kleinere Unebenheiten, wie die auf Kleinsteinbahnen oder guten Schotterbahnen, werden von der Luftbereifung noch voll aufgenommen, so daß die Achse erschütterungsfrei bleibt. Für die Aufnahme der Unebenheiten des Kopfsteinpflasters dagegen reicht die Schluckfähigkeit des Reifens nicht mehr aus, so daß Schwingungen entstehen können.

Koeßler 07	Der Reifendruck hat einen großen Einfluß auf die vertikalen dynamischen Radlasten (s. B-a) / II-5) 9.) und die dynamischen Horizontalkräfte (Zahlenwerte hierzu s. B-a) / II-7) und B-a) / II-3)).
AG.F&F 05	Croce: Bei Vollgummireifen ist bei 6 t Achslast der Stoßfaktor viermal größer als bei 10 t Achslast und luftgefederten Reifen. Der Luftdruck ist ausschlaggebend für die dynamischen Raddrücke und sollte auf einen Höchstwert beschränkt werden.
AG. F&F 01	Essers: Bei Vollgummireifen steigt die Stoßzahl bei 20 bis 30 km/h Fahrgeschwindigkeit bis 6,2, bei Elastikreifen bis 3,3 und bei Luftreifen bis 1,5 unter gleichen Fahrzeugbedingungen.
Weil 04	Bei Vollgummireifen erreicht auch bei einer Geschwindigkeit von nur 5 km/h die Stoßbelastung höhere Werte als die ruhende Last. Die Betonplatte brach bei den Versuchen.
AA Straßenbeanspruchung 14.6.57	Kamm: Die bisherigen Messungen der dynamischen Radlasten wurden mit Bereifungen durchgeführt, deren Federkonstante im Verhältnis 10:1 (Vollgummi gegen Luftreifen) geändert wurde. Die Federung der Fahrzeuge wurde dagegen nur im Verhältnis 1:1,5 verändert. Die Folgerung, daß die Reifenfederung den überwiegenden Einfluß auf die dynamischen Radlasten hat, darf solange nicht als endgültig angesehen werden, bis die Fahrzeugfedern in ähnlichem Variationsbereich untersucht werden.
AA Straßenbeanspruchung 10.1.58	Zoeppritz: Durch größere Reifen können die dynamischen Radlasten um ca 5 % vermindert werden. Hierzu ist aber eine Umkonstruktion der Fahrzeuge notwendig und ein höherer Rollwiderstand unvermeidlich.
AA Straßenbeanspruchung 14.6.57	Mitschke: Die Stoßfaktoren von Kuhlemayer-Schweranhängern steigen auf Kopfsteinpflaster bei Vollgummi-Bereifung bis 6, bei gleicher Radanordnung und Luftbereifung bis 2,25 und bei neuer Einzelradfederung mit derselben Luftbereifung bis 1,6.
Haller 03	Bei einem Doppelhochdruckreifen von 3624 kg Raddruck und bei einem Doppelballonreifen von 4077 kg Raddruck stellt sich die gleiche Beanspruchung der Betonplatten ein.
Dittrich 09	Die Grundlage für Betrachtungen über den Fortgang der vom Kraftfahrzeug auf die Straße eingeleiteten Kräfte (s. B-a) / III-3)) bildet die vom Reifen übertragene Kraft.
Braunschweig III	Die durch eisenbereifte Räder verursachten Bodenerschütterungen waren trotz der geringen Geschwindigkeit wesentlich größer als bei allen anderen Fahrzeugen.

5. Einfluß der Reifen auf die Bodenerschütterungen

Schenck 06

Messungen mit Vibriograph in 18 m Entfernung ergaben bei Vollgummireifen und Kopfsteinpflaster noch ca. 1,5 mm starke Bewegungen des Bodens.

Monteil 01

Einfluß der Bereifung auf Bodenerschütterungen - registriert mit einem Seismograph, System Piccard, der vertikal und in zwei Richtungen horizontal mißt - ist in vertikaler Richtung am höchsten. Aus vielen Meßresultaten sind folgende herausgegriffen: Stoßzahl, im Vergleich zu Luftreifen beladen (=1) ist bei Vollgummi leer 14,8, bei Vollgummi beladen 8,9, bei Elastik beladen 2,9, bei Luftreifen leer 4,11.

Braunschweig X

Meßresultate über Verkehrserschütterungen in cm/s^2 bei beladenen Fahrzeugen: Luftreifen 10, Hochelastik oder Überreifen neu 35, Elastikreifen neu 40, abgefahren 150.

Braunschweig III

Bei Eisenreifen wird die im Boden erzeugte Erschütterung durch den Einbau einer Federung zwischen Achse und Aufbau trotz Erhöhung der Achslast von 4,5 auf 5,9 t bei 6 km/h Geschwindigkeit ungefähr auf die Hälfte verringert. Die Erschütterungen durch eine elastikbereifte, abgefederte 9 t-Achse sind bei 6 km/h auf mittleren Straßen etwas niedriger und auf guten Straßen etwas höher als bei ungefederten Eisenreifen mit der halben Achslast.

Über den Einfluß der Geschwindigkeit auf die Verkehrserschütterungen des Straßenkörpers geben die nachstehenden Vergleichswerte bei gleicher Achslast Auskunft:

Geschwindigkeit km/h	45	35	25	15	10	6
Bereifung:						
Vollgummi	263			13		
Elastik		31		9		
Luft	14		9			
Eisen					300	15

6. Einfluß der Reifen auf Fahrzeugschwingungen

Schenck 06

Senkrechte Schwingungen sind proportional den Eindrucktiefen der Luftreifen, die wiederum proportional den Auflageflächen sind.

Wedemeyer 01

Unebenheiten der Straßenoberfläche führen zu Schwingungen der Achsen.

Wedemeyer 05

Resonanzschwingungen können durch die Dämpfung des Reifens verringert werden, so daß gute Reifendämpfung anzustreben ist. Straßenaufnahmen zeigen, daß die Fahrbahn durch Wellen zerstört wird. Diese Wellen stehen im Einklang mit den Eigenschwingungen der Achse und vor allem denen des Reifens. Sie nehmen mit wachsender Dämpfung des Reifens ab.

Wedemeyer 02	Untersuchungen der Schwingung der ungefederten Massen zeigen, daß der Reifen besonders wegen seiner gekrümmten Kennung die Straße zerstört. Das Zusammenwirken von Reifen und Federn stellt einen eigenartigen Frequenzwandler dar, dessen Erforschung durch praktische Versuche sowohl hinsichtlich der Schonung der Straße als auch zur Verbesserung des Federproblems wertvoll wäre.
Wedemeyer 02	Bei normalen Geschwindigkeiten schluckt der Reifen nicht mehr die Hindernisse, sondern gibt lebhaften Stoß. Am Treibrad wird der nach außen gewölbte Teil des Luftreifens nach innen gedrückt. Hierdurch erfolgt eine einseitige Verformung, die eine Wellung der Lauffläche verursacht, wobei die Fliehkraft bei höheren Geschwindigkeiten versteifend wirkt.
Riekert 02	Trotz der durch die Straße angeregten Schwingungen des Kraftfahrzeuges ist eine stärkere Belastung der Vorderachse bei seitenweichen Reifen günstig für die Straßenlage des Kraftfahrzeugs.
Mitschke 01	Durch Messung der Querdeformation nach einem Schlag auf den Reifen mit Gummihammer wird jeweils eine Abnahme um 1/3 der Amplitude bei jeder Schwingung festgestellt. Entsprechende Messungen wurden auf vielen Straßen und Bahnübergängen mit gleicher Geschwindigkeit, aber verschiedenen Reifeninnendrücken durchgeführt.
Koeßler 06	Die Abhängigkeit der Stoßfaktoren von den Schwingungseigenschaften der Fahrzeuge wurde - unter Berücksichtigung der Federungseigenschaften der Bereifungen - untersucht.
Chrysler 01	Solange die statische Reibung von Blattfedern nicht überwunden ist, kann das Fahrzeug nur auf den Reifen schwingen.
Marquardt 01	Bei rechnerischen Untersuchungen über das Abspringen der Räder von Hindernissen konnte wohl die Reifenfederung, nicht aber die Reifendämpfung berücksichtigt werden.
Lindblom 01	Resonanzschwingungen von Achsen können durch geringe Umwuchten der Reifen erregt werden, wobei auch die Aufbaumassen zu Schwingungen kommen können. Diese Umwuchten sind so klein zu halten, daß das Schwingungssystem dadurch nicht mehr angeregt werden kann (s. B-a) / II-5)).
Mitterlehner 01	Der zusätzliche Fahrwiderstand beim Auftreten von Schwingungen des Fahrzeugs infolge von Straßenwellen kann die Größe des Rollwiderstandes annehmen (s. B-a) / II-5) 6.).

7. Rollwiderstand von Reifen

Braunschweig VIII	Die gesamten Rollwiderstandsverluste entstehen aus der Deformation und Erwärmung der Fahrbahn, des Reifens und der Fahrzeugteile sowie der Lagerreibung. Meßapparaturen: Drehkraftmesser (Kondensatormikrometer), Drehzahlmesser (rotierender Unterbrecher), Zeitmarkengeber (Stimmgabel und Staudüse mit Kondensatorplatte zur Luftgeschwindigkeitsmessung) sowie Wegmesser.

Kluge 01	Messung des Rollwiderstandes von Luftreifen mit 3 m großer Trommel. Einfluß des Profils und des Luftinnendruckes bei verschiedenen Belastungen. Bei höherer Geschwindigkeit erniedrigt eine Erhöhung des Luftdruckes den Rollwiderstand, und zwar umgekehrt proportional zum Luftdruck.
Kamm 12	Messung des Rollwiderstandes auf Eisentrommel mit 1,06 m Durchmesser bei verschiedenen Geschwindigkeiten. Außerdem Messungen auf der Autobahn, wobei ca. 25 % niedrigere Werte als auf normaler Straße gemessen wurden.
Kamm 19	Messung der Roll- und auch Luftwiderstände auf einer Prüftrommel. Rollwiderstand eines Geländeprofil-Reifens ist rund 60 % höher als der eines normalen Profils. Weitere Rollwiderstandsmessungen durch Auslaufenlassen des Rades ausgehend von geringen Geschwindigkeiten.
Braunschweig VIII	Der Gesamtwiderstand eines Fahrzeugs steigt durch den höheren Rollwiderstand auf Asphalt- und Teerstraßen gegenüber Betondecken (vermutlich durch das Wegfallen der Knetwirkung des Reifens auf plastischen Decken).
Hallberg 01	Auf Bitumendecken ist der Kraftstoffverbrauch ca. 12 % höher als auf Betondecken.
Schenck 02	Kraftverbrauch eines luftbereiften beladenen LKW bei Rundlaufversuchen: 1,6 PS bei 7,5 km/h und 7,9 PS bei 25 km/h; Rundlaufdurchmesser 22 m.
Becker 01	Der Rollverlust ist bei Luftreifen bei ca. 40 km/h ca. 40 % höher als bei Elastikreifen und steigt mit der Geschwindigkeit. Werte für andere Bereifungen bei verschiedenen Geschwindigkeiten.
Weber 01	Die Rollwiderstandsleistung eines Reifens 1100-20" EHD bei normalem Luftdruck beträgt bei 50 km/h 4 PS bzw. bei 110 km/h 8 PS; d.h. nahezu linearer Anstieg.
Neumann 03 a	Bei hoher Geschwindigkeit ist die Zunahme des wirksamen Reifendurchmessers durch Fliehkraft bei niedrigem Luftdruck größer als bei hohem Luftdruck. Der Rollwiderstand ist bei niedrigem Luftdruck größer und verursacht starke Erwärmung, daher die Tendenz zu hohem Luftdruck, der aber die Straße höher beansprucht.
Braunschweig X	Der Widerstand des Gummis wächst mit der Geschwindigkeit seiner Zusammendrückung nicht quadratisch, aber doch erheblich.
Kamm 17	Bei Reifen mit verkürzter Seitenwand ist die Walkarbeit und damit der Rollwiderstand geringer als bei normalen Reifen.
Wedemeyer 01	Der Rollwiderstand von Bereifungen ist höher als der Wellenwiderstand, d.h. der Kraftverlust infolge der periodischen Schwingungen auf welligen Straßen.

Kamm 18 — Rechnerische Erfassung der einzelnen Fahrwiderstände: Rollwiderstand, Luftwiderstand usw., wobei der Schwerpunkt der Untersuchung auf den Luftwiderstand gelegt wurde.

AA Straßenbeanspruchung 14.6.57 — Eine Reifendruckregelung in der Weise, daß auf schlechter Straße der Reifen weich und auf guter Straße hart gefahren werden kann, würde eine Verminderung des Rollwiderstandes auf den guten Straßen ermöglichen.

B Oberfläche a) Ebenheit

III Eigenschaften von Fahrzeugteilen 2) Achsen und Räder

1. Einfluß der ungefederten Massen auf die Schwingungen

Essers 03 — Eine schwere LKW-Hinterachse mit schwerem Differential hat größere Achsmassen und ergibt damit größere Achsbeschleunigungskräfte. Hierbei wirkt sich eine weiche Federung ungünstig aus.

Bomhard I — Leichte Achsmassen schwingen schneller und sprechen auf kleinere Fahrbahnunebenheiten an. Die Achsschwingungsamplituden werden durch die Reifenfederung vergrößert.

Bode 06 — Bei der Masse der Räder und Achse ist der Anteil der Federn zu berücksichtigen, die auf der Achse befestigt sind.

Schmidt 07 — In den letzten 20 Jahren haben sich die ungefederten Massen der Achsen verkleinert, was eine Verringerung der dynamischen Radlasten zur Folge hat.

Dobberack 01 — Die dynamischen Kräfte werden durch Verminderung der nicht abgefederten Massen erheblich verringert. Die Achsmassen und die mittlere Geschwindigkeit sind vor allem bestimmend für die dynamischen Radlasten.

Riekert 02 — Die Eigenschwingungszeit der Achse im Verhältnis zur Stoßdauer wird als Stoßzeitverhältnis bezeichnet und beeinflußt vor allem die Bewegungsformen einer Achsmasse bei ihrer Bewegung auf unebener Straße. Das Stoßzeitverhältnis hängt von der Fahrgeschwindigkeit ab und wird von der Dämpfung beeinflußt.

2. Einfluß der Reifen und Räder auf Achsschwingungen

Bomhard I — Die Achsschwingungen werden auch angeregt durch die Unwucht der Reifen oder Räder. Zu berücksichtigen sind die Elastizität der Achsschenkel einschließlich der Achsschenkelbolzen und der Achsfaust, sowie das Spiel im Achsschenkelbolzen. Beim PKW verursachten die Unwuchtmassen des Reifens und des Rades eine Achsfrequenz von ca. 11 Hz. Der Einfluß der Unwucht kann so groß werden, daß es bei völliger Phasengleichheit zum Abspringen der Räder von der Straße kommt.

Bomhard 01 Die Frequenzen der Achsschwingungen werden durch den Luftdruck der Bereifung beeinflußt und sind z.B. bei einem PKW-Reifen mit 2 atü Innendruck um 1 bis 1,5 Hz höher als bei 1,4 atü Reifendruck. Bei mittleren Geschwindigkeiten, z.B. bei 50 km/h verhält sich die Härte der Stöße bei 1,4 und 2 atü wie 1 : 2. Beim Betrieb ohne Stoßdämpfer sind bei 1,4 atü stärkere Aufschaukelungen möglich als bei 2 atü.

AA Straßenbeanspruchung 10.1.58 Svenson: Bei Lastwagenachsen können Beschleunigungen bis 35mal Erdbeschleunigung auftreten, die sehr kleine Amplituden haben und die dynamischen Raddrücke nicht beeinflussen.

3. Zusammenhang von Achs- und Aufbauschwingungen

Wedemeyer 02 Die Achsschwingungen sind nahezu unabhängig von den Schwingungen des Aufbaues. Die Schwingungszahl beträgt unter Berücksichtigung des stark progressiven Reifenkennwinkels 8,5 bis 10 s -1.

4. Einfluß der Straßenunebenheiten auf Achsschwingungen

Bomhard I Die erzwungenen Schwingungen der Achse sind nahezu unabhängig von den Unebenheiten der Straße. Die Achse spricht vor allem von den vielen Unebenheiten der Straße auf solche an, deren Wellenlänge der Wellenlänge ihrer Eigenschwingung am nächsten kommen. Die Frequenz der Achsschwingung bleibt unabhängig von der Art der Fahrbahn annähernd konstant. Sie wird fast nur durch die Eigenschwingungszahl des Achssystems bestimmt, wobei die Abweichungen ± 15 % betragen können. Die Amplituden der Achsschwingungen werden durch die Höhe der Fahrbahnwellen bestimmt. Es ist möglich, daß sich bei höherer Geschwindigkeit die Amplituden und Stöße auf den Aufbau erhöhen. Bei Steigerung der Fahrgeschwindigkeit über die Resonanzgeschwindigkeit hinaus, tritt dann wieder eine Verringerung der Amplituden ein. Kleinere Achsmassen sprechen auf kleinere Fahrbahnunebenheiten an, wobei sich auch geringere Amplituden ergeben. Achsschwingungen infolge von Einzelstößen klingen langsam ab.

Bode 06 Phasengleichheit der Achsschwingungen mit den Bodenwellen kann nicht erreicht werden, da immer eine Phasenverschiebung eintritt infolge der Ungleichmäßigkeit des Bodens. Die Phasenverschiebung wird mit zunehmender Fahrgeschwindigkeit günstiger.

Wedemeyer 05 Wellen der Fahrbahn verursachen Schwingungen der Achsen mit einer Frequenz von 500 bis 600/min. Das Frequenzband ist sehr klein, weil die Massen von Achsen und Reifen dem Gewicht der Fahrzeuge weitgehend proportional sind.

Mitterlehner 01 Periodische Schwingungen der Achse werden erzeugt durch die Pflasterung, Dehnfugen von Betonfahrbahnen und mittlere Fahrbahnwellen in einer Länge von 1 bis 2,5 m, die vor allem für die Resonanzschwingungen der Achsen verantwortlich sind.

AA Straßenbeanspruchung 10.1.58	Ostwald: Eine Straße zerstört sich von einem bestimmten Stand der Unebenheit ab selbst, weil dann die LKW- und Anhängerachsen zu ungedämpften Schwingungen angeregt werden, die wiederum die Straße zerstören.
Marquard 03	Graphische Darstellung und Errechnung der Bewegungen der Achse beim Abspringen des Rades von einem Hindernis von 5 cm Höhe. Hieraus ergeben sich theoretisch die Vorgänge beim Überfahren von Hindernissen.

5. Zerstörungen der Straße durch Achsschwingungen

Wedemeyer 04	Die Schwingungen der Achsen erzeugen Bodenwellen, die dann durch Schwingungsumwandlung zur Resonanzerregung der ungefederten Massen führen.
Bomhard I	Achsschwingungen verursachen keine Fahrbahnwellen.
Mitterlehner 01	Die größten Bodenkräfte entstehen bei Resonanz der Erregung durch die Bodenunebenheiten mit der Eigenfrequenz der Achsmasse, die zwischen Reifen und Federung schwingt.

B Oberfläche a) Ebenheit

III Eigenschaften von Fahrzeugteilen 3) Federungen

1. Meßeinrichtungen für Federungen

Essers 07	Prüfstandanordnung mit Langer-Thoméschen Beschleunigungsmeßeinrichtungen für Federungs- und Dämpfungsuntersuchungen bei Hindernissen. Berechnung der Bewegungsvorgänge an Federungen.
Lehr 03	Messung der schwingungstechnischen Eigenschaften an betriebsfertigen Kraftfahrzeugen zur Feststellung des Einflusses der Federung.
Svenson 02	Messung der Federwege durch auf dem Chassis befestigten Kontaktwegmesser, dessen Schenkel an der Achse angreifen. Der punktweise arbeitende Oszillograph gibt ein verhältnismäßig genaues Bild der Federwege und Federwegkollektive, d.h. der Anzahl der auf bestimmter Strecke erreichten Federwege bestimmter Höhe. Die Auftragung der Werte erfolgt einseitig logarithmisch.
Ostwald 05	Fahrbahnprüfschreiber als Straßenunebenheitsmeßgerät zählt die Feder-Hübe der vier Federungen als Maß für die Straßenunebenheit und zeichnet auf einem Streifen zurückgelegte Strecke, Geschwindigkeit, die vier Federwege, Nickschwingungen, Steigung und Gefälle und Querneigungen des Wagens in Kurven auf.
Meyer 2 01	Messung der Federungseigenschaften von Kraftfahrzeugen auf einer Schwingungsplattform. Hierbei auch Beobachtung der entstehenden Nickschwingungen. Rechnerische Erfassung aller

Vorgänge. Ermittlung der Federkonstanten am betriebsfertigen Wagen durch Messung der Federwege bei Be- und Entlastung. Hieraus auch Errechnung der Dämpfungskräfte, der Hubschwingungen und Koppelmomente der Federkräfte.

Zube 01 — Untersuchung des Einflusses der einzelnen Federn durch Blokkieren der anderen Federn auf einem Prüfstand mit verstellbaren, exzentrisch angetriebenen Antriebsrollen. Messung der Federdurchbiegungen mit Dehnungsmeßstreifen und der Beschleunigungen auf dem Chassis mit Waas'schen Schwingungsschreibern. Einfluß des Reifendruckes und der Geschwindigkeit. Feststellung des Beginns der Resonanzschwingungen.

Gaßmann 01 — Meßgeräte zur Aufzeichnung auftretender Schwingungen. Nach den orientierenden Messungen sollen Untersuchungen mit speziellen Fahrzeugen über erschütterungsdämmende Straßenbeläge und geeignete Fahrzeugfederungen vorgenommen werden.

2. Federungswirkung bei Kraftfahrzeugen

Lehr 02 — Die gesamte Federungswirkung ist nicht nur durch die Härte der Federung gekennzeichnet, sondern auch durch das Verhältnis der Federungswirkungen um die Längs- und Querachse; sie hängt also auch vom Abstand der Federn, gegeben durch die Spurweite und den Radstand, sowie von der Massenverteilung ab. Lange Fahrzeuge erfordern eine weiche Federung um die Längsachse, was durch starre Achsen und Blattfedern erzielt wird. Schwingachsen verursachen eine härtere Federung um die Längsachse als starre Achsen. Der Vorzug der Schwingachsen besteht aber in winkelfreier Führung der Räder und in gleichmäßiger Federungswirkung bei einseitigen Stößen. Die Kurvenfederung ist bei starren Achsen wegen des kürzeren wirksamen Hebelarmes der Fliehkraft günstiger. Alle Forderungen sind gleichzeitig nicht erfüllbar.

Dobberack 01 — Umfassende Versuche zur Bestimmung der Federungseigenschaften von PKW durch Messung der Relativbewegung zwischen Rahmen und Achse und der Rahmenbeschleunigung mit und ohne Stoßdämpfer. Hieraus theoretische Grundlagen der Schwingungsvorgänge. Die umfangreichen Zahlentafeln gelten nicht für neuere Fahrzeugtypen. Je geringer das Eigengewicht eines Fahrzeugs ist, desto besser muß die Federung im leeren und beladenen Zustand sein.

Maruhn 03 — Die starre Achse ist bei einseitigen Hindernissen infolge der seitlichen Nachgiebigkeit ihrer Federn günstiger als eine Schwingachse gleicher vertikaler Federungscharakteristik. Dieser Nachteil kann aber durch entsprechende Ausbildung der Federn bei Schwingachsen ausgeglichen werden.

Essers 03 — Große Achsbeschleunigungen können bei einer weichen Federung eintreten, wie sie bei Lastwagen mit langen Blattfedern und ungenügender Dämpfung vorkommt.

3. Einfluß der Federung auf die Schwingungseigenschaften von Fahrzeugen

Lehr 03 — Die schwingungstechnischen Eigenschaften der Kraftfahrzeuge hängen vom Verhalten der Federung ab. Durch Messungen können Richtlinien für die beste Federkonstruktion gewonnen werden. Aus Nommogrammen läßt sich ein gewisses Optimum für die Achsschwingungen unter dem Einfluß der Federung erreichen. Die Frage ist dabei, ob auf diesem Wege auch tatsächlich die optimalen Bedingungen erreicht werden können, da zusätzlich eine Reihe von kleineren Einflüssen besteht, die das Bild verschieben können. Die Rechnungsmethoden sind deshalb nur für die Planung wichtig und müssen durch Messungen an fertigen Fahrzeugen nachkontrolliert werden.

Lehr 02 — Die Eigenschwingungszahl des Wagenkastens ändert sich mit der Nutzlast. Hieraus ergeben sich bei einer Fahrzeugfederung mit gerader Kennlinie, wenn das Verhältnis von zulässiger Nutzlast zum Gesamtgewicht groß ist, beim leeren oder wenig beladenen Fahrzeug ungünstige Fahreigenschaften. Vermeidung dieser Nachteile durch progressive Federung (s. B-a) / III-3) 5.).

Schuh 01 — Graphische Auswertungsmethoden für die Amplituden der Kräfte, mit denen die schwingenden Massen an der Federung angreifen, und für den Wirkungsgrad der Federung.

Mitterlehner 01 — Um das Abspringen der Räder eines Fahrzeugs von der Straße bei Resonanzschwingungen zu vermeiden, muß die Federkonstante im umgekehrten Verhältnis zur Wellentiefe abnehmen.

Wedemeyer 07 — Das Zusammenwirken von Reifen und Federn stellt einen eigenartigen Frequenzwandler dar, dessen Erforschung durch praktische Versuche zur Schonung der Straße und Verbesserung der Federung notwendig erscheint.

Gaßner 02 — Messungen an Personen-, Liefer- und Lastwagen mit Federwegmeßuhren zeigten, daß die Häufigkeitskurven der Federausschläge weitgehend einem einheitlichen Verteilungsgesetz entsprechen, das sich auch bei größeren Fahrstrecken gut reproduzieren läßt. Die dynamischen Federausschläge waren bei den untersuchten Fahrzeugen für die Zustände "leer" und "beladen" ähnlich. Ein entsprechendes Ergebnis wurde auch bei den Seitenkraftmessungen erhalten.

Lehr 02 — Modellversuche bei freien und erzwungenen Schwingungen eines Systems mit progressiver Federung und verschiedener Dämpfung zeigten, daß hierbei die Nickerscheinungen verschwinden, wenn die Dämpfung ausreichend groß (0,2 bis 0,3) gewählt wird. Ein System mit progressiver Federung hat als Resonanzkuppe nur den 0,6- bis 0,8-fachen Wert eines Systems mit gerader Federkennlinie. An einer Luftfederung mit idealer Progressivität (Kolben mit Zylinder und adiabatischer Kompression) konnten diese Verhältnisse verwirklicht werden.

Meyer 2 01	Zur Vermeidung von Nickschwingungen ist es günstig, die hintere Federung um 20 bis 30 % härter als die vordere Federung zu machen, woraus sich ein Kopplungsfaktor von etwa 0,18 ergibt. Dabei muß auch der Achsstand möglichst groß sein.

4. Einfluß der Federung auf die dynamischen Raddrücke

Koeßler 05	Die dynamischen Raddrücke werden nur bei schlecht gefederten Fahrzeugen von der Geschwindigkeit beeinflußt. Auch die Häufigkeit der Stöße auf die Fahrbahn läßt keinen Geschwindigkeitseinfluß bei normaler Federung der Fahrzeuge erkennen.
Lampe 01	Die Bodenhaftung hängt im wesentlichen von der Federung und der Dämpfung ab. Die Messung der Radschwingungen beim Ein- und Ausfedern während des Fahrens über Straßen verschiedener Güteklassen läßt die Wirkung der Federung in Zusammenarbeit mit den Stoßdämpfern erkennen.
Behrmann 01	Weiche Blattfedern bringen bei unverändertem Stoßdämpfer eine Erhöhung der dynamischen Radlast, obwohl die Blattfeder auch beim PKW eine erhebliche Eigendämpfung hat. Bei geeignetem Stoßdämpfer verursacht die weichere Blattfeder eine Verringerung der dynamischen Raddrücke bis 10 %, bei Versuchen ohne Stoßdämpfer eine Vergrößerung bis 20 %.
Bode 05	Der Stoßfaktor beträgt bei 60 km/h bei einer harten Blattfeder 1,6, bei einer weichen Blattfeder 1,5. Der Unterschied ist also nicht erheblich. Bei gut gefederten Omnibussen waren die dynamischen Raddrücke geringer als bei LKW. Der Stoßfaktor betrug bei 20 bis 60 km/h auf schlechter Straße 1,25 bis 1,6 und auf guter Straße 1,1 bis 1,25. Durch den Einbau einer besseren Federung läßt sich die Straßenbeanspruchung verringern.
Bode 06	Dynamische Raddrücke bei blattgefederten MAN-LKW. Die Federdurchbiegung ist rechts und links beim Überfahren von Autobahnquerfugen und Lattenhindernissen verschieden groß. Die Beschleunigungsspitzen sind kurz. Der Stoßfaktor war auf guter Straße bei einem Keilhindernis von 9 cm 1,75, bei einer Latte von 30 mm mal 30 mm 1,4. Kleinere Hindernisse wie Latten von 20 mm mal 20 mm werden geschluckt.
Manteuffel 01	Einfluß der statischen und dynamischen Be- und Überlastung auf die Eigenschaften der Federungen. Hohe dynamische Überlastungen haben die Ursprungfestigkeit nicht erniedrigt, wohl aber plastische Verformungen der Feder verursacht. Hieraus ergibt sich eine Veränderung der ursprünglichen Federung und damit die Gefahr eines Aufschlagens auf den Hartanschlag.
Langer 06	Der Einfluß der Reibung der Blattfedern auf den Stoßgrad wurde an Kraftomnibussen ermittelt. Mit Abnahme der Schmierwirkung nimmt die Stoßhaftigkeit stark zu, und zwar von 5,7 nach der Schmierung auf 9,2 nach 3500 km Fahrstrecke oder von 4,4 nach der Schmierung auf 6,6 nach 3000 km.

AA Straßenbeanspruchung 14.6.57	Kamm: Bei dynamischen Radlastmessungen wurde die Federkonstante bisher nur im Verhältnis von 1:1,5 verändert (s. B-a) / II-5) 9. und 10.). Die Stoßfaktoren von Kuhlemayer-Schwerlastanhängern auf Kopfsteinpflaster steigen bei Starrachs-Anordnung und Luftbereifung bis 2,25 und bei einer neuen Einzelrad-Federung nur bis 1,6.
Jelinek 04	Die dynamischen Zusatzlasten werden vor allem von der Federung beeinflußt.
Braunschweig III	Eine Federung zwischen der Achse und dem Aufbau verringert bei Eisenreifen bei 6 km/h die Erschütterungen des Straßenkörpers trotz einer Erhöhung der Achslast von 4,5 auf 5,9 t ungefähr auf die Hälfte.

5. Progressive Federung

Automarkt 01	Stand der Technik zur Erreichung einer progressiven Federung.
Schmidt 07	In den letzten zwanzig Jahren hat sich die Federung, vor allem durch progressive Ausführungen, verbessert.
Wedemeyer 01	Die progressive Federung verhütet Eigenschwingungen, da sich die Eigenschwingungszahl dauernd mit dem Federausschlag ändert.
Lehr 02	Die Federkennlinie einer progressiven Federung muß nach einer bestimmten Exponentialkurve verlaufen, wenn die Eigenschwingungszahl für alle Belastungsgrade gleich bleiben soll. Die konstruktiven Möglichkeiten zur Verwirklichung dieser Forderung werden an einem Modell bei freien und erzwungenen Schwingungen mit Hilfe einer Winkelhebelfederung dargelegt. Bei freien Schwingungen ist dieses System einer geradlinigen Federkennlinie gleichwertig, bei erzwungenen Schwingungen verschwinden Nickerscheinungen, wenn die Dämpfung ausreichend groß gewählt wird (0,2 bis 0,3). Die Höhe der Resonanzkuppe ist bei sonst gleichen Verhältnissen nur etwa 0,6 bis 0,8 der Werte bei gerader Federkennlinie.
Gross 01	Berechnung gestufter Blattfedern mit progressiver Kennlinie. Nachmessungen erforderlich.
Langer 06	Untersuchungen der progressiven Oltersdorf-Federung mit Abwälzhebeln zwischen Achse und Aufbau, so daß die Feder selbst weicher ausgebildet werden kann. Verminderung der Stöße auf das Chassis bei geringer Belastung; gute Kurvensteifigkeit. Bericht über die sogenannte Rollag-Federung mit starker Progressivität.
Schieferstein 01	Progressive Federung, bestehend aus einer Blattfeder, die in einem Gehäuse als Wälzhebelfeder sitzt, vermeidet Resonanzschwingungen (1929).

6. Blattfederung

Maruhn 01	Bei der Dimensionierung der Blattfederung sind die Gesamtfederung, die Kurvenfederung und die Radführung getrennt zu untersuchen.
Wedemeyer 01	Das Paket der Blattfeder bleibt bei Stößen zunächst infolge der Haftreibung starr, bis sprunghaft die Reibung der Bewegung einsetzt, die nach Beendigung des Hubes wieder plötzlich aufhört. Daher ist die Blattfeder ungünstig bei plötzlichen Stößen.
Lowag 01	Die Blattfeder nimmt kurze Stöße nicht auf. Eine Schrauben- oder Drehstab-Feder ist erheblich besser. Durch das Verharren der Blattfeder in einer bestimmten Stellung ruft sie eine fortlaufende Reihe kurzer Stöße auf die Fahrbahn hervor, soweit der Reifen diese nicht aufnehmen kann.
Langer 05	Untersuchung der Spannungen an Blattfedern.
Braunschweig I u. II	Beschreibung der Federungen der Versuchsfahrzeuge. An Anhängern, Bulldog-Schleppern und Pferdefuhrwerken keine Federung.
Lindblom 01	Der einzige Einfluß der Blattfeder auf das Schwingungsverhalten des Chassis besteht in der Reibung der einzelnen Blätter gegeneinander. Hierdurch werden Resonanzbedingungen vermieden, da erst ein gewisser Stoß notwendig ist, ehe die Federblätter sich gegeneinander bewegen.
Chrysler 01	Die Reibung kann bei Blattfedern von schweren Lastwagen 20 bis 25 % der Last aufnehmen. Dies bedeutet, daß bis zu der Grenze, bei der die statische Reibung der Federn überwunden wird, das Fahrzeug vor allem auf den Reifen schwingt.
Marquard 01	Die Reibungsdämpfung der Blattfedern von PKW ist gering. Die Reibungsdämpfung hat folgende Mängel: Sprunghafter Beschleunigungswechsel, zu große Dämpfung bei kleinen Unebenheiten, zweifelhafte Konstanz der Reibungsverhältnisse. Hier ist außerdem zu berücksichtigen, daß die Reibungsdämpfung an sich sehr klein ist. Ein beträchtlicher Teil der Dämpfung wird auch von der Federaufhängung verursacht.
Bomhard 01	Die statische Dämpfungskraft von Blattfedern mit einer Maximaltragfähigkeit von 470 kg beträgt bei dem Versuchswagen zur Messung der dynamischen Radlasten durch Reifenquerdeformation ca. 25 kg.
Essers 01	Eine Blattfeder mit einer Federsteifigkeit von 60 kg/cm hat eine Reibungskraft von ± 5 kg. Theoretische Ableitung der Bewegungsvorgänge bei dieser Feder beim Überfahren von Hindernissen auf dem Trommelprüfstand.

7. Gummifedern

Springer 01	Phoenix-Gummifederung, angewandt an Ackerwagen, besteht aus aufvulkanisierten Gummiklötzen.

Kern 01 — Metallgummi-Platten-Federung für Kraftfahrzeuge, Bauart Phoenix, wird gebildet aus Gummiplatten, die mit Metallplatten zusammenvulkanisiert und fächerförmig schräg gegeneinander gestellt sind; Federhub ca. 15 mm.

Neithardt 01 — Neithardt-Federung hat vier Gummibolzen in den vier Ecken eines kubischen Außengehäuses, in dem sich - um 45° versetzt - ein zweiter, kleinerer Kubus bewegen kann. Das Rad greift an letzterem mittels eines Hebelarmes an. Leicht progressive Kennlinie mit erkennbarer Dämpfung. Bei plötzlichem Entlasten der Feder ohne Massenwirkung entstehen noch zwei erkennbare Schwingungen.

8. Luftfederung

Lowag 01 — Die Luftfederung hat den Vorteil einer der Belastung angepaßten Charakteristik mit einer bestimmten Progressivität.

Wedemeyer 01 — Die Luftfederung bestand 1935 aus einem in einem Zylinder beweglichen Kolben und hatte eine progressive Charakteristik, elastische Hubbegrenzung und Anpassung an die wechselnde Belastung.

Lehr 02 — Erfahrungsgemäß sind 80 bis 100 Schwingungen pro Minute die günstigste Eigenschwingungszahl. Diese kann durch eine Kolben-Zylinder-Luftfederung mit adiabatischer Kompression erreicht werden, die bei erzwungenen Schwingungen und einer Dämpfung von 0,2 bis 0,3 eine ideale Progressivität ergibt.

Bomhard 01 — Bei allen reibungsfreien Federungen, d.h. Schrauben-, Torsions- oder Luftfedern, muß die ganze Dämpfung vom Stoßdämpfer ausgeführt werden.

9. Einbaurichtung der Federungen

Buck 01 — Bei einem Einbau der Räder in der Weise, daß sich die Achse in Fahrtrichtung vor der Mitte der Feder-Aufhängepunkte am Chassis befindet, werden folgende Vorteile erreicht: Verkleinerung der Horizontalkomponente aus der Stoßkraft durch Federung in Fahrtrichtung, höhere Bodenhaftung und die Möglichkeit der Verwendung von Federn mit flacherer Kennlinie, gefederte Aufnahme der horizontalen Kräfte beim Bremsen und Beschleunigen, Verringerung der bei Bodenunebenheiten auftretenden Radialkräfte am Rad und damit Schonung von Reifen und Getriebe. Optimaler Vorlaufwinkel ca. 10° bei langsamen und ca. 15° bei schnellen Fahrzeugen. In der Gesamtauswirkung ergibt sich eine Schonung der Straßen.

Bei der Festlegung des Winkels der Federbewegung zur Senkrechten sind die mittlere Höhe des Hindernisses und der Radhalbmesser zu berücksichtigen. Bei gleichbleibender Fahrgeschwindigkeit und gleicher Hindernishöhe wird die Horizontalbeschleunigung um so geringer je größer die Federneigung ist. Daraus ergibt sich bei kleinerer Federschräge die Neigung des Rades zum Springen bzw. bei größerer zu besserer Radhaftung.

1. Berechnung der Wirkung von Stoßdämpfern

Marquard 03

Die Bemessung der Stoßdämpfer stellt einen Kompromiß dar zwischen dem Bestreben, einerseits die Ausschläge und andererseits die Beschleunigungen des Aufbaues so klein wie möglich zu halten. Die unerwünschte Übertragung der Unebenheiten der Fahrbahn auf den Aufbau läßt sich durch eine verstärkte Dämpfung nicht wirksam bekämpfen. Jede Verringerung der Schwingungen durch erhöhte Dämpfung ist mit einer Erhöhung der Beschleunigung verbunden. Die Dämpfung muß daher so klein sein wie die Schwingungen des Aufbaues zulassen. Die Berechnung eines Beispiels mit quadratischer Dämpfung zeigt, daß etwa ein Viertel der insgesamt aufgenommenen Energie während der Anstoßperiode verzehrt wird, ein weiteres Drittel während des Springens, bis der Reifen die Fahrbahn wieder berührt und knapp ein Fünftel vom Augenblick des Berührens bis zur tiefsten Eindrückung des Reifens. Die beim Überfahren des Hindernisses aufgenommene Energie ist ungefähr doppelt so groß wie die, die dem statischen Anhub der Gesamtmasse auf die Höhe des Hindernisses entspricht, wobei die Größe und Eigenart der Dämpfung diese Werte nicht beeinflußt.

Rechnerisches Wertungs- und Vergleichverfahren für die Stoßdämpferwirkung unter Zugrundelegung eines vereinfachten Ersatzsystems beim Überfahren eines einzelnen Fahrbahnhindernisses. Das Ersatzsystem ist ein Zweimassen-Zweifedersystem, bei dem die Dämpfung der Bereifung vernachlässigt und nur die der Abfederung berücksichtigt wird. Der Vergleich verschiedener Rechnungsarten ist in Kennkurven dargestellt.

Marquard 04

Die mathematische Ableitung der Stoßdämpferwirkung verlangt radikal vereinfachende Annahmen, so daß deren exakte Erfassung nur mit Hilfe von Messungen möglich ist. Theoretisch abgeleitete Kurven über die Beschleunigungen von Achse und Aufbau in Abhängigkeit von der Kreisfrequenz.

Essers 07

Berechnung der Beschleunigungen von Achse und Aufbau bei einem Einachsanhänger unter Berücksichtigung der Wirkung der Stoßdämpfer.

Riekert 02

Das Verhältnis Eigenschwingungszeit der Achse zu Stoßdauer, als Stoß-Zeitverhältnis bezeichnet, hängt von der Fahrgeschwindigkeit ab. Es wird der Nachweis geführt, daß die günstigste Dämpfung bei 0,2 bis 0,3 liegt. Modellversuche über die Abhängigkeit des Größtausschlages und der Größtgeschwindigkeit und -Beschleunigung einer Einzelmasse vom Stoß-Zeitverhältnis bei verschiedener Dämpfung. Folgerungen für die günstigste Dämpfung. Errechnung der Dämpfung aus dem Verhalten eines auf eine Schwingungsplattform aufgestellten Wagens bei aufgezwungenen Schwingungen unter Beobachtung der Koppelmomente, Federkräfte und Nickschwingungen sowie Federrückstellmomente.

2. Einfluß von Dämpfern auf die Schwingungsvorgänge

Schmidt 07	Durch verbesserte Dämpfung, progressive Federung und geringere ungefederte Massen haben sich die Fahreigenschaften der Kraftfahrzeuge in den letzten 20 Jahren verbessert.
Lowag 01	Die Dämpfung muß den Fahrzeugteilen genau angepaßt werden.
Gaßner 02	Aus Federwegdiagrammen konnte die Wirksamkeit der Stoßdämpfer im Fahrbetrieb auf verschiedenen Straßen entnommen werden. Bei den meisten untersuchten schweren Fahrzeugen (mit Blattfederung) ist nach dem Einbau der Stoßdämpfer keine nennenswerte Verminderung der höchsten Federausschläge festzustellen, wogegen die kleinen und sehr häufigen Ausschläge stark gedämpft wurden.
Bomhard 01	Ungenügende Dämpfung verursacht hohe Aufbauschwingungen, die im Resonanzbereich aufgeschaukelt werden. Mit einem PKW - an dem die dynamischen Radlasten durch die Querfederung des Reifens gemessen wurden - zeigten sich beim Überfahren einer Fahrbahnstufe von 14 mm Höhe und 13 m Länge bei 70 km/h ohne einseitig wirkenden hydraulischen Stoßdämpfer 5 ausklingende Schwingungen und mit diesem nur 2,5 derartige Schwingungen. Die dynamischen Zusatzkräfte betrugen bei 470 kg Radlast beim Auffahren auf die Stufe 190 kg mit Stoßdämpfer und 205 kg ohne diesen, beim abfallenden Aufprall auf die Straße 35 kg mit Stoßdämpfer und 80 kg ohne diesen und beim Wiederaufprall nach dem Hindernis 70 kg mit Dämpfer und 140 kg ohne diesen. Das Chassis erhält beim Einbau der Dämpfer einen 6 mm größeren Hub als ohne diese. Die Messungen mit dem gleichen Wagen auf einer welligen Asphaltstraße mit verschiedenen Wellenlängen zeigten bis 30 km/h keinen Einfluß der Stoßdämpfer. Bei 50 km/h sind bei 1,5 atü Reifendruck ohne Stoßdämpfer kleine Aufschaukelungen, bei 2 atü große Aufschaukelungen bis zu Chassisschwingungen von ± 10 mm möglich. Bei 70 km/h und 1,4 atü springt der Wagen mit dauernd voll ausschwingenden Achsschwingungen und bei 2 atü dagegen läuft er ruhig.
Wedemeyer 01	Die Dämpfung muß möglichst im Resonanzgebiet des schwingenden Achschassissystems wirksam sein. In anderen Gebieten ist die Dämpfung unerwünscht.

3. Dämpfungskräfte

Wedemeyer 01	Bei progressiver Federung, die Eigenschwingungen verhütet, muß die Dämpfung genau abgestimmt werden, da sonst unstabile Verhältnisse eintreten und das Fahrzeug plötzlich zum Springen kommen kann.
Lehr 03	Die jetzt verwendeten Dämpfer erreichen nicht die Dämpfung von 0,25 bis 0,3, die zur vollen Vermeidung von Nickschwingungen notwendig ist (s. B-a) / II-5) 6.).

Bomhard 01	Eine starke Dämpfung ist zur Rückhaltung der Achsen immer günstig, verursacht aber eine Zunahme der Stoßhärte. Die Dämpfungskraft läßt sich aus der Hubgeschwindigkeit der Federwegdiagramme errechnen.

4. Dämpfungswirkungen von Federungen

Marquard 03	Beim PKW ist die Reibungsdämpfung der Blattfedern sehr gering. Die Mängel der Reibungsdämpfung wie sprunghafter Beschleunigungswechsel, zu große Dämpfung bei kleinen Unebenheiten, zweifelhafte Konstanz der Reibungsverhältnisse wirken sich daher bei PKW-Federn nicht stark aus.
Wedemeyer 01	Bei Lastwagen bleibt die Blattfeder bei kleineren Stößen infolge der hohen Haftreibung starr, bei größeren bewegt sie sich sprunghaft mit der geringeren Reibung der Bewegung, um nach Beendigung des Hubes in gleicher Weise plötzlich wieder stehen zu bleiben. Diese Art der Bewegung ist kennzeichnend für jede Reibungsdämpfung und ungünstig bei plötzlichen Stößen, die daher hart aufgenommen werden.
Essers 02	Die Reibungskraft einer Blattfeder mit einer Federkonstanten von 60 kg/cm ist ca. ± 5 kg.
Bomhard I	Bei einer PKW-Federung von 400 kg Tragfähigkeit ist die Dämpfungskraft ca. 25 kg.
Langer 06	Der Dämpfungsfaktor einer Blattfeder ändert sich dauernd, so daß der Stoßgrad auf der gleichen Straße zum Beispiel bei einem Kraftfahrzeug nach erfolgter Schmierung 5,7 und nach 3500 km Fahrt bereits 9,2 bzw. einem anderen Fahrzeug nach der Schmierung 6,6 und nach 3000 km 4,4 ist.
Lindblom 01	Der Einfluß der Blattfederung auf den Schwingungsverlauf des Aufbaues besteht nur in der Reibung der Blätter.
Neidhardt 01	Die Gummibolzenfederung, System Neidhardt, arbeitet mit Dämpfung infolge der Eigendämpfung des Gummis.
Phoenix 02	Eine Zusatzfederung, bestehend aus auf Achse und Felge aufvulkanisierten Gummiklötzen, absorbiert durch die Dämpfung des Gummis hochfrequente Schwingungen.

5. Hydraulische Stoßdämpfer

Remensperger 02	Theoretische Grundlagen für hydraulische Stoßdämpfer.
Marquard 04	Nach mathematischen Theorien ist der einseitig wirkende Stoßdämpfer besser als der beidseitig wirkende. Dabei mußten radikal vereinfachende Annahmen über die Natur der Fahrbahnunebenheiten gemacht werden. Trotzdem scheinen aber die Vorteile des einseitig wirkenden Stoßdämpfers größer als des beidseitig wirkenden zu sein.

Chrysler 01 — Die hydraulischen Stoßdämpfer machten es möglich, eine Kontrolle über die Bewegungen der gefederten und ungefederten Massen zu erhalten. Sie haben jedoch den Nachteil, daß sie kurzzeitige harte Stöße mit großen Kräften weitergeben, während lang andauernde Schwingungen nur langsam abgedämpft werden. Die harten Stöße wirken sowohl auf die Straße als auch auf das Fahrzeug und beschleunigen damit die weitere Zerstörung der Straße, wenn einmal Unebenheiten aufgetreten sind.

Bomhard 01 — Durch die unsymmetrisch wirkende Dämpferkraft einseitig wirkender Stoßdämpfer wird bei Stößen der Ausschlag der Achse nach oben größer als nach unten, was eine Verringerung der dynamischen Aufprallkräfte verursacht. Jedoch besteht dabei die Gefahr, daß das Chassis sich bei dauernden starken Unebenheiten etwas senkt und damit die Abfederung härter wird. Bei reibungsfreien Federungen (Schrauben- und Torsionsfedern) werden die Beschleunigungen bei schlechter Fahrbahn bei geschwindigkeitsabhängigen Dämpfern in stärkerem Maß auf den Aufbau übertragen, als bei reibungsbehafteten normalen Federungen, die schwächere Dämpfer benötigen.

Der einfach wirkende Schwingungsdämpfer ist günstiger, da er die Energie vernichtet, nicht aber die Stoßkräfte auf den Wagen überträgt. Geschwindigkeitsabhängige Stoßdämpfer werden angestrebt, sind aber ungünstig, da die Dämpfung bei kleinen Schwingungen nicht ausreicht. Periodische Erregungen von der Fahrbahn müssen so weit gedämpft werden, daß keine aufschaukelnden Schwingungen eintreten können.

Bomhard 01 — Bei den verschiedenen unter Bomhard 01 genannten Versuchen wurde ein einseitig wirkender Hebelstoßdämpfer der Firma Boge, Typ A 50 verwendet.

Billstein 01 — Neuartige pneumatisch-hydraulische Stoßdämpferkonstruktion. Der Stoßdämpfer enthält über dem Öl zusätzlich eine durch einen freischwingenden Kolben getrennte Hochdruck-Luftkammer. Beim Überfahren eines Hindernisses wirkt das Luftkissen als zusätzliche stark progressive Federung geringen Hubes. Hierdurch können die Tragfedern schwächer gehalten werden, so daß die Gesamtfederung weicher wird. Die Straßenhaftung wird verbessert.

6. Sonstige Stoßdämpferbauarten

ATZ 04 — Am Citroen CV verwendeter massendynamischer Dämpfer besteht aus einer kleinen Masse, die mit der gleichen Frequenz, aber gegensinnig zur Achsmasse, schwingt. Der Dämpfer spricht nur auf die Frequenzen an, auf die er eingestellt ist. Die Außenabmessungen der Dämpfermasse sind 80 mm Durchmesser, bei 130 mm Länge. Das Gewicht kann in einem 300 mm langen Gehäuse mittels Feder und Luftdämpfung progressiv gedämpft schwingen.

7. Einfluß der Dämpfung auf die dynamischen Raddrücke

Schmidt 07 — Die dynamischen Lasten hängen außer von der Größe der ungefederten Massen und der Kennlinie der Wagenfederung wesentlich von der Dämpfung der Wagenfederung ab.

Behrmann 01 — Beim Übergang zu weicheren Blattfedern nehmen ohne den Einbau eines stärkeren Stoßdämpfers die dynamischen Raddrücke zu.

Lampe 01 — Die Bodenhaftung hängt im wesentlichen von der Dämpfung und der Federung ab. Die prinzipielle Wirkung der Dämpfung kann auch schon mit einfachen statischen Fallversuchen beurteilt werden.

Mitterlehner 01 — Die Dämpfungskraft fördert vermutlich die Erweiterung vorhandener periodischer Vertiefungen in der Fahrbahn.

B Oberfläche a) Ebenheit

III Eigenschaften von Fahrzeugteilen 5) Fahrzeugkörper

1. Meßgeräte für Schwingungen an Fahrzeugkörpern

Langer 02 — Messung der Seitenneigung des Chassis in der Kurve durch auf der Achse starr befestigte Stange und Elektro-Teleskop mit Siemens-Zählgerät. Hydraulische Stabilisierungsanordnung (1938).

Behrmann 02 — Messung der Chassis-Beschleunigungen mit Waas'schem Schwingungsschreiber.

Waas 01 — Kombiniertes Waas'sches Gerät zur Messung von Schwingungszeiten und Beschleunigungen von Fahrzeugkörpern. Von Fahrgästen subjektiv stark empfundene Werte werden besonders erfaßt. Meßmethode gibt gute Vergleichsmöglichkeiten für die einzelnen Wagenbauarten und den Einfluß des Straßenzustandes auf die Bewegungen des Aufbaus. Das Gerät ist für die oben angegebenen Messungen gut, für die Bestimmung der Beanspruchung der Straße und des Fahrzeugs jedoch nur bedingt brauchbar.

Schuh 01 — Zur Feststellung des Einflusses von Federungen auf die Schwingungen des Fahrzeugkörpers ist der Waas'sche Schwingungsschreiber ungeeignet. Die Messung der Durchbiegung der Blattfedern mit Dehnungsmeßstreifen ist günstiger. Graphische Auswertungsmethoden mittels Vektoren.

Erz 02 — Messung der Verdrehung des Fahrzeugkörpers durch einseitige Fahrbahnunebenheiten. Die Größe der eingeleiteten Drehmomente hängt von folgenden Faktoren ab:

1. Höhe der Fahrbahnunebenheiten
2. Größe der Radspur
3. Nachgiebigkeit der Reifen und des Federungssystems
4. Verdrehungssteifigkeit des Fahrzeugkörpers.

Formeln für die Berechnung.

Bode 06	Die tatsächliche Bewegung des Aufbaus ist selten eine reine Hubschwingung. Außerdem treten noch Trampelschwingungen (Drehschwingungen der ungefederten Massen um die Wagenlängsachse), Wankschwankungen des Aufbaus um die Wagenlängsachse und Nickschwingungen des Aufbaus um die Querachse auf, die meistens am größten sind. Durch Einbau verschiedener Beschleunigungsgeber können die einzelnen Bewegungen gemessen werden.

2. Einfluß der Straßenunebenheiten auf das Schwingungsverhalten des Aufbaus

Lehr 03	Eine Eigenschwingungszahl des Aufbaus unter 60 in einer Minute benötigt einen Federhub in einer Höhe, der nicht mehr ausführbar ist. Mit Rücksicht auf die Kurvensteifigkeit kann normalerweise die Aufbau-Eigenschwingungszahl nicht unter 100 in einer Minute herabgesetzt werden. Verhalten des Aufbaus bei erzwungenen Schwingungen auf einer Schwingungsplattform unter Beobachtung der entstehenden Nickschwingungen. Angabe von Formeln.
Mitterlehner 01	Ableitung der Schwingungsformeln für den Aufbau bei periodischer Erregung durch die Straßenunebenheiten, ferner Formeln für die Erregungsarbeit und den Wellenwiderstand.
Ahrens 01	Die beim Überfahren eines Hindernisses gleicher Höhe, aber verschiedener Länge jeweils vorliegenden Bedingungen für das Aufschaukeln, d.h. die ungünstige Wellenlänge der Straße, können festgestellt werden.
Bomhard 01	Von der Straße erregte unterkritische Frequenzen haben großen Einfluß auf das Schwingungsverhalten des Aufbaus.
Wedemeyer 01	Fahrbahnwellen von 5 bis 8 mm Höhe verursachen Aufbauschwingungen von 50 bis 60 mm Höhe.
Marquard 03	Beobachtung der Bewegungen des Chassis und der Achse beim Abspringen von einem 5 cm hohen Hindernis. Theoretische Darstellung der Vorgänge.
Wedemeyer 02	Achsschwingungen können, ohne große Fehler zu machen, als unabhängig von den Schwingungen des Chassis angesehen werden.
Meyer 2 01	Zur Vermeidung von Nickschwingungen soll bei möglichst großem Achsabstand der vordere Überhang 12 bis 14 %, der hintere Überhang 25 bis 30 % der Gesamtlänge des Aufbaus sein.

3. Einfluß der Federung auf die Aufbaubewegungen

Mitterlehner 01	Die höchsten Beschleunigungen des Aufbaues und die größten dynamischen Radlasten entstehen bei Erregung der Eigenfrequenz der Achsmasse zwischen den Reifen und Hauptfedern.
Chrysler 01	Die Aufbauschwingung hängt in erheblichem Maße von den Eigenschaften der Federung ab. Bei mit Blattfedern ausgestatteten schweren Lastkraftwagen gibt es zwei Arten der Aufbaubewegung,

je nachdem, ob die Haftreibungsgrenze der Blattfedern überschritten ist oder nicht; unterhalb dieser Grenze schwingt das Fahrzeug fast nur auf den Reifen.

Wedemeyer 01 — Als Wogen des Chassis wird das Drehen um einen imaginären Punkt außerhalb des Fahrzeuges bezeichnet, während beim Nicken der Drehpunkt in der Schwerpunktslinie des Fahrzeuges liegt. Diese Vorgänge können durch die Fahrzeugfederung erheblich beeinflußt werden, wobei es günstig ist, zugleich auch die Massen möglichst weit nach vorne oder nach hinten zu verlegen, um ein großes Trägheitsmoment zu erhalten.

4. Einfluß der Dämpfer auf die Aufbaubewegungen

Lindblom 01 — Bei Lastkraftwagen haben Dämpfer keine Wirkung auf die Aufbauschwingungen, weil die Relativbewegung zwischen Rahmen und Achsen zu gering ist.

Chrysler 01 — Die hydraulischen Stoßdämpfer haben beim PKW erhebliche Nachteile, da sie kurze, harte Stöße mit großen Kräften auf den Aufbau übertragen (s. B-a) / III-4)).

Marquard 03 — Die Bemessung des Dämpfers hat einen erheblichen Einfluß auf die Aufbaubewegungen. (Näheres s. B-a) / III-4)).

Bomhard 01 — Die Aufbaubewegungen ohne Dämpfer sind erheblich größer als mit Dämpfer. Ungenügende Dämpfung verursacht große Aufbauschwingungen, die durch Resonanzwellen des Bodens weiter aufgeschaukelt werden können. Der Aufbau wird bei unsymmetrischen Stoßdämpfern bei großen Straßenunebenheiten langsam nach unten gedrückt, da die Stoßdämpfer das Aufwärtsgehen des Aufbaus erheblich abbremsen (s. hierzu auch B-a) / III-2) und B-a) / III-1) sowie B-a) / III-4) und B-a) / III-5)).

B Oberfläche a) Ebenheit

III Eigenschaften von Fahrzeugteilen 6) Sonstige Bauteile

Wedemeyer 03 — Vollkommene Kurvenstabilität kann weder durch Kombinieren irgendwelcher Federungsaggregate noch durch sonstige konstruktive Maßnahmen, abgesehen von Kreiseln, erreicht werden.

Drechsler 01 — Beste Stabilisierung des Aufbaus durch Kreisel.

Schieferstein 01 — Veränderung der Schwerpunktslage des Aufbaus durch zusätzliche bewegliche Teile, wie schwingende Sitze und aperiodisch wirkende Sitzpolster.

Lehr 02 — Eine Teleskoprohrführung der Räder gibt gute Kurvenstabilität; schräg nach außen liegende Rohre sind für die Lenkung günstig, aber für die Kurvenstabilität nicht so gut.

B Oberfläche b) Griffigkeit

I Fahrzeugverkehr Allgemein

1. Definition der Rauhigkeit (Griffigkeit) der Straßenoberflächen

Weingraber 02 — Anwendung der im Maschinenbau gebräuchlichen Oberflächenbezeichnung nach DIN 4762. Die bisherige Ermittlung der Rauhigkeitszahlen, z.B. mit dem Darmstädter Rauhigkeitsmesser, liefert schlecht vergleichbare und widersprechende Ergebnisse. Forderung nach einem DIN 4762 entsprechenden Meßverfahren.

Crantz 16 — Der Gebrauchswert einer Straßenoberfläche wird bestimmt durch die Rauheitszahl und den Reibungsbeiwert. Die größere Rauhigkeit ergibt größere Sicherheit, erhöht jedoch den Reifenverschleiß und Benzinverbrauch, so daß hier ein optimaler Kompromiß gefunden werden muß. Als Gebrauchswert wird das Verhältnis der Rauheitszahl zum Reibungsbeiwert (Griffigkeit) vorgeschlagen.

2. Forderung an die Griffigkeit (Reibungsbeiwert) der Straßen

Crantz 22 — Die früher für ausreichend gehaltene Sandpapierrauhigkeit genügt nicht mehr den Ansprüchen der Sicherheit, deshalb ist ein gröberes Korn in der Deckenschicht notwendig. Zahlreiche Messungen und Auswertungen über Rauhigkeit und Reibungsbeiwert bei verschiedener Witterung führen zu dem Mindestwert, der für eine ausreichende Sicherheit notwendig ist.

Großjohann 04 — Bedeutung der Griffigkeit bei verschiedenen Straßenbelägen und deren Veränderung unter dem Einfluß von Witterung, Fahrzeuggeschwindigkeit und Verkehrsbeanspruchung.

Flemmig 02 — Der schnell zunehmende Kraftverkehr fordert so griffige Straßen, daß bei jedem Wetter einem Schlupf vorgebeugt ist. Diese Forderung wird von neuzeitlichen Straßenbelägen, besonders gut von Teerstraßendecken, erfüllt.

Renfert 01 — Die Forderung guter Griffigkeit wird bei bituminösen Decken nur zum Teil erfüllt. Der Überschuß an Bindemittel oder schlecht ablaufendes Regenwasser verursachen glatte Stellen. Der Rauhbelag muß an seiner Oberfläche bindemittelfrei erhalten bleiben. Die Forderungen sind bei modernen Gummibelägen erfüllbar.

Zipkes 01 — Der Straßenbelag muß bei den Reibungstemperaturen, die im Augenblick einer plötzlichen Bremsung entstehen, unverändert bleiben. Diese ungünstigsten Belastungen werden untersucht, die dabei auftretenden Temperaturen gemessen und Veränderungen an den Straßen beobachtet. Hieraus wird eine objektive Kennziffer zur Beurteilung der Güte des Straßenbelages abgeleitet. Es entsteht die Forderung nach Straßenbelägen, die auch diesen Bedingungen genügen.

Dittrich 09	Infolge der technologischen Eigenschaften des Reifenmaterials sind die Verhältnisse beim Übergang von der Haft- zur Gleit-Reibung noch unklar.

3. Meßverfahren für die Rauhigkeit der Straßenoberflächen

Weingraber 02	Abdruckverfahren mit einem Schwefel-Graphit-Gemisch aus Abgußmaterial, wobei die Straße staubfrei mit dünnem Öl bestrichen wird. Vom Negativ können beliebige Positivabzüge gemacht werden. Die Auswertung des Negativs ist durch Profilschnitte möglich. Die Kante wird glatt geschliffen, auf lichtempfindliches Papier gestellt und schattenfrei belichtet. Die Ermittlung des Traganteils nach DIN 4762 erfolgt durch stufenweises Abschleifen der Abgüsse.
Joedicke 02	Forderung nach einem einwandfreien Straßenrauhigkeitsmeßgerät, um den Zustand der Straßen in einfacher Weise kontrollieren und gegebenenfalls sofort Gegenmaßnahmen einleiten zu können.
Knipping 01	Einige Meßmethoden der Rauhigkeit von Deckenoberflächen.
Road Research Board 01	Ein absolutes Maß für die Bestimmung der Rauhigkeit gibt es noch nicht.

4. Meßmethoden für die Griffigkeit von Straßenoberflächen

Road Research Board 01	Reibungsbeiwert-Meßgerät, ausgebildet als Kraftrad mit Beiwagen, zur Bestimmung der Seitenführungskraft. Ein Beiwert von 0,5 bei 50 km/h kennzeichnet eine rutschsichere Straße.
Deußing 01	Stuttgarter Reibungsmesser mißt die Griffigkeit der Straße durch die Feststellung von Zugkraft, Seitenkraft, Bremsschlupf und Bremskraft während der Fahrt, wobei die Radlast im Ruhezustand ermittelt wird. Durch Abstützung des Bremsmomentes gegen den Wagenkörper können die Kräfte unter konstanten Bedingungen gemessen werden. Die Kraftschlußbeiwerte wurden in Abhängigkeit von der Fahrgeschwindigkeit, dem Straßenzustand, dem Reifendruck und der Radlast gemessen.
Riekert 04	Beschreibung des Stuttgarter Reibungsmessers. Bei konstanten Bedingungen erlauben die Messungen eine Beurteilung der Griffigkeit der untersuchten Straßen.
Peiseler 02	Peiseler-Meßrolle zur Bestimmung des Straßenreibungsbeiwertes. Sie besteht aus einer mit einer Bremse versehenen Gummirolle, die beim Unterschreiten eines eingestellten Mindest-Reibungsbeiwertes auf der Straße zum Rutschen kommt.
Graf 22	Bedeutung der Messung der Reibungsverhältnisse von Reifen auf beliebigen Straßendecken. Ebenso wichtig ist die Beobachtung der Abnützung der Straße durch die Reifen.

Stinson 01 Untersuchung des Einflusses aller Faktoren, die eine Veränderung des Reibungskoeffizienten herbeiführen können. Prüfeinrichtung als PKW-Spezialanhänger ausgebildet mit hydraulischem Zugmesser zur Feststellung der rollenden und gleitenden Reibung.

5. Rauhigkeitseigenschaften von Straßenoberflächen

Reinboth 01 Gute Rauhigkeit der Straßen wird durch dichte, grobkörnige Oberflächenstruktur erreicht, die nicht in das Bettungsmaterial einsinken darf. Richtlinien und Ausführungsbeispiele für derartige Decken.

Joedicke 04 Fortschritte in der Erhöhung der Rauhigkeit von bituminösen Decken. Beurteilung der Rauhigkeit der wichtigsten Schwarzdecken.

Oberbach 11 Die beste Lösung für eine griffige Decke ist Asphaltgrobbeton mit offenem Splittbelag.

Herrmann 02 Asphaltgrobbeton ist infolge seiner hohen Rauhigkeit für Autobahnen besonders gut geeignet.

Albrecht 01 Granit-Kleinsteinpflaster ist besonders griffig und daher für Autobahnen geeignet.

Crantz 22 Rauhigkeit und Reibungsbeiwerte verschiedener Belagoberflächen bei trockenem und nassem Wetter.

6. Griffigkeitseigenschaften von Straßenoberflächen

Nellensteyn 01 Die Rauhigkeit der Straßen und der Stand der Reifentechnik ist den heute möglichen Fahrgeschwindigkeiten angepaßt, wobei die Anforderungen dauernd steigen. Eine griffige Straße gibt dem Autofahrer ein Gefühl der Sicherheit, welches ihn vergessen läßt, daß die Griffigkeit unter Umständen in gefährlichen Situationen nicht mehr ausreicht.

Wehner 07 Qualitative Angaben über die Griffigkeit von Straßendecken in nassem und trockenem Zustand. Beschreibung der Griffigkeit verschiedener Deckenbauweisen und der Wiederherstellung der Griffigkeit bei abgefahrenen Straßen.

Schenck 03 Aufstellung von Reibungsbeiwerten in den verschiedenen Richtungen der Straße in Abhängigkeit von der Straßenoberfläche und der Geschwindigkeit.

Schenck 05 Grenzwerte der Reibungsbeiwerte im trockenen bzw. nassen Zustand; sie sind bei einem Sandweg am höchsten und bei einer Asphaltstraße am niedrigsten.

Wilson 02 Reihenuntersuchungen über die Seitenrutschwerte auf verschiedenen Straßendecken. Die Werte schwanken bei 45 km/h zwischen 0,74 bei Stampfasphalt auf Binder und 0,48 bei zweischichtigem Kaltasphalt.

Dietz 01	Die für Seitenkräfte gemessenen Reibungswerte auf verschiedenen Straßen ergeben einen größten Schwimmwinkel von 4° bei großen Kurven und 6° bei kleinen Kurven.
Graf 22	Mittelwerte der Reibungsbeiwerte für verschiedene Deckenarten und Zustände der Decken.
Schaar 01	Aufstellung der Reibungszahlen der gleitenden Reibung für verschiedene Fahrbahnen. Die Werte liegen bei PKW-Luftreifen auf Asphalt bei 0,35, auf Kleinstein- und Großsteinpflaster bei 0,5, auf Klinker bei 0,6, bei Riesenluftreifen zwischen 0,4 und 0,7 und bei Elastikreifen zwischen 0,4 und 0,6.
Gölz 05	Rauhigkeitszahlen verschiedener Straßendecken in nassem Zustand.
Ostwald 06	Trotz jahrelanger Abnützung und Verunreinigung mit Öl ist die Griffigkeit der Betonstraßen immer gleichmäßig gut; auch bei Rauhreif und Glatteis verhält sie sich günstiger als die Mehrzahl anderer Straßendecken.
Streit 07	Die Oberfläche der Betonstraßen ist immer rauh und griffig.
Meng 02	Zementbetonstraßen haben besonders hohe Griffigkeit und bieten durch geringe Schleudergefahr hohe Fahrsicherheit.
Orthaus 01	Alter Stampfasphalt ist besonders schlüpfrig.
Kampmann 01	Problem der Rutschfestigkeit von Reifen auf Fahrbahnen mit Rauhbelägen.
Weingraber 02	Einfluß eines Schmierfilms von Staub und Wasser auf den Reibungsbeiwert. Es ist wichtig, daß der Schlamm seitlich ausweichen kann, was bei bitumenumhüllten Splittauflagen möglich ist. Beschreibung der Bauweise dieser Straßendecken.
Protzek 01	Entstehung und Wirkung der Schmierschicht auf Straßenoberflächen, die eine große Rutschgefahr darstellt. Forderung nach einem Belag, der diese Schmierschicht verhindern soll. Empfehlung des Einbaus einer Warnanlage in die Kraftfahrzeuge, die dem Fahrer die beginnende Rutschgefahr anzeigen soll.
Busch 04	Die Griffigkeit von Steinpflasterstraßen hängt von den ortsgebundenen Vorkommen an Steinen ab, die für den Pflasterstraßenbau verwendet werden können.
Flemmig 02	Teerbetondecken sind bei schwerem Stadtverkehr bis 10 000 t/Tag am griffigsten und verkehrssichersten.
Schönberg 01	Die Betondecke hat abgesehen von ihren fahrtechnisch guten Eigenschaften in trockenem Zustand auch bei nassem Wetter auf großen und größten Steigungen die beste Griffigkeit, wie Untersuchungen auf dem Nürburgring mit 27 % Steigung gezeigt haben.

Schenck 05 Reibungskoeffizienten verschiedener Straßenarten bei verschiedenen Bereifungen, bei gleitender Reibung:

1. Pferdekutsche, ohne Federung, auf Asphalt 0,01 auf Kopfsteinpflaster 0,033, mit Federung auf denselben Straßen 0,13 und 0,33;
2. LKW-Vollgummireifen auf denselben Straßen 0,15 und 0,21;
3. PKW-Luftreifen auf denselben Straßen 0,035 und 0,058

7. Einfluß der Kraftfahrzeuge auf die Griffigkeit der Straßenoberflächen

Albrecht 01 Granit-Kleinsteinpflaster hat bei guter Griffigkeit besonders lange Lebensdauer.

Herrmann 02 Asphalt-Grobbeton hat hohe mechanische Widerstandsfähigkeit (hohe Zug- und Druckfestigkeit) auf unbeweglicher Unterlage.

Coons 01 Betonstraßen in Michigan haben von April 1941 bis Dezember 1943 ihre Oberflächenrauhigkeit unverändert beibehalten bzw. eher verbessert.

Oberbach 12 Bei einem dichten Belag aus zwei verschiedenen Gesteinsarten wurde das weniger feste Gestein unter dem Verkehr leichter herausgerissen und zertrümmert, so daß die Rauhigkeit immer erhalten bleibt, jedoch ein gewisser Verschleiß der Straße auftritt.

B Oberfläche b) Griffigkeit

II Fahrzeugeigenschaften 8) Kraftschluß

1. Definition des Kraftschlusses

Koeßler 04 Begriffe des Kraftschlußbeiwertes: Reibbeiwert, Bremsbeiwert, Haftbeiwert, Gleitbeiwert. Der Kraftschlußbeiwert hängt von der Straße, der Bereifung, der Belastung des Rades, der Fahrgeschwindigkeit sowie von Reifenschwingungen und vom Schlupf ab.

Deußing 01 Begriffsbestimmung einiger Kraftschlußbeiwerte: Haftbeiwert, Gleitbeiwert, Seitenkraftbeiwert, Schlupf. Formeln.

Schenck 03 Die Grundforderung für die Sicherheit im Verkehr ist ausreichende Reibung. Beim plötzlichen Anfahren und Bremsen treten am Umfang des Rades größere Kräfte auf, die von der Reibung aufzunehmen sind. Reibungsbeiwerte können nur für festgelegte Normalbedingungen aufgestellt werden. Tabellen über Reibungsbeiwerte bei verschiedenen Straßenoberflächen und verschiedenen Geschwindigkeiten.

Gölz 04 Der Reibungsbeiwert drückt die Fähigkeit einer Oberfläche aus, Tangentialkräfte aufzunehmen. Er wird stark von der Beschaffenheit der Deckenoberfläche, ihrer Unebenheit und Griffigkeit, beeinflußt. Aus Messungen lassen sich die

Beziehungen zwischen der Unebenheit der Decke, ihrer Stoßhaftigkeit, zu ihrer Griffigkeit und ihrem Reibungsbeiwert erkennen sowie der Zusammenhang zwischen Verkehrskräften und Deckenoberflächenbeschaffenheit.

Benz 01 — Untersuchung des Phaenomens der Reibung im Vergleich mit praktischen Ergebnissen. Tabellen über Reibungsverhältnisse beim Bremsen und in den Steigungen.

Dittrich 09 — Mögliche Relativbewegungen zwischen Reifen und Fahrbahn. Zusammenstellung der Möglichkeiten. Die Geschwindigkeitsdifferenzen verursachen Reifendeformation und Fahrbahnabnützung. Die komplexen Vorgänge der Reibung gestatten keine exakten Aussagen über die Griffigkeit der Fahrbahn. Es kann lediglich die Oberflächenstruktur der Fahrbahn charakterisiert werden. Die Straßenbaustoffe sind laufend auf ihre Griffigkeit zu untersuchen.

2. Meßgeräte für den Kraftschluß

Müller 09 — Zur Bremsprüfung der Kraftfahrzeuge sind reproduzierbare objektive Methoden anzuwenden.

Deußing 01 — Die Bremskraftmessung ist die zuverlässigste Bestimmung der Kraftschlußbeiwerte. Die Einflüsse der Fahreigenschaften des Meßanhängers auf die Raddrücke wurden untersucht.

Meyer 2 01 — Spezialmeßgeräte zur Feststellung der Unebenheiten der Fahrbahn in Kombination mit einem Taster für die Deckenrauhigkeit.

Saal 01 — Meßwagen zur Feststellung der Kraftschluß-Beziehungen zwischen Oberflächenstruktur der Straße und Profil des Reifens.

Bode 08 — Meßgerät für Brems-Kräfte und -Verzögerungen bei LKW mit Anhängern, wobei die Kraft zwischen LKW und Anhänger und die Bremsvorgänge registriert werden.

Koeßler 04 — Methoden zur Bestimmung des Kraftschlußbeiwertes aus der Bremsarbeit, der Schleppkraft und der unmittelbaren Messung der Verzögerung.

AG. F+F 04 — Forschungsarbeit von Prof. Koeßler über den Kraftschluß und den Gleitschlupf durch Feststellung der Bremsmomente in Abhängigkeit von Achslast und Fahrgeschwindigkeit sowie Formänderung des Reifens.

3. Kraftschluß beim Bremsen

Klaue 01	Für die maximal erreichbare Bremsverzögerung maßgebende Haftbeiwerte: trocken 0,9; feucht 0,8; naß 0,76. Gleitbeiwerte: trocken 0,72; feucht 0,49; naß 0,64. Der Kraftschluß ist bei rollender Reibung wesentlich größer, d.h. der Bremsvorgang darf nicht durch Blockieren der Räder in gleitende Reibung übergehen.
Dietz 04	Vorgänge beim Bremsen eines Lastzuges. Zeitliche Abstimmung des Bremsvorgangs zwischen Zugwagen und Anhänger ist erwünscht. Die zur Zeit üblichen Ausführungen von Bremsen für Lastkraftfahrzeuge erleichtern das Schleudern der Anhänger infolge Blockierens und nicht gleichzeitig wirkender Bremskräfte. Der Kraftschluß am LKW wird durch frühzeitiges Bremsen des Anhängers wesentlich herabgesetzt.
König 02	Einfluß von Reifenketten auf die Bremsvorgänge und Reibungsbeiwerte.
Müller 09	Zahlenwerte über die verschiedenen Reifen-Kettenarten. Darstellung über die Erfüllbarkeit der heutigen Bremsvorschriften in Deutschland im Vergleich zum Ausland.

4. Einfluß der Geschwindigkeit auf den Kraftschluß

Dittrich 09	Die Vorgänge der Relativbewegung zwischen Reifen und Fahrbahn beim Rutschen bzw. Antreiben werden durch die Fahrgeschwindigkeit beeinflußt.
Deußing 01	Verhalten der Haftbeiwerte in Abhängigkeit von der Geschwindigkeit noch ungeklärt. Die Gleitbeiwerte nehmen bei nasser Straße mit der Geschwindigkeit ab; bei trockener Straße ist die Abnahme gering. Es besteht eine Abhängigkeit vom Reifendruck, die jedoch noch nicht geklärt ist. Eine Abhängigkeit von der Radlast konnte nicht eindeutig erkannt werden. Ergebnisse der Versuche mit dem Stuttgarter Reibungsmesser.
Stinson 01	Bei zunehmender Geschwindigkeit nehmen die Reibungskoeffizienten ab. Der Abfall der gleitenden Reibung ist erheblich stärker als der der rollenden.
Raven 02	Bestimmung der Reibungsbeiwerte und Bremswege bei hohen Geschwindigkeiten. Versuche zur Bestimmung des Widerstandes gegen seitliches Gleiten wurden bisher nur bei geringen Geschwindigkeiten durchgeführt.
Neumann 08	Der Kraftschlußbeiwert nimmt mit der Geschwindigkeit ab, z.B. bei deren Steigerung von 40 auf 140 km/h um 0,2. Für eine Bremsverzögerung von 3,5 m/s muß ein Kraftschlußbeiwert von mindestens 0,42 bzw. 0,53 bei den obigen Geschwindigkeiten vorhanden sein, damit der Wagen in der Spur bleibt.
Schenck 05	Zur Erhöhung der Wirkung der Reibung legt man ca. 2/3 des Gesamtgewichtes auf die Triebachse. Sie wird durch den Antrieb vergrößert, der bei Hinterachsantrieb die Laufräder

entlastet. Angabe der Formeln. Beim Bremsen werden die Vorderräder belastet und die Hinterräder entlastet.

Wehner 07 Die Reibungsbeiwerte fallen bei nasser Straße mit der Geschwindigkeit stark ab.

Saal 01 Untersuchung über die Einflüsse der Fahrgeschwindigkeit und der Viskosität von auf der Straße befindlichen Flüssigkeiten auf den Reibungsbeiwert. Es ist eine möglichst gute unmittelbare Berührung zwischen Reifen und Straßendecke anzustreben durch Anpassung der Oberflächenstruktur der Straßendecke an das Profil des Reifens bzw. umgekehrt.

Finney 01 Der Kraftschluß bei höheren Geschwindigkeiten wird bei Schwarzstraßen durch die Wellenbildung beeinflußt.

Deichmüller 01 Die Reibungszahlen sinken stark mit der Geschwindigkeit, woraus gefolgert wird, daß in dieser Hinsicht die Straßendecke bei niedriger Geschwindigkeit höher beansprucht wird als bei hoher. Bei der Festlegung der Leistungsfähigkeit der Straße ist deren Kraftschlußbeiwert bei der optimalen Verkehrs-Geschwindigkeit zu ermitteln.

Meyer 2 01 Der Reibungsbeiwert für gleitende Reibung läßt sich besonders bei hohen Geschwindigkeiten nur schwer ermitteln. Er sinkt mit wachsender Geschwindigkeit und Fahrbahnglätte. Hieraus ergeben sich die in den Kurven notwendigen Straßenneigungen und möglichen Krümmungen. Eine Mindestsichtweite von 300 m muß immer vorhanden sein.

B Oberfläche Allgemein b) Griffigkeit

III Eigenschaften von Fahrzeugteilen 1) Reifen

(Griffigkeit der Straßen s. B-b) / II-8))

1. Messung der Griffigkeit von Bereifungen

Weinbrenner 01 Untersuchung der Rutschfestigkeit von Gummiqualitäten durch eine heizbare (bis 100° C) und kühlbare (bis Eistemperatur) Adhäsionseinrichtung, bestehend aus einem geschliffenen Gummiring, der auf gleichmäßiger Scheibe beliebiger Oberfläche läuft und über einen Winkelarm belastet wird. Durch die Zentrifugalkraft hat der Arm die Tendenz, nach außen zu wandern. Durch die Haftreibung wird er innen gehalten. Die Drehzahl wird beschleunigt bis der Prüfring nach außen geschleudert wird, so daß die Drehzahl das Maß für die Griffigkeit des Reifenmaterials bzw. Profils bildet.

Kern 01 Messung des Reibungskoeffizienten von Bereifungen in Abhängigkeit von Geschwindigkeit, Druck und Temperatur sowie der Straße als Reibungsunterlage.

Kautschuk 03 Prüfung der Rutschfestigkeit von Reifen bei der Firma Continental, Hannover. Naßgespritzte Asphalt-Ringbahn von 20 m

Durchmesser, Geschwindigkeitssteigerung bis zum Beginn des Wegrutschens. Genaue Bestimmung der Rutschbewegung der Hinterachse durch in der Mitte der Bahn angeordnete Filmkamera.

2. Einfluß des Profils auf die Griffigkeit von Bereifungen

Nellensteyn 01	Der Stand der Reifentechnik genügte im Jahre 1939 den Anforderungen an die Griffigkeit bei den damals möglichen Fahrgeschwindigkeiten.
Springer 01	Bei plötzlicher Bremsung auf gerader Asphaltbahn von 60 km/h Unterschiede des Reibungsbeiwertes von 0,35 bis 0,54 bei gleichem Reifenprofil.
Kampmann 01	Rutschsicherheit von abgefahrenen Reifen. Beschaffenheit des Straßenbelages von größtem Einfluß. Beläge mit grobem Steinmaterial sind günstig. Physikalische Zusammenhänge und Formeln.
Orthaus 01	Bei alten abgefahrenen Reifen kann durch eine Querriffelung die Griffigkeit erheblich erhöht werden.
Neumann 03 a	Die Profilierung der Luftreifen verursacht eine bessere Haftung infolge Wegquetschens der "Zwischenmittel", vor allem Staub, Schlamm und Feuchtigkeit.
Misset 01	Maximal mögliche Kraftübertragung ist bei Nennlast bei neuen Luftreifen 0,8 bis 0,85 und nach langer Laufzeit 0,86 bis 0,87; bei Vollgummireifen neu 0,84 bis 0,89 und abgelaufen 0,95. Bei steigender Temperatur wird der Verlust größer infolge der wachsenden Schmiegsamkeit des Gummis. Es ist ein großer Unterschied, ob das Rad gezogen wird oder selbst treibt.

B Oberfläche c) Abnützung

I Fahrzeugverkehr Allgemein

1. Prüfmethoden für die Abnützung von Straßenoberflächen

Walz 05	Prüfschmirgel-Abschleifversuche. Die Abschleifprüfung erfaßt nicht alle die Abnützung der Decke bestimmenden Einwirkungen. Vergleichsversuche haben jedoch gute Vergleichswerte ergeben. Es stehen noch keine anderen Verfahren zur Verfügung. Untersuchungen zur Festlegung eines Normalschmirgels.
Bierhalter 01	Die Messung des Verschleißwiderstandes der Straßenoberfläche mit Sandstrahlgebläse läßt den Aufbau des Straßengerüstes und die Bedeutung des Feinkornes zur Gefügehalterung gut erkennen.
Bierhalter 06	Schleifversuche mit Würfeln gegen eine Stahlscheibe unter Zusatz von sog. Laxos-Schmirgel. 200 mm Gesamtschleifweg.

Bestimmung des abgeschliffenen Gewichtes, wobei die Belastung, die über einen Hebelarm wirkt, konstant ist (Gerät von Böhm). Sandstrahlgebläse: 2 min Einwirkungsdauer, Gesamtkörnung 0,2 bis 1 mm, beanspruchte Fläche 6 cm Ø. Materialverlust in Gramm sowie in Kubikzentimetern je cm^2 beanspruchte Fläche.

DIN DVM 2108 - 01 — Schleifproben-Normvorschrift für Natursteine. Horizontal-Drehscheibe aus Gußeisen mit 200 mm Durchmesser und breiter Schleifbahn, Prüfkörper 50 cm^2 Querschnitt, 30 U/min, Schleifweg insgesamt 110 U bei einem Belastungsgewicht von 30 kg, Zugabe von Prüfschmirgel von genauer Körnung mit 60 bis 70 % Korundgehalt. Feststellung des Gewichtsverlustes bei vier Messungen.

Schaar 06 — Abschleifbarkeit von Straßenmaterialien. Einfluß der Zustände: trocken, wassersatt oder 25mal gefroren, an verschiedenen Gesteinen, wie Granit, Porphyr, Diabas, Basalt, Gneis, Grauwacke und Kalksandstein. Die Unterschiede sind bei den o.a. Zuständen nicht sehr groß.

Neumann 14 — Beschreibung von Straßenprüf-Methoden und -Geräten.

Busch 06 — Messung des Deckenverschleißes als Verminderung der Deckenstärke in mm/Jahr durch Ausmessen der Querprofile gegenüber von in den Decken eingesetzten Metallstiften. Zusätzlich Abschleif- und Wiegeproben.

Busch 01 — Beim Prüfen des Deckenverschleißes in mm/Jahr muß das Setzen des Unterbaues und des Untergrundes ausgeschaltet werden. Die Verdichtung des Belages wird extrapoliert.

Trauer 01 — Prüfungsverfahren über Abnützung von Straßendecken soll mit der Arbeitsgruppe "Fahrzeug und Fahrbahn" d.F.G.f.d. Straßenwesen festgelegt werden, unter Berücksichtigung der Verkehrsdichte. Die Schwierigkeit besteht darin, die Verteilung des Verkehrs, d.h. den Anteil der verschiedenen Fahrzeuge und Bereifungen, auf verschiedene Spuren zu erkennen.

Schierandt 02 — Messung des Abnützungswiderstandes von Betondecken durch Schleifversuche an Proben, die nach vorgeschriebenen Maßen entweder aus der fertigen Decke in Form von Bohrkernen entnommen oder aus den verwendeten Baustoffen gleichzeitig mit der Herstellung der Decke an Ort und Stelle hergestellt wurden. Ergebnisse von Schleifproben von Betondecken.

Schierandt 02 — Der Oberbeton von Fahrbahndecken unterliegt einer ständigen Abnützung durch rollende Antriebs- und Bremsbeanspruchung der Kraftfahrzeuge. Beschreibung der Messung des Abnützungswiderstandes von Betondecken.

2. Abnützung an Straßenoberflächen

König 01 — Für hohe Lebensdauer der Straßendeckenoberflächen ist eine sachgemäße Anlage des Straßenprofiles, d.h. ausreichende

Straßenbreite zur Vermeidung von In-Spur-Fahren und geeignetes Quergefälle notwendig.

Graf 22 — Die Decke soll einen hohen und gleichmäßigen Abnützungswiderstand haben. Hierzu Abnützungsversuche an verschiedenen Baustoffen.

Oberbach 017 — Vorteil der bituminösen Decken: Staubfreiheit infolge geringer Abnützung und Geräuscharmut. Vielfach ist bei Schwarzdecken das Traggerüst und der untere Teil der Decke unzerstört und nur die Oberfläche weist abgefahrene oder poröse Stellen auf. Die Ausbesserung kann durch Auftragen einer dünnen bituminösen Verschleiß- und Dichtungsschicht erfolgen. Zusammenstellung der Ausbesserungsmittel.

Neumann 14 — Abhängigkeit des Deckenverschleißes von der Verkehrsdichte. Nach einer größeren Anfangsabnützung zum Ausgleich der Oberflächenrauhigkeiten steigt die Abnützung linear mit der Belastung an, bei Asphaltdecken z.B. bei 400 000 t/Tag, um 0,9 bis 1,3 mm/Jahr.

Die Abnützung von Beton-Deckenoberflächen ist manchmal auf einen Überschuß von Feinmörtel zurückzuführen, der 10 % bis 12 % porös ist.

Busch 01 — Verschleißwerte bei 10 000 t pro Tag und Fahrspur in mm/Jahr bei: Granit-Kleinpflaster: 0,3, Granit-Großpflaster: 0,07 bis 0,04, Essener Asphalt: 0,3, Walzasphalt: 0,23, Beton 0,14.

Busch 03 — Verschleiß von Betondecken in drei Jahren bei 5000 t pro Tag und Fahrspur bei 3000 tpro Tag 1,2 mm bis 3 mm, von Walzasphalt bei 4400 t pro Tag 5 mm und bei 2300 t pro Tag 4,6 mm. Hierbei auch bespannte Fuhrwerke. Bei Zementfugenverguß nach drei Jahren bei 1000 t pro Tag 1 mm, bei 2900 t pro Tag 0,39 mm. Teerdecken haben erheblich höheren Verschleiß als Bitumen.

Neumann 03 c — Der Schutz durch Einstreudecken ist nur oberflächlich und daher begrenzt. Bei Tränk-Makadam und Misch-Makadam strebt die Kornzertrümmerung einem Endzustand zu, daher Korn-Mischung nach DIN 1996.

Schierandt 03 — Maximal zulässige Abnützung von Oberbeton beim Abschleifversuch in trockenem Zustand 3,5 mm Dicke, in nassem Zustand unter ständiger Zufuhr von Wasser 6,5 mm Dicke. Hierdurch ist ein Vergleich der Laboratoriumsmessung mit dem Verhalten auf der Fahrbahn möglich.

Kammüller 01 — KB-Hartbetonsteine haben besonders hohe Festigkeit und sind geeignet für schwere Panzerstraßen.

Siedeck 05 — Der Asphaltbeton auf der Autobahn Köln-Hannover zeigte bald nach der Herstellung Risse und Abblätterungen. Die Ursache war der zu feine Dammschütt-Untergrund.

Schönberg 03 — Für Oberbeton sind Zuschlagstoffe aus gebrochenem Klinker wegen zu starker Abnützung unbrauchbar.

Beér 01 Bei ungarischen betonvermörtelten Straßen zeigte Bauxit-Zement stärkere Abnützung als Portlandzement.

Knipping 02 Die Verschleißfestigkeit von Zementschotterdecken ist bei der Prüfung mit Schleifscheibe und Sandstrahlgebläse den Normvorschriften entsprechend.

Bester 01 Auf alte Straßen aufgelegte Betondecken haben sich bei einer Stärke von 15 cm auch ohne Bewehrung gut gehalten.

B Oberfläche c) Abnützung
I Fahrzeugverkehr 1) Gemischter Verkehr

Braunschweig VI Wirkung gemischten Verkehrs an 45 Fahrtagen auf eine Fahrbahn: Ein LKW mit Vollgummireifen von 9,2 t Gesamtgewicht mit 20 km/h, zwei Zugmaschinen mit Vollgummireifen von 3,1 bzw. 3,2 t Gesamtgewicht, mit je zwei eisenbereiften Anhängern von 3,55 t bzw. 7 t Gesamtgewicht mit 6 km/h, drei Pferdegespanne mit je einem eisenbereiften Wagen von 3,6 t bis 4,5 Gesamtgewicht mit 4 kg/h, wobei folgende Lasten über die Straße gingen: Beim LKW insgesamt 47 000 t, bei den Zugmaschinen 7 600 t, bei den Anhängern mit Eisenreifen 23 000 t und bei den Pferdegespannen mit Eisenreifen 18 500 t. Die größten Schäden haben die eisenbereiften Anhänger trotz der geringen Geschwindigkeit von 6 km/h verursacht.

Braunschweig VI 50 % der Decken der Versuchsstraße Braunschweig waren Grabo-Schotterdecken, die ebenso wie die untersuchten Fahrzeuge (u.a. Pferdefuhrwerke und Lastkraftwagen oder Anhänger mit Elastikreifen) bei Landstraßen II. Ordnung und Straßen in Gemeinden auch heute noch eine wichtige Rolle spielen. Die Versuche zeigen, daß die eisenbereiften Pferdefuhrwerke und Hochelastikreifen die Zerstörer der Straßen sind. Die Ergebnisse lassen Rückschlüsse auf ähnliche Straßenbauarten zu.

Bei gemischtem Verkehr (Pferdefuhrwerke mit 4 km/h, Zugmaschinen mit eisenbereiften Anhängern mit 6 km/h und elastikbereifte LKW mit 20 km/h) hat sich nur das Kleinsteinpflaster bewährt. Alle anderen Straßendecken haben stark gelitten, vor allem die chaussierten Decken. Betonstrecken wurden durch die Eisenreifen stark angegriffen.

Braunschweig VII Wirkung gemischten Verkehrs an 82 Fahrtagen: 4 Pferdegespanne mit je einem eisenbereiften Wagen von 4,4 t bis 5 t Gesamtgewicht mit 3,4 bis 4 km/h, Betriebszeit je Tag 6 1/2 h; ein LKW mit Hochelastikreifen von 11 t Gesamtgewicht mit 30 km/h, Betriebszeit je Tag 2 h; ein Schnellastwagen mit Ballonbereifung von 6 t Gesamtgewicht mit 45 km/h, Betriebszeit je Tag 4 1/4 h. Die Transportleistung je Tag der Pferdegespanne war 24,5 %, die des LKW 28,5 % und des Schnellastwagens 47 % von insgesamt ca. 2000 t/Tag. Die schwerbelasteten Eisenreifen haben alle Decken sehr schwer beschädigt.

Braunschweig VII Die eisenbereiften Pferdefuhrwerke beanspruchen die Straßendecken 1,7mal so stark wie elastikbereifte LKW. Der dynamische Stoßgrad der Straße, gemessen mit dem Langer-Thomé-

Beschleunigungsmesser, hat sich gegenüber den Werten zu Beginn der Fahrversuche bei dem LKW um 53 % und bei den Eisenrädern um 90 % erhöht. Dabei war die beförderte Brutto-Last beim LKW ca. 50mal so groß wie bei den Pferdefuhrwerken.

Schenck 06	Kraftwagenbereifungen aus Eisen- auf Holzeisenreifen haben sich derart schädlich für die Straßendecken erwiesen, daß sie vor dem 1. Weltkrieg verboten wurden. Sie wurden dann vorübergehend wieder zugelassen und sind heute wieder verboten.
Reinhold 02	5 Jahre alte bodenvermörtelte Betondecke. Die Eisenreifen und Pferde sowie Ackergeräte sind die einzigen Schadensursachen. Durch luftbereifte Kraftfahrzeuge keine Schäden.
Schäfer 03	Bei Betonstraßen ist das Fugenproblem bei Beanspruchung durch Eisenreifen nicht zu lösen.
Kind	Bei Betonstraßen sind die Fugen manchmal abgeblättert, da ab 1939 10 Jahre lang keine geeignete Vergußmasse vorhanden war.
Neumann 03 c	Bei Schwarzdecken verursachen die Eisenreifen Kornzertrümmerung und hierdurch sehr rasch Zerstörung.
Koessler 03	Es ist ein offenes Problem, ob häufigere kleinere oder seltenere größere Belastungen die Straßenabnützung stärker beeinflussen.
Stöcke 03	Der Verkehrsdruck und Stoß der eisenbereiften Fahrzeuge und der Hufschlag der Zugtiere bei gemischtem Verkehr verursachen den Verschleiß des Straßenbelages. Das Gestein muß daher auch in dieser Hinsicht genügende Widerstandsfähigkeit besitzen. Dabei darf die Rauhigkeit ebensowenig vernachlässigt werden, wie die Ebenheit. Als Pflastersteine werden daher Naturgesteine nach folgender Weisung ausgesucht: Widerstandsfähig gegen Abnützung und Kantenverschleiß: gute Griffigkeit. Zu prüfen sind die Druck- und Schlagfestigkeit, die elastischen Eigenschaften, sowie die Wetterbeständigkeit unter Beachtung der Porenverhältnisse.
Crantz 07	Bei den Autostraßen fehlt die kornzertrümmernde Wirkung des eisenbereiften Verkehrs.
Oberbach 12	Oberflächenbehandlung (Teer + Splitt) ist nur bei Strecken mit geringem Verkehr ratsam, da sonst zu viel Splitt vor dem Abbinden des Teeres beiseite gefahren wird.

B Oberfläche c) Abnützung

I Fahrzeugverkehr 3) Verkehr schwerer Lastfahrzeuge

Braunschweig VI	Gegenüberstellung des Straßenverschleißes bei LKW solo gegenüber LKW mit Anhänger (s. B-c) / I-4)).

Klinkmann 01	Die Härte des Gesteins von Bitumenbelägen muß der Schwere des Verkehrs angepaßt sein.
Herrmann 07	Bei Bitumen-Feinbetondecken zeigen die Fahrspuren geringere Alterungserscheinungen als die Überholspuren, da sich die Kornzertrümmerung und zusätzlich eine Verdichtung der Decke durch den schweren Verkehr günstig auswirken. Die weniger befahrenen Fahrbahnteile verspröden, so daß nach ca. 2 Jahren eine Behandlung mit Teerölen notwendig ist.
Waldhausen 03	Bei schwerem Verkehr ist der Verschleiß von Asphaltbetondecken auf einem Betonunterbau ungefähr doppelt so hoch wie auf einer alten Chaussee oder auf einem rauhen Pflasterunterbau. Bei Gußasphalt dagegen ist der Verschleiß bei Betonunterbau geringer als bei rauhem Pflasterunterbau.

B Oberfläche c) Abnützung

I Fahrzeugverkehr 4) Verkehr von Kraftfahrzeugzügen

Braunschweig VI	Fahrversuche auf der Versuchsstraße Braunschweig über den Einfluß schwerer elastikbereifter LKW mit und ohne Anhänger auf den Straßenverschleiß. 3 LKW mit je 12 t Gesamtgewicht mit 30 km/h führen 112 Tage zu 10 400 t pro Tag ohne Anhänger und 138 Tage mit je einem Anhänger zu 6,5 t, also mit 6870 t pro Tag. Bei der Hochelastikbereifung steigen die Unterhaltungskosten der Straße durch die 6,5-Anhänger in höherem Maße als ohne diese. Vermutliche Ursache: Erhöhtes Schleudern und härtere Federung der Anhänger. Hierbei ist zu berücksichtigen, daß 50 % der Straßendecken Grabodecken sind.
Braunschweig IX	Fahrversuche auf der Versuchsstraße Braunschweig: Schwerbereifte LKW mit Hochelastikreifen von 16 t Gesamtgewicht mit und ohne luftbereifte Anhänger von 7,5 t mit 25 km/h. Die Gesamtbeförderungskosten von 260 000 t sind beim luftbereiften Dreiachsanhänger um 33 %, beim luftbereiften Zweiachsanhänger um 30 %, beim hochelastikbereiften Zweiachsanhänger um 34 % niedriger als ohne Anhänger. Wenn die Straßenerhaltungskosten beim luftbereiften Zweiachsanhänger mit 1,0 angesetzt werden, dann sind sie beim Dreiachsanhänger 1,056, ohne Anhänger 1,2 und beim Elastikreifenanhänger 1,25, d.h. der Anhänger mit Elastikreifen beansprucht die Straßen trotz nur 25 km/h um 25 % höher als die luftbereiften Anhänger.
Essers 10	Untersuchung der Erhöhung der statischen Last durch dynamische Kräfte unter dem Gesichtspunkt: Von welchen Werten der Achslast und Geschwindigkeit an beanspruchen LKW bzw. Anhänger die Straße besonders stark? Insgesamt zeigt sich aus Messungen an Straßen und Fahrzeugen, daß der dynamische Stoßfaktor mit abnehmender Nutzlast zunimmt. Infolge des günstigen Verhältnisses von Nutzlast zu Gesamtgewicht sind die Lastanhänger als straßenschonend zu betrachten.

B Oberfläche c) Abnützung

I Fahrzeugverkehr 5) Verkehr von Gleiskettenfahrzeugen

Benz 01 Für von Panzerwagen befahrene Straßen sind KB-Hartbetonsteine und Platten infolge ihrer hohen Abnützungsfestigkeit besonders geeignet.

Sparkes 01 Die stärkste Abnützung der Oberflächen, auch von Betonstraßen, wird durch Raupenverkehr verursacht. Hierdurch wird die Oberfläche abrasiert, wobei je nach Fahrspurtiefe Längsrillen bis zu 30 mm eingefressen werden.

B Oberfläche c) Abnützung

I Fahrzeugverkehr 6) Verkehr sonstiger Fahrzeuge

Schäfer 03 Bei Eisenreifenverkehr ist das Fugenproblem bei Betonstraßen nicht zu lösen.

Braunschweig XI Einfluß der Pferdehufe und der Felgenbelastung von ungefederten schweren eisenbereiften Wagen mit 5 bis 6 t Gewicht und Felgenbelastungen von 120 bis 160 kg/cm im Vergleich zu solchen mit 3,5 bis 4 t Gewicht und Felgenbelastungen von 87 bis 100 kg/cm und zu solchen mit 4,5 bis 5 t Gewicht und Felgenbelastungen von 112 bis 135 kg/cm. 220 Fahrtage nur mit Traktoren, an denen 70 000 t befördert wurden, und 318 Fahrtage nur mit Zugtieren, an denen rund 91 000 t befördert wurden. Eisenbereifte Pferdefuhrwerke mit Felgenbelastungen von 140 bis 150 kg/cm sind überaus schädlich. Auch Felgenbelastungen von 90 kg/cm sind bei leichten Decken noch zu hoch. Alle Straßendecken, auch die gewöhnliche Grabo-Chaussierung, haben beachtliche Schäden erfahren.

B Oberfläche c) Abnützung

II Fahrzeugeigenschaften 8) Kraftschluß

Bode 05 Die LKW-Hinterachse beansprucht die Straße infolge des Horizontalschubes durch den Antrieb höher als die Vorderachse. Die Straßenabnützung durch Abrieb kann, bezogen auf die Gesamtlast, bei dem Betrieb mit Anhänger gleich dem ohne Anhänger gesetzt werden, da die Anhängerachsen die Straßen weniger, dagegen die Treibachsen beim Anhängerbetrieb die Straße etwas höher als beim Solobetrieb beanspruchen.

Schenck 05 Untersuchung des Schlupfes, der für den Abrieb der Decke ausschlaggebend ist. Als Schlupf wird die Differenz zwischen dem Umfangsweg des Rades gegenüber der gleichzeitig zurückgelegten Wegstrecke bezeichnet. Der Schlupf wird bei sonst gleichen Verhältnissen um so größer, je größer die Gesamtlast im Verhältnis zu der Triebachslast ist. Dieses Verhältnis ist bei LKW mit Anhänger am ungünstigsten. Das Rad übt beim Schlupf eine Schleifarbeit auf die Fahrbahn aus. Auf starken Steigungen ist die Fahrbahn starken Schleif- und Bohrangriffen der Triebräder unterworfen.

Schaar 01 und 04 Die Schubkräfte versuchen, die Bestandteile des Straßenkörpers zu verschieben und die Fahrbahn abzuschleifen. Die Wirkungen müssen in und quer zur Fahrtrichtung, getrennt für Trieb- und Laufräder, betrachtet werden. Als Schleifarbeit wird das Produkt aus Schubkraft und Weglänge bezeichnet. Bei umgebremsten Laufrädern wirkt während der Fahrt als Schub nur der Rollwiderstand. Die spezifische Schleifarbeit infolge der Zentrifugalkräfte ist in engen Kurven größer als die infolge des Längsschubes an den Triebrädern. Dies erklärt das Abschleifen der Fahrbahn in den Krümmungen. Werte über die Schleifarbeit von verschiedenen Fahrzeugen bei einigen Geschwindigkeiten bei stoßfreiem Lauf, nach einem ersten Sprung und bei weiteren Schwingungen, sowie über die durchschnittliche spezifische Schleifarbeit (je to Wagengewicht und je cm Fahrbahnbreite). Letztere ist bei stoßfreiem Lauf bei schweren Kraftfahrzeugen ungefähr doppelt so hoch wie bei PKW. Die durchschnittliche spezifische Schleifarbeit ist bei einem Büssing-LKW mit 9,5mal mkg/cm niedriger als bei den PKW, die bis 49 mkg/cm ansteigen. Ein LKW mit Anhänger übt infolge des ungünstigen Verhältnisses der Gesamtlast zur Achslast der Treibachse einen stärkeren Reibungsangriff auf die Straßenoberfläche aus als ein LKW solo. In Steigungen ist dieser Angriff besonders stark, da dann der Schlupf so groß werden kann, daß die Treibachse an die Gleitgrenze kommt (s. auch B-c) / II-8)).

Schaar 03 Die durch die Unebenheiten der Fahrbahn verursachten Achsschwingungen lassen die am Triebrad auftretenden Kräfte ungleichmäßig werden. Beim Abheben des Triebrades kann eine so hohe Drehbeschleunigung eintreten, daß das Rad beim Aufsetzen einen außerordentlichen Reibungsangriff auf die Straße ausübt. Dies gilt auch bei einseitigem Stoß, da sich infolge des Differentiales ein Rad allein beschleunigen kann.

Schaar 04 Genaue Darstellung der unter Schaar 03 (s. oben) erwähnten Vorgänge. Die Schleifarbeit kann bei Stößen auf ein Vielfaches der Werte bei stoßfreiem Betrieb anwachsen. Bei Laufrädern treten außer beim Bremsen keine Schubkräfte auf.

B Oberfläche c) Abnützung

III Eigenschaften von Fahrzeugteilen 1) Reifen

1. Straßenverschleiß-Prüf- und Meß-Verfahren sowie -Prüf-Einrichtungen

Schenck 02 Versuchsbahn der TH Charlottenburg: 1 m breite Versuchsbahn, Außendurchmesser 22,6 m, zur Beobachtung der Veränderung des Straßenbelages durch das Befahren. Messung der Ebenflächigkeit, der Rauhigkeit und der Griffigkeit. Aufbau der Bahn auf einer Hälfte: Unterbau 35 cm Zement, darauf 30 cm Chaussierung; auf der anderen Hälfte: Chaussierungspacklage, darüber 3 cm pflastergebundene Kleinschlagdecke mit 3 cm Bitumen-Deckschicht. Bereich der Lufttemperatur + 26° C bis - 15° C. Probenentnahme nach je 400 000 t und 800 000 t beförderter Last entsprechend 1/2 bzw. 1 Jahr Straßenverkehr. Messung des Abriebes des Reifens.

Raab 01 — Rundlaufversuche TH Karlsruhe 1950. Untersuchte Decken: Gummiasphalt mit bzw. ohne Gummizusatz, Gußasphalt mit Warmasphaltbinderschicht, einschichtiger Gußasphalt ohne Gummizusatz sowie mit Gummizusatz, Packlage mit bituminöser Auflage.

Hallberg 01 — Rundlaufmaschine Schweden in einer Halle: 5 m Durchmesser, verschiedene Straßenoberflächen, 2 t Radlast. Künstliche Einwirkungen: verschiedene Temperaturen und Witterungen, sowie Frost, Sonnenschein, Regen möglich.

Temme 14 — Straßenprüfmaschinen in England Harmordsworth: 3 Bahnen verschiedener Größe für verschiedene Belastungen und Geschwindigkeit (s. B-c) / III-1) 2.).

Schierandt 02 — Zusammenstellung von Ergebnissen der Schleifproben zur Ermittlung des Abschleifwiderstandes von Straßendecken.

Schwegler 01 — Messung der Oberflächenabnützung der Straßen durch die tangentialen Kräften der Reifen, die proportional dem Gewicht und dem Quadrat der Geschwindigkeit sind.

Braunschweig I...XI — Einfluß von Vollgummi-, + Elastik- und Luft-Bereifungen bei LKW und Anhängern im Vergleich zu Traktor und pferdebespannten, eisenbereiften Fuhrwerken. Vergleich des Abriebs von Straßenoberflächen in Abhängigkeit von der Zahl und Höhe der Belastungen.

Graf 23 — Die Abnützung von Straßen-Oberbeton darf bei der Prüfung nach DIN DVM 2108 nicht mehr als 0,25 cm sein.

Busch 01 — Die Abschleiffestigkeit von Basaltsplittbeton mit 60 % Basalt und 40 % Rheinsand ist um ca. 20 % höher als bei normalem Kiesbeton.

2. Reifenverschleiß-Prüf- und -Meßverfahren sowie -Einrichtungen

Kern 02 — Beschreibung der Einrichtungen für statische sowie für dynamische Messungen an Reifen. Angetriebene Wellen verschiedener Oberfläche, die gegen die Reifen laufen, ahmen den Abrieb auf der Straße nach, wobei durch Abbremsen des Rades auch ein Schlupf erzeugt wird.

Ewers 01 — Prüfung von Reifendecken TH Dresden. Ein Probekörper von 20 cm mal 30 cm wird mit gleichmäßiger Geschwindigkeit hin- und hergefahren. Hierauf wird ein senkrecht in einer Gabel luftbereiftes Rad geführt mit einer Radlast von 220 kg, mit 3,5 atü Innendruck, 7 cm Auflagebreite, 80 cm/s Geschwindigkeit.

Schenck 07 und 02	Versuchsbahn der TH Charlottenburg mit Asphaltbelagsschicht: Fahrgestell für Kreisverkehr. Messung der Reifenabnützung an elektrisch angetriebenen Wagen mit 2 t-Trieb- und 1 t-Lauf-Rad, insgesamt 6 t Last. Lufttemperatur von + 25° C bis - 10° C.
Ammann 01	Straßenprüfmaschine der TH Karlsruhe: Kreisverkehr, 20 m Durchmesser, 2 bis 3 m breit.
Raab 01	Laufeinrichtung mit 4 eingespannten Armen, an denen einfach bereifte Vorderräder mit 1,75 t Radlast oder doppelt bereifte Hinterräder mit 2,25 t Radlast laufen. Fahrgeschwindigkeit 12 bis 25 km/h. Einfluß von Hochelastikreifen auf Bitumendecken; Fahrprogramm Gesamtlast 500 000 t bei Normalwitterung, anschließend je 150 000 t bei - 15° C und + 55° C. Im Jahre 1950 Erhöhung der Geschwindigkeit auf 40 km/h.
Temme 14	Straßenprüfmaschinen in England in Harmordsworth 1. Kleinste Kreisbahn: 1,00 m Durchmesser, ein Versuchsrad, Einschmutzen der Bahn möglich. 2. Mittlere Versuchsbahn: 14 m Durchmesser, 8 Laufarme, Vollgummi-, Luft- und auch Eisenreifen, jedes Rad durch Elektromotor von 5 PS angetrieben, 60 cm Fahrbahnbreite, 13 km/h. 3. Große Versuchsbahn: 33 m Durchmesser, 3 m Breite, Lastwagengestell mit folgenden Höchstgeschwindigkeiten: Bei einem Gesamtgewicht von 10 t bis 70 km/h, von 13 t bis 64 km/h, von 23 t bis 44 km/h, 180 PS-Elektromotor, 2 Bahnen von je 75 cm Straßenbreite.
Hallberg 01	Rundlaufmaschine in Schweden. 6 Räder mit Federungen gleichmäßig belastet, mit elektromotorischem Antrieb, je 2 t maximal, 70 km/h, 15 m Umfang.
Hallberg 01	Reifenverschleißversuche in den USA. 2 Bitumen- und 2 Zementdecken, 2 Geschwindigkeiten, auch Messung des Brennstoffverbrauchs bei Bitumendecken.
Braunschweig I...XI	Reifenverschleißmessungen bei verschiedenen Straßendecken bei den Fahrversuchen auf der Versuchsstraße Braunschweig.
Neumann 06	Kreisbahn der TH Stuttgart 1930. 6 m Radius
Dietz 05	Modellversuche, Institut Kamm, Stuttgart. Vollgummiräder verschiedener Härte und Pressung, auf verschiedenen Fahrbahndurchmessern, mit verschiedenen Geschwindigkeiten, einfach bereifte Anhänger im Maßstab 1 : 10 verkleinert. Vergleich der Modellversuche Kamm: (s. oben) mit normal großen Anhängern in regelmäßigem Fahrbetrieb mit verschiedenen Reifeninnendrücken der Doppelbereifung bei starrer und beweglicher dritter Anhängerachse. Kein eindeutiges Ergebnis der Reifenverschleiß-Messungen.

3. Straßenabnützung durch Reifen

Braunschweig III

Bei den Fahrversuchen in Braunschweig verwendete Bereifungen: Fulda Parabel, Fulda Riesenkissen, Fulda Ballon N 7,2, Vorwerk Hochelastik neu und gebraucht, Vorwerk Überriesen-Lastwagenbereifungen.

1. Fahrversuch mit schweren Lastkraftwagen gleichen Gesamtgewichtes von 8,5 t bis 10 t aber bei verschiedener Bereifung mit verschiedener Geschwindigkeit: LKW mit 10 t Gesamtgewicht fuhren bei Luftreifen mit 30 km/h und 45 km/h, bei Hochelastikreifen mit 25 km/h und 35 km/h, bei Vollgummireifen mit 20 km/h bis 25 km/h insgesamt 293 Fahrtage lang mit 2 770 t pro Tag, d.h. eine Gesamtlast von 940 000 t. Die fugenlos dichten Decken haben bei Luftbereifungen wenig Beschädigungen erlitten; nur die gewöhnliche Grabo-Chaussierung wurde durch die Saugwirkung erheblich zerstört. Der Angriff ist aber auch hier geringer als durch die Hochelastikreifen. Die Vollgummireifen verursachten solche Zerstörungen, daß nach ca. 1/3 der Fahrzeit dieser Versuch abgebrochen werden mußte.

2. Fahrversuch mit verschiedenen Wagengewichten bei gleicher Hochelastikbereifung und verschiedenen Geschwindigkeiten: Schnellastwagen von 5 t Gesamtgewicht mit 45 km/h, LKW von 10 t Gesamtgewicht mit 35 km/h und LKW von 15 t Gesamtgewicht mit 35 km/h, je 60 Tage mit 2 100 t pro Tag, d.s. ca. 335 000 t beförderte Gesamtlast: Der 10 t-LKW hat bei 35 km/h eine geringere Straßenzerstörung verursacht als der 5 t-LKW bei 45 km/h und der 15 t-LKW bei 25 km/h. Die Erhöhung des Fahrzeuggewichtes von 5 t auf 10 t wird durch die Herabsetzung der Fahrgeschwindigkeit von 45 auf 35 km/h ausgeglichen, aber nicht bei dem 15 t-LKW durch die Herabsetzung von 35 km/h auf 25 km/h, da bei diesem Wagen die Hinterachsenlast 9 t betrug. (Die Elastikreifen werden heute noch in der gleichen Form bei Kuhlemeyer-Anhängern bei diesen Achslasten und Geschwindigkeiten verwendet.)

LKW mit Luftreifen mit 30 km/h und 40 km/h Geschwindigkeit haben die Fahrbahndecken weniger angegriffen als Elastikreifen mit 25 bzw. 35 km/h. Der stärkste Angriff erfolgte durch Vollgummireifen mit 20 bzw. 25 km/h.

Bei einer mittleren Verkehrslast von 2 700 t pro Tag waren die Unterhaltungskosten nach den abgeschlossenen Fahrversuchen und 3, wobei eine Fahrspur mit Luftreifen und alle anderen in gemischtem Verkehr mit Elastik- und Eisenreifen befahren wurden: Steinschlagasphalt 8, Beton 14, Grabokleinpflaster 21, Basaltkleinpflaster 27, Teermakadam 39 Rpf/m^2. Herstellungskosten für die Decken 1,40 bis 2,85 RM/m^2.

Braunschweig VI

Vergleich der Fahrspuren nach Belastung mit elastikbereiften LKW gegen eisenbereifte Pferdefuhrwerke:

Insgesamt beförderte Last bei den elastikbereiften LKW 1 780 000 t und bei den eisenbereiften Pferdefuhrwerken 70 000 bzw. 91 000 t, d.h. Lastverhältnis 1 : 25,4 bzw. 1 : 19,5. Die Verschlechterung gegenüber dem Beginn dieser Fahrversuche beurteilt nach einem nach Augenschein vorgenommenen Bewertungssystem war beim LKW 1,94, bei den eisenbereiften Pferdefuhrwerken, bezogen auf die gleiche Transportleistung, 19,6.

Vergleich des Einflusses von Schnellastwagen mit Niederdruckreifen bzw. mit Hochelastikreifen:

Hierbei 6 t Gasamtgewicht mit Niederdruckreifen bei 40 km/h und 5 t Gesamtgewicht mit Hochelastikreifen bei 45 km/h. 164 Fahrtage mit 2040 t/Tag zeigten, daß die Niederdruckreifen die Straßendecken, außer bei der gewöhnlichen Grabo-Chaussierung, mehr schonen als der Elastikreifen.

Einwirkung vollgummibereifter Zugmaschinen mit vollgummibereiften Anhängern mit 6 km/h, wobei

auf der ersten Fahrbahn eine 3,2 t-Zugmaschine mit einem 4,8 t-Anhänger,

auf der zweiten Fahrbahn eine 4 t-Zugmaschine mit zwei Anhängern von 6 und 5,4 t,

auf der dritten Fahrbahn eine 3 t-Zugmaschine mit zwei Anhängern von 6,8 t und 8 t,

auf der vierten Fahrbahn eine 4,5 t-Zugmaschine mit zwei gummibereiften Anhängern zu je 7,2 t

mit ungefähr gleicher Gesamtlast von je insgesamt 134 000 t liefen. Infolge der geringen Geschwindigkeit waren auf allen Bahnen keine nennenswerten Schädigungen festzustellen.

Braunschweig XI

Bei 10facher mittlerer Tagesleistung des Elastikreifenverkehrs im Vergleich zum Eisenreifenverkehr ergaben sich bei letzterem vielfach höhere Straßenschäden. Bei Nur-Gummiverkehr mit hochelastikbereiften LKW waren wenig Schäden, bei gemischtem Verkehr dagegen mit elastikbereiften LKW und eisenbereiften Pferdefuhrwerken durch letztere außerordentlich schwere Schäden festzustellen.

Braunschweig X

Fahrversuche mit gleichem LKW, einmal mit Luftreifen, das andere Mal mit Elastikreifen:

Fahrspur 1 : Luftbereifung mit 0 km/h,

Fahrspur 2 : abgefahrene Elastikreifen mit 30 km/h,

Fahrspur 3 : abgefahrene Elastikreifen mit 25 km/h,

Fahrspur 4 : neue Elastikreifen mit 25 km/h.

Straßenzustand bei teilweise ausgebesserten Straßen nach dem Versuch, wobei der Zustand für Fahrspur 1 gleich 1,000 gesetzt ist.

Fahrspur	1	2	3	4	
gemessene Stoßgrade	1,000	1,256	1,569	1,186	(Langer-Thomé-Gerät)
festgestellte Güteziffern	1,000	1,050	1,203	1,14	(nach Augenschein)
gemittelte Straßenbewertungsziffer	1,000	1,158	1,386	1,150	

Straßen-abrieb	1,000	1,73	1,48	1,13	
Reparatur-Mehrkosten	0	0,342	0,532	0,55	RM/m^2

Instandhaltungskosten bezogen auf die Bereifungen: Luftreifen 1,0 Über-Riesenelastik neu 2, Elastik abgefahren 2,7.

Brand 01	Verschleiß von Granitschotterbeton durch eisenbereifte Fuhrwerke bei 100 000 t Fahrleistung 0,9 mm bis 1,1 mm.
Schaar 06	Bei der Auswahl der Straßenbaustoffe ist auf geringe Abschleifbarkeit zu achten, um die Reifen zu schonen. Straßenstaub und kleine Steinchen können gebettet im Gummi als Schmirgel wirken, wodurch die abschleifende Wirkung auf die Straßendecke vergrößert wird.
Schenck 02 und 07	Bei Kreisbahn Charlottenburg, mit getrennten Lauf- und Triebräderspuren. Diese zeigen bei Elastikreifen sowohl an den befahrenen wie an den unbefahrenen Straßenteilen geringe Unterschiede zwischen abgesplittetem und nicht abgesplittetem Asphaltbeton. Abbildungen und Diagramme über den Verschleiß der Asphaltbelagschicht.
Streit 07	Hohe Geschwindigkeit übt bei luftbereiften Fahrzeugen eine erhöhte Saugwirkung auf die Decke aus. Dieser widerstehen die schweren fugenlosen Decken, wie Schwarzdecken und Beton, durch die Geschlossenheit der Oberfläche, in welcher die mineralischen Bestandteile durch die Bindemittel fest eingebettet sind. Die Pflasterstraßen setzen dieser Saugwirkung das große Gewicht der einzelnen Steine entgegen, sofern diese nicht zu klein sind. Das Pflaster der Autobahnen und vor allem die Fugen der Betonstraßen müssen mit einem dauerhaften und tief verankerten Fugenverguß versehen sein, um dieser Saugwirkung zu widerstehen.
Schaar 03	Durch die Drehbewegung der Räder wirken auf den Boden sogenannte Wirbelkräfte, aus denen zusätzlich zur Luftbewegung eine Saugkraft entsteht, die mit der Fahrgeschwindigkeit stark zunimmt.
Sill 02	Die Wirbel- und Sog-Kräfte an der Oberfläche, die mit der Geschwindigkeit zunehmen, rufen beträchtliche Schäden hervor, wenn das Gefüge der Fahrbahndecke einmal gelockert ist.
Zipkes 02	Bei plötzlichem Bremsen tritt Reibungswärme auf, die am Ort der Bremsspur sich in ihrer ganzen Größe auswirkt. Umfangreiche Untersuchungen über die Intensität des Kraftschlusses und den Straßenverschleiß. Ungünstig sind Stampfasphalte und Gußasphalte, günstig bituminöse Betonbeläge, normale Betonbeläge. Pflasterstraßen und auch Decken mit bituminöser Nachbehandlung.
Herrmann 05	Bei Asphaltgrobbeton treten durch die Eisenbereifungen sehr hohe Beanspruchungen durch Schlag und Druck auf. Für gemischten Verkehr sind besondere Herstellungsweisen (Walzen in einem hochgepreßten Zustand) notwendig. Daher erhebliche

Mehrkosten bei Decken für gemischten Verkehr. Bei Teerbeton, der nach der Herstellung sehr porös ist, sind gröber körnige Materialien zu vermeiden.

Schaar 05 — Die Schubkräfte bewirken bei Schotterbahnen, daß sich die Einzelteile gegeneinander bewegen und hierdurch Schäden entstehen. Die Wirbelkräfte fördern diesen Vorgang durch Bloßlegen der Einzelsteine erheblich.

Kleinsteinpflasterstraßen haben hohe Verschleißfestigkeit bei Eisenreifenverkehr. Die Schleifarbeit der Kraftwagen-Luftreifen führt bei Großpflaster zum Rundwerden der Pflasterköpfe, wodurch das Fahren stoßhafter wird. Kleinpflasterbahnen bleiben ebener. Die Wirbelkräfte entfernen beim Großpflaster allmählich das Bindematerial aus den Fugen, so daß diese bloßgelegt werden und den Angriffen noch mehr ausgesetzt sind.

Oberbach 05 — Kleinsteinpflaster ist bei Verkehr mit Eisenrädern besonders günstig.

Schaar 06 — Druckfestigkeit und Abschleiffestigkeit der bekannten Pflastersteine in den Zuständen: trocken, wassersatt und 25mal gefroren. Viele Natursteine halten auch Eisenreifen stand, nicht dagegen künstliche Klinker.

Maak 01 — Der Kantenschutz der Betonstraßenfugen ist bei schweren eisenbereiften Fahrzeugen ein ungelöstes Problem. Bei gummibereiftem Verkehr hat sich sorgfältiges Abrunden der Kanten als ausreichender Schutz erwiesen. Kanteneisen sind unzweckmäßig.

Neumann 03 c — Durch die bei blockierender Bremsung erzeugte Wärme besteht die Gefahr, daß die bituminösen Bindemittel unzulässig erweichen und herausgerissen werden.

ATZ 28 — Die Temperaturerhöhung, die beim scharfen Bremsen bis zu 100° C betragen kann, ist für Asphalt- und Teerstraßen schädlich. Bei 40 km/h ist der Bremsweg bei Luftreifen 11,6 m und bei Vollgummireifen 20 m, da die Bodenberührungsfläche bei letzterem erheblich kleiner ist.

4. Reifenabrieb durch Straßenoberflächen

Schenck 02 — Ergebnis der Rundlaufversuche der TH Charlottenburg in 6 Monaten bis Februar 1935. Verschleiß bei Vollgummireifen: An den Laufrädern 0,5 cm^3 Abrieb je t km, an den Triebrädern 0,36 cm^3 Abrieb je t km, entsprechend einem Profilverschleiß bei 30 000 km Fahrstrecke an den Laufrädern von 3,9 cm und an den Triebrädern von 2,9 cm Profilhöhe. Die Laufräderspur war innen, die Triebräderspur außen, so daß der Einfluß der Bahn getrennt erkennbar ist. Nach 6 Monaten Laufzeit war am Laufrad bei der Bahn mit Absplittung der Reifenabrieb 4,1 mm. ohne Absplittung 5,2 mm (Absplittung ist aufgestreuter feiner Splitt). Reibungskoeffizient auf abgesplittetem Asphaltbeton 0,7, auf nicht abgesplittetem 0,66.

Kamm 15 — Der Reifenverschleiß war bei LKW auf der Autobahn beim Hinterradantrieb 20 bis 40 g/1000 km, dagegen 33 bis 67 g/1000 km an den Vorderrädern, infolge der Vorspur; auf Landstraßen ungefähr doppelt so hohe Werte.

Dietz 05 — Der Reifenabrieb war bei Straßenfahrversuchen mit zwillingsbereiften LKW-Anhängern nahezu ebenso hoch wie bei einzelbereiften. Eine Beweglichkeit der Hinterachse ist bei Dreiachsern ungünstig, da die erste der Hinterachsen sehr hohen Verschleiß hat. Bei starrer Hinterachsaufhängung ist bei beiden Hinterachsen nahezu normaler Verschleiß. Bei enger Kurvenfahrt wächst der Reifenverschleiß aber außerordentlich.

Bei Modellversuchen mit enger Kurvenfahrt hatte der zweiachsige Anhänger erheblich geringeren Verschleiß als der dreiachsige. Dabei war der Verschleiß nach einer Laufstrecke von 2800 km an den Modellrädern beim doppelt bereiften Zweiachsanhänger 3,3 g, beim einfach bereiften Zweiachsanhänger 4 g, bei Dreiachsanhängern mit beweglicher Doppelachse 14,3 g und mit starrer Doppelachse 25,5 g.

Braunschweig X — Gummiverbrauch in mm/100 km von Luftreifen an LKW und Anhängern auf der Rundstrecke Braunschweig (50 % Grabo) bei 40 km/h, LKW + ein Dreiachsanhänger 0,48 + 0,53, LKW + ein Zweiachsanhänger 0,38 + 0,29, LKW solo 0,27, LKW + ein elastik-bereifter Zweiachsanhänger bei 25 km/h 0,14 + 0,29.

Ergebnis der Verschleißversuche TH Charlottenburg: Gesamtabnützung der Reifen: Riesenluft 12, Elastik-Hohlraum 22, Normalelastik 32 (Vergleichszahlen).

Kamm 16 — Die Rauheit der Straßenoberfläche erhöht den Reifenverschleiß und den Benzinverbrauch.

Weber 07 — Die Reifenabnützung ist vom Wetter sehr abhängig. Sie sinkt bei nasser Straßenoberfläche stark. Der Verschleiß liegt auf Autobahnen erheblich niedriger als auf normalen Straßen.

Petry 04 — Die Betonstraßen schonen Fahrzeug und Bereifung. Gummiverschleiß bei Luftbereifung bei gleichen Bedingungen in kg/Rad bei: Betondecke 0,039, Bitumendecke 0,105, Kiesdecke 0,252, Makadamdecke 0,264.

ATZ-28 — Reifenabnützung in Abhängigkeit von der Fahrbahn. Der Baustoff der Straßendecke hat feilende Wirkung. Am geringsten bei Asphalt-, dann bei Holz-, dann Teer- und dann Betondecken (= ca. 1,35mal Asphalt), am stärksten bei Pflasterung oder Steinschlagdecken (= 10mal Asphalt) = wassergetränkte neue Steinstraße (anfangs doppelt so hoch wie Asphalt, nach 2 Jahren 3mal so hoch wie Asphalt).

Einfluß der Vorspur auf den Verschleiß, maximal zulässig 6 mm, zu geringer Luftdruck verursacht Übertemperatur.

Schaar 06 — Die größte Abnützung des Reifens erfolgt durch die beim Hochgehen des Rades verursachte stärkere Radierbewegung an der Fahrbahn. Gleichmäßig griffige Autobahn fördert diese Abnützung. Sie kann durch richtige Dämpfung der Radfederung verringert werden. Möglichst gleichbleibender Raddruck verursacht nicht nur die beste Bodenhaftung, sondern auch die geringste Reifenabnützung.

Zipkes 02	Die Reibungswärme, die bei plötzlicher Bremsung auftritt, führt zu starkem Abrieb des Reifens.
Kern 02	Abrieb der Kraftfahrzeugreifen und Profilverformung infolge des eingeleiteten Drehmomentes und des Schrägstellens der Räder auf der Fahrbahn. Durch das Hochgehen des Rades wird eine Schrägverzahnung in Längsrichtung am Reifenprofil verursacht, wobei Teile aus der Reifenoberfläche herausgerissen werden.
Weber 07	Bei der Anpassung der Reifen an den Schnellverkehr ist der Laufflächenverschleiß und die Wärmesicherheit, besonders bei Riesenluftreifen, von besonderer Bedeutung.
Ostwald 07	Das Ansteigen der Reisegeschwindigkeit verkürzt die Laufdauer der Reifen, so daß der Reifenverbrauch von einer bestimmten Geschwindigkeit an zu Unwirtschaftlichkeit und Betriebsunsicherheit führt. Die Reifen sind noch nicht reibfest genug, um höhere Temperaturen aushalten zu können.
Weber 01	Die Leistungsfähigkeit eines Fahrzeugreifens wird im wesentlichen durch sein Wärmeverhalten bei höheren Geschwindigkeiten bestimmt. Günstige Reifenthermik erhöht auch die Verschleißfestigkeit bei diesen Bedingungen.
Haller 02	Der Reifenverschleiß erhöht sich mit steigender Geschwindigkeit. In dieser Beziehung ist bituminöse Oberflächendecke günstig.
Brunner 06	Die Erwärmung der Reifen erreicht ca. 100° C bei einer Dauergeschwindigkeit von 110 km/h.
Kern 03	Dynamische Beanspruchungen verursachen an den Reifen Ermüdungserscheinungen. Bei den Cordgeweben treten diese durch dauernde Stauchbeanspruchung ein.
Phoenix 02	Bei schlauchlosen LKW-Reifen wird die Kühlung besser, da die Reibung des Schlauches an der Decke innen fortfällt. Hierdurch wird auch der Reifenverschleiß verringert.

C Decke Allgemein

I Fahrzeugverkehr Allgemein

1. Bemessungsvorschriften für Straßendecken

Oberbach 03 — Die Straßen sind zu qualifizieren und international nur für bestimmte Lasten zuzulassen.

A.G.Betonstraßen 01 — Merkblatt für Betonfahrbahndecken. Einteilung in drei Gruppen:

1. Gruppe: Stark beanspruchte Straßen: Straßen erster Ordnung sowie Stadt- und Landstraßen mit starkem Verkehr,
2. Gruppe: Straßen für mittleren Verkehr in Stadt und Land,
3. Gruppe: Siedlungsstraßen.

Bei zweischichtigem Beton muß der verschleißfeste Oberbeton mindestens 5 cm stark sein. Die Schichten sind frisch aufeinander zu verarbeiten. Die Betondecken müssen gleichmäßig dick über den ganzen Querschnitt sein.

Leussink 02 — In den USA 1949 für 8 t Achslast empfohlene Straßenbauart: Auf einem Unterbau, entsprechend den Angaben unter D-a) / I-1., bestehend aus Aufschüttung, Verteilungsschicht und Zementverfestigung, je nach Bodenart, eine Verschleißdecke von 5 cm Stärke.

Kunde 08 — Die Randstreifen an beiden Seiten der Fahrbahn sollen die eigentliche Fahrbahn vor Zerstörungen schützen; daher sind nur hohlraumfreie Decken bester Ausführung zu verwenden, wie: Walkschotterasphalt von 7 cm Stärke auf makadamartig abgewalzter, fester Unterlage oder 2 cm Gußasphalt auf Magerbeton.

Vorschrift 1936 für Randbefestigung der Autobahnen: 7 cm Walzschotter, Gußasphalt auf Makadam-Unterlage oder 2 cm Gußasphalt auf Magerbeton.
Der Gußasphalt muß aufgerauht werden.

Gestrich 01 — Vorgeschriebene Deckenstärken beim Flughafen Rhein-Main: 53 cm starke Decken für die Rollbahnen für 78 t Gesamtgewicht und 39 t Radeinzellast. Werte stehen in Übereinstimmung mit den Erfahrungen auf dem Flugplatz in Gatow.

2. Allgemeine Prüfmethoden für Decken

Neumann 14 — Aufstellung der derzeitigen Straßenprüfmethoden und Geräte.

Road Test 02 — Messung der Biegespannung bei Temperaturunterschieden innerhalb der Platte.

Braunschweig VIII — Bestimmung der Festigkeit von Beton auf Grund von zylindrischen Bohrkernen. Probestücke aus gestemmten Brocken haben Risse.

Graf 04 — Vorschrift aus dem Jahr 1955 zum Heraussägen von Betonproben aus den Straßen. Von einem Kilometer sind mindestens vier Proben zu entnehmen und zwar 1 m entfernt von der Längsfuge bzw. vom äußeren Rand, die beiden anderen innerhalb des Feldes. Bohrzylinderdurchmesser 15 cm, langsam bohren. Vorsichtig mit Stahlschrott. Druckprobe oben und unten parallel senkrecht zur Zylinderachse, sorgfältig naß abschleifen, evtl. Ausgleichen mit Mörtelprobe; Straße muß älter als 2 Monate sein. Mindestwürfelfestigkeit 370 km/cm^2 bei handgefertigten Mustern und 300 kg/cm^2 bei Bohrproben. Würfel mit 20 cm Kantenlänge haben größere Festigkeit als solche mit 12 cm. Durch das Heraussägen von Bohrkernen von 10 cm Durchmesser hat sich die Druckfestigkeit auf 70 % bis 90 % und gegenüber in Handarbeit aus demselben Material hergestellten Würfeln verringert, von Bohrkernen von 15 cm Kantenlänge auf 90 %.

Stufa 01 — Leitsätze für die Probeentnahme, Art und Anzahl und die Herstellungsbedingungen.

Road Test 02 — Untersuchungen beim Road Test One-MD auf 5 Jahre alter Betondecke, die teilweise auf lehmigem Untergrund liegt: Messung der Zahl der Belastungen, der Gesamtlänge der "pumpenden" Plattenränder, der Anzahl der "pumpenden" Plattenquerfugen, der verengten Querfugen, der Zahl und Länge der sich bildenden Risse, der Höhe der Fahrbahnplatten; Feuchtigkeitsmessungen des Bodens. Einfluß der Temperatur auf die Formänderung der unbelasteten Platten; Messung der Wölbungsspannungen auf der Betonplatte, verursacht durch Temperaturunterschiede bei Tag und Nacht, durch elektrische Setzdehnungsmessung, sowie Messung der Platten-Durchbiegung, in Abhängigkeit von der Tragfähigkeit des Untergrundes. Markierung der Risse nach 6 Wochen mit verschiedenen Farben. Außerdem Biegeversuch an Betonproben im Laboratorium.

Bitumen 02 — Beobachtungen an Autobahnen: Stärke des schweren Verkehrs, Veränderung der Oberfläche und Setzen der Decke, Temperaturverlauf und Feuchtigkeitsgehalt des Untergrundes.

Gross 01 — Untersuchungsmethoden an Betonstraßen in Michigan auf verschiedenen Böden: Zusammenstellung der Feuchtigkeitseigenschaften der Böden und der physikalischen Eigenschaften des Betons, wie Elastizitätsmodul, thermische Ausdehnung sowie Feuchtigkeitsgehalt.

Stanton 02 — Betonversuchsstrecke Californien 1945: Bestimmung der Festigkeit der Bohrkerne, Temperaturen in verschiedenen Tiefen, Verkehrszählung, Messung der Fugenbreiten, Hebung und Senkung der Platten, Beobachtung der Risse und der Oberfläche; Bestimmung der Reibungsverhältnisse des Bodens und der Bettungsziffern; Messung der Deformation der Platten durch Belastung mittels Meßuhr gegenüber tief im Boden verankerten Säulen; Unebenheitsmessung in Fahrtrichtung mit Profilograph.

Washo 01 — Heraussägen von Asphaltbetonstücken beim Washo-Test zur Feststellung der Struktur der Decke durch Anschliff vor und nach den Fahrversuchen.

DIN 1996 01	Prüfung von bituminösen Straßendecken. Entnahme von Proben von 40 x 40 cm, ohne Formveränderung oder Lockerung des Gefüges. Hierzu DIN 1932: "Vorschriften über Asphaltstraßenherstellung".
Nijboer 02 Knipping 02	Die Entnahme von Ausschnitten aus fertigen Decken, wie sie heute in Deutschland geschieht, kann als nicht befriedigend angesehen werden, da die Arbeit nicht nur teuer ist, sondern die Gefahr besteht, daß eine Lockerung des Gefüges eintritt, was eine Fälschung der Prüfergebnisse verursacht.
Herion 02	Prüfmethode für das Alterungsverhalten von Bindemitteln. Hierzu Vorschlag des Aufbaues einer Straßenprüfmaschine im Klimaschrank.

3. Straßenversuchsstrecken

Allgemeine Straßen

Kunde 07	Die früheren Deckenversuchsstrecken müssen jetzt untersucht werden (1950).
Neumann 17	Die Wechselwirkungen zwischen Fahrzeug und Fahrbahn müssen auch an öffentlichen Straßen mit streckenweise verschiedenen Belägen untersucht werden, wobei der Verkehr und die Abnützung des Belages registriert werden. Versuchs-"Erdstraßen" werden teurer, da die Materialien oft von weit her genommen werden müssen.
Sehl 01	Kleinere Betonversuchsstraßen 1930 bildeten die Grundlage für die Betonautobahnen.
Finney 01	Vom Michigan State Highway Department werden ständig Forschungen über das Verhalten von starren und flexiblen Decken durchgeführt.
Ruckli 03	Zusammenfassender Bericht über die 28. Sitzung des Highway Research Board. Kurzauszug über das Verhalten von einigen Versuchsstrecken bei bestimmten Belastungen.
Bösenberg 01	Programm für die Versuchsstraße Braunschweig 1925. Beschreibung der geplanten Versuchsstrecke und der Prüfmethoden.
Braunschweig I	Aufbau der Kreisversuchsstrecke. 1,108 m lang mit 6 Fahrspuren zu 2,75 m Breite; Angabe der Straßenarten, wie Kleinsteinpflaster, Chaussierung mit und ohne Oberflächenverdichtung mit verschiedenen Steinen (Grabo), Teertränkung, Kleinschlagasphalt, Beton bewehrt und unbewehrt sowie weitere Arten von Beton, Klinker, Hartsteinpflaster, Einstreudecken und bituminöse Teppichbeläge. Die Straßenabschnitte wurden mit verschiedenen Fahrzeugen befahren und je nach Bedarf repariert oder vollkommen neu instand gesetzt.
Braunschweig IV	Da der Vorwurf erhoben wurde, daß in die Versuchsstraße Braunschweig keine geraden Strecken eingebaut sind, wurde ein großer Teil und zwar die Beton- und Schlackasphaltstrecken herausgerissen und dafür neue Chaussierung mit

Oberflächenverdichtung (Grabo) an den geraden Strecken, sowie in der neuen Krümmung eingebaut. Außerdem wurden alle kleineren Strecken ausgebaut und hierfür ebenfalls Grabo-Chaussierung genommen, so daß der größte Teil der Straße Grabo wurde. (Damit hat sich der Wert der Versuche für spätere Untersuchungen verringert, da die Grabo-Chaussierung nur noch bei sehr untergeordneten Straßen Verwendung findet.)

Betonstraßen

Graf 12 — Betonversuchsstraßen bei Stuttgart: 20 verschiedene Deckenbauarten; Beobachtung der Veränderung der Festigkeit nach dem Bau.

Ernst 02 — Versuchsstrecke Viernheim 1953 mit verschiedenen systematisch aufgebauten Formen der Bewehrung von Betonstraßen. Übersichtliche Aufstellung der Betonversuchsstrecken zur Feststellung des Einflusses der Bewehrung auf die Haltbarkeit der Decken; Beobachtung der Rißbildungen.

Bitumen 02 — Vergleich von Autobahn-Ausführungen: 1) 14 cm Zementbeton mit Armierung und Verdübelung auf 15 cm Zementbeton, Vermörtelung mit dünner bituminöser Zwischenschicht. 2) 15 cm normale Betondecke mit Armierung und Verdübelung auf 12 cm bituminöser Vermörtelung. 3) 22 cm normale Betondecke, direkt auf Frostschutzkies mit Armierung und Verdübelung.

Kleinlogel 01 — Auf wellenartig unebener Teermakadamstraße wurde eine neue Betondecke mit einer Stärke von 10 bis 25 cm ohne Bewehrung und ohne Längsfugen aufgebracht. Querfugen im Winkel von 25° zur Straßenachse.

Road Test 02 — Straßengroßversuch auf normaler Betonstrecke, Baujahr 1941, nach 5 Jahren leichten Verkehrs, 1,1 Meilen lang, auf dem typischen Road Test One-MD; Lehmuntergrund; 2 Bahnen zu 7,30 m, parabolischer Deckenquerschnitt innen 18 cm, außen 23 cm dick, Stahlbewehrung 5 bis 7 cm unter der Platte, 6,7 mm stark, in Abständen von 150 bis 300 mm, Querfugen je 12,2 m, jede dritte Fuge ist Stoßdehnfuge mit 19 mm Breite. Jede Platte daher 12,2 m x 3,65 m. Genauer Linienverkehr in verschiedenen Spuren in beiden Richtungen, 6 Monate in 3 Schichten, durchgehend auf den Bahnen 1 und 2 je 2 380 000 t, auf der Bahn 3 nur 1 650 000 t und auf der Bahn 4 nur 620 000 t, da die Beschädigungen auf diesen Bahnen längere Fahrten nicht mehr zuließen. Einzige Straßenbauarbeiten: Inordnunghaltung der Randstreifen, sowie Vergießen der Fugen. Beobachtung der Risse nach Augenschein. Der Beton war außergewöhnlich gut.

Anteil der schlechten Böden beim"Road Test One-MD"

Die Bodenarten A - 6 und A - 7 - 6, Definition der Bezeichnungen s. E/I-1, waren 67 % Bahn 1, 65 % Bahn 2, 86 % Bahn 3 und 4. Insgesamt soll Straße sehr gut sein. (Auf solche schlechten Böden legt man in Deutschland keine Betonstraße ohne Unterbau.

Beim"Road Test One-MD" war die Belastung der Betonstraßen je Fahrspur entsprechend der durch den normalen LKW-Verkehr.

Road Test One-MD

Zusätzliche Messungen 1953 mit schwersten Militärtransportern, für Tanks usw. mit 5 Achsen, davon Dreiachs-LKW mit 2,45 m Hinterachsmittenabstand und Doppelpendelachsen beim Sattelschlepper. Gesamtleergewicht 37,75 t, beladen über 70 t, Achslast vorne, leer, 6 t, beladen 10,4 t, 4 Achsen, hinten, leer 8,72 t, beladen 21,5 t. Kontrollversuch mit den bekannten 8,15 t-Einzel- und 20,3 t Tandemwagen, Vergleich an je 2 Platten, die ersten nicht pumpend auf Kiesuntergrund und die zweiten auf pumpendem feinkörnigem Untergrund.

Oberbach 03	Der Road Test One-MD ist lediglich eine Untersuchung darüber, wie sich eine alte Betonstraße verhält, die direkt auf Lehm liegt, was an sich unzulässig ist. Die Strecke ist normal höchstens für 30 t zulässig und bei Frost zu sperren.
Road Test 07	Versuchsberichte und Darstellung der Ergebnisse des Road Test One-MD (s. Road Test 01).
Road Test 05	Hinweis auf den Film über den Road Test One-MD (s. Road Test 02).
Road Test 06	Auszug einer Übersetzung über den Road Test One-MD (s. Road Test 01).
Highway Research Board 01	Betonversuchsstraßen in Kansas. Zählung der Achslasten, getrennt nach dem Gewicht: 4,5 t, 4,5 t bis 6,3 t, 6,3 t bis 8,1 t und über 8,1 t; Messung des Pumpens der Betonplatten.
Lang 01	Minnesota-Versuch 1944. Beobachtung der Fugenveränderungen an Betonstraßen.
Coons 01 Gross 01	Betonstraßen in Michigan. Normale Beobachtung des Normalverkehrs und der Veränderung der Straßeneigenschaften.
Cashell 02	15 Jahre alte Versuchsstrecke in den USA mit Betonplatten verschiedener Plattenlänge zur Untersuchung des Verhaltens auf schlechtem Untergrund: Variation der Bewehrung; Beanspruchung und Festigkeitsverhalten der Decken im jetzigen Zustand; Bodenbeschaffenheit.
Reagel 1945	Betonstraßenversuch Missouri 1941 bis 1943. Messung der Veränderung der Fugenweite und der Verkehrsfrequenz.
Thomas 01	Untersuchungen an Betonstraßen in Kentucky, 14 Arten von Platten; Messungen der Fugenweiten und Plattenerhebungen bzw. -Senkungen, sowie der Risse, der Temperaturen, ferner Verkehrszählungen.
Dutron 01	Betonstraßen in Belgien: Straßen mit 18 cm dicken Platten mit Randverstärkung oder 20 cm dicken ohne, sowie Autobahnen mit 23 cm dicker Betondecke.

Stanton 02 Betonversuchsstrecke Californien 1945. 14 verschiedene Betonarten.

Petry 02 500 m lange Versuchsstrecke zur Ermittlung der günstigsten Fugenausbildung: Vergleich einfacher Preßfugen, bewehrter und unbewehrter Fugen, mit und ohne Kantenschutz, sowie solcher mit Nut und Feder.

Dutron 01 Betonversuchsstrecken ohne Querfugen von 584 m Länge mit 0,3 bis 0,5 Gewichtsprozent Stahlbewehrung, wobei der Stahl 4700 bis 700 kg/cm^2 Festigkeit hat.

Breemen 01 Versuche mit kontinuierlicher Bewehrung: Messung der Gesamtlängenänderungen und Senkungen, Einfluß der Herstellungstemperatur.

Rusell 01 Kontinuierliche Betondecke Illinois 1950: 6,70 m breit, 8,8 km lang, mit Versuchsabschnitten von 1,0 bis 1,3 km Länge. Verschiedene Plattenstärken und Bewehrungen, wobei jeweils eine Seite ohne und die andere mit Bewehrung ausgeführt ist. Belastung je Bahn in 24 Stunden: 850 PKW, 175 LKW ohne und 150 LKW mit Anhänger.

Mönnig 03 Kontinuierlich bewehrte Versuchsstrecke in USA mit 1000 m Plattenlänge und Plattenstärken von 17,8 cm bis 20,3 cm, bei Bewehrung von 0,3, 0,5, 0,7 und 1 Gewichtsprozent Stahl und einer Zugfestigkeit des Stahles von 5000 kg/cm^2.

Finsterwalder 02 Einzelheiten über Spannbetonversuchsstrecken mit sogenannter Fingerkonstruktion der Fugen (Vorsprünge, die in Rücksprünge eingreifen).

Dittrich 11 Weichbetonversuchsstrecken bei Berlin 1938.
Beobachtungen der Rißbildungen auf einer 12 km langen Versuchsstrecke.

Lütze 01 Versuchsstrecke mit vorgespanntem Beton, Mergelstätten. Auf die fertig verlegten Strecken wird eine erhebliche Vorspannung gelegt, um die Pressung an den Fugen zu erhalten. Die Bündel der Stahlverstärkungen werden nacheinander langsam unter Spannung gesetzt.

Leonhardt 01 Versuchsstrecke Mergelstätten 1953: 120 m lange Platten mit einer rechnerischen Vorspannung von 18 bis 26 kg/cm^2 15 cm stark, Mehrpreis 20 DM/m^2.

In Frankreich ca. 300 m lange Platten, 6,7 m breit, 12 cm dick, mit kammartigen, 40 cm tiefen Widerlagern; Gründung auf Kies; Versuchsstrecke: Hälften von ca. 1,6 km Länge, 6,6 m breit und zwar mit geringerer Festigkeit des Betons auf der einen Hälfte und höherer Festigkeit auf der anderen Hälfte. Belastung 3000 bis 6000 Kraftfahrzeuge pro Tag aller Art je Bahn.

Mit einer 100 t-Presse werden die Platten mit Keilen auseinandergedrückt, anfangs mit geringer Vorspannung, nach 1 bis 2 Wochen mit ca. 30 kg/cm^2, später mit 50 kg/cm^2 Längsspannung. Notwendige Plattenstärke für sehr schweren

Verkehr bei Autobahnen 20 cm, sonstige Straßen 18 cm. Mehrkosten je 15 bis 20 DM/m^2.

Sparkes 02 — Straßen in England aus vorgespanntem Beton mit Verdichtung der Masse durch Vibration.

Franz 01 — Versuchsstrecke aus vorgespanntem Beton, Quervorspannung durch übliche eingelegte Spannglieder, Längsvorspannung durch Pressen gegen feste Widerlager. Die vorgespannten Betonfahrbahndecken haben annähernd gleichen Preis wie die normalen Bitumendecken, aber wesentlich gesteigerte Güte.

Bituminöse Straßen

Crantz 20 — Washo-Test zur Feststellung des Einflusses schwerer Achslasten auf Asphalt Beton-Schwarzdecken von 2 und 4 auf Kiesunterbau verschiedener Dicke.

Washo 01 — Versuchsstrecke beim Washo-Test.
Für die Untersuchungen wurden zur Feststellung der für mittleren Lastverkehr notwendigen Stärke von Asphaltbeton und Kiesunterbau zwei neue Versuchsstrecken gebaut, die jeweils aus einer inneren und einer äußeren Fahrbahn bestanden. Die geraden Versuchsstrecken waren 5 km lang und hatten daran anschließend Kreisbahnen. Bei jeder der beiden Strecken war die eine Seite mit 5 cm starkem Asphalt-Beton auf 10 cm feinkörnigem Kies (bis 2 cm Steingröße) und die andere Seite mit 10 cm starkem Asphaltbeton auf 5 cm feinkörnigem Kies befestigt. Diese Strecken waren unterteilt in 5 Abschnitte, wobei beim ersten Abschnitt diese Decke mit Zwischenschicht direkt auf dem Untergrund lag und bei den anderen Bahnbreiten auf Unterbau-Schichten von 10 cm, 20 cm, 25 cm, 30 cm und 40 cm Dicke aus grobem Kies mit maximal 5 cm Korngröße. Die Randbefestigungen bestanden aus seitlich neben den bituminösen Decken hochgehenden Schultern aus Kies, die ursprünglich nicht besonders befestigt waren. Das Straßenprofil war leicht dachförmig. Die Länge jedes einzelnen Abschnittes war 90 m, die Zwischenabschnitte 30 m mit Übergang auf die nächste Unterbaustufe. Die Breite jeder Straße war 3,6 m der Radius der Umkehrschleifen 5 m. Auf der einen Strecke fuhren Einzel- und Sattelschlepper mit drei Achsen und zwar auf der Innenbahn mit 8,2 t (18 kilo pound) Achs- und ca. 41 kilo pound Gesamtgewicht und auf der Außenbahn von 10,2 t (22 kilo pound) Achs- und 23 t (ca. 51 kilo pound) Gesamtgewicht. Auf der zweiten, genau gleichen Strecke fuhren doppelachsige Sattelschlepper, d.h. mit 5 Achsen auf der Innenbahn mit 14,4 t (32 kilo pound) Doppel-Achs- und 33 t (ca. 73 kilo pound) Gesamtgewicht und auf der Außenbahn mit 18 t (40 kilo pound) Doppel-Achs- und 40,5 t (ca. 90 kilo pound) Gesamtgewicht.

Es handelt sich also um schwere LKW, bei denen aber die Vorderachsen nicht 6 t, sondern nur 5 t trugen. Die Schleppachsen sind gleich den Treibachsen. Die Bereifungen entsprechen den deutschen Abmessungen. Über Federungen oder dynamische Raddruckmessungen ist nichts angegeben.

Washo 01

Die Fahrzeit betrug beim Washo-Test insgesamt 10 Monate, wovon im November 1952 nur 19 Tage gefahren wurden. Erst im Juni 1953 konnte wieder mit einigen wenigen Fahrten an 2 Tagen begonnen werden. Erst von Mitte Juli bis zum 11. Dezember 1953 wurde regelmäßig 154 Tage gefahren. Nach weiteren 2 1/2 Monaten Unterbrechung während der Frostzeit wurde vom 17. Februar bis zum 25. Mai 1954 gefahren.

In den 7 Monaten vom November 1952 bis zum Juli 1953 wurde außer an 2 Tagen die Straße überhaupt nicht benützt. Diese Unterbrechung war notwendig, da sich bei den ersten Fahrten zeigte, daß die Ränder der Fahrbahndecke so stark zerstört waren, daß eine Befestigung der Seitenstreifen durch Festwalzen notwendig war. In der zweiten Unterbrechungszeit vom Dezember 1953 bis zum Februar 1954 herrschte Frost.

Washo 03

Auszug der wichtigsten Ergebnisse des Washo Road Test in deutscher Sprache (s. Washo 01).

Sohler 01

Versuchsstrecke Cannstatt. Walzasphalt (normal 4 bis 5 cm Dicke) 2 Schichten von je 3 cm, im Vergleich zu Beton, Baujahr 1931.

Mönning 02

Schwarzdecken auf Autobahnen im Industriegebiet, 1934 erbaut. 30 % in das Erdreich eingeschnitten, 70 % auf aufgeschüttetem Damm, verdichtet mit Fallplatten und "Fröschen" (mit Frosch wird ein "springendes" Verdichtungsgerät bezeichnet). Auf den Dämmen ausgewählte Schlacken als 40 cm starke Frostschutzschicht, hierauf als Unterbau 25 cm Packlage, an einigen Stellen 20 cm bis 30 cm Unterbeton, hierauf Teersplitt und zwei Schichten aus Bitumen.

Temme 09

Spezialstraße für schweren Verkehr: New Jersey Turn-Pike, Aufbau aus bituminösen Schichten.

Dittrich 04

Versuchsstrecke mit bituminösem Beton, Gatow bei Berlin, (Herstellung 1937/38), sowie bei Zwickau.

Beér 01

Ungarische Versuchsstraßen mit Zement-Bodenvermörtelung mit 2 Zementsorten. Vermörtelung mit Hilfe von Ackergeräten.

Papenbrook 01

Bericht über das britische Kraftfahrzeuggelände "MIRA". Gemeinsame Finanzierung von 900 Firmen, enthält alle bekannten Straßentypen der Welt. Vor allem zur Untersuchung über das Verhalten von Fahrzeugen.

Fisher 01

Versuchsstraßen in den USA und Kanada: Kautschuk in Straßendecken aus Bitumen. Zusatz von Naturkautschukpulver, synthetischem oder natürlichem Latex oder Regeneraten. Versuchsstrecken zum Teil bis 300 Meilen Länge.

4. Allgemeines über Bemessung von Straßendecken

Betonstraßen

Oberbach 03

Es gibt keine Vorschrift für 10 oder 8 t-Straßen.

Lebelle 01 — Bei der Festlegung der Dicke von Betondecken ist die Betonqualität und die Dimension der Eiseneinlage bei ein- oder zweischichtiger Bauweise den jeweiligen örtlichen Untergrundverhältnissen anzupassen. Die Dicke der Betonplatte muß so groß sein, daß die Verkehrsbelastungen gut auf den Untergrund übertragen werden.

Müller 07 — Eine Gegenüberstellung deutscher und englischer Bemessungsgrundlagen für Betonstraßen zeigt, daß die englischen Richtlinien den vielen Möglichkeiten des Betondeckenbaues, hinsichtlich Untergrund und Verkehrsbelastung, besser angepaßt sind.

Fleming 01 — Betondecken zur Erneuerung veralteter oder zerstörter Straßen müssen bei mindestens 10 cm Stärke eine Bewehrung mit möglichst engmaschigen Matten haben und Fugenabstände von 9 bis 15 m, maximal von 30 m und eine Gleitschicht zwischen der alten und neuen Decke erhalten.

Elsner 02 — Bei Spannbeton wird die Platte bei 15 cm Plattenstärke und 120 m Plattenlänge unter Druckspannung gesetzt.

Lütze 02 — Bei vorgespannten Betonplatten nimmt Leonhardt einwandfrei tragfähigen Untergrund an, so daß die Biegemomente infolge der Verkehrslast sehr gering werden. Bei schlechtem Untergrund sind die Spannungen in Längs- und Querrichtung nahezu gleich. Es müssen dann Vorspannglieder mit 45 cm Abstand (9 kg Stahl/m^2) schräg bis 40° eingelegt werden.

Leonhardt 02 — Die Vorspannung der vorgespannten Betonplatten geht über die ganze Breite von 7,50 m. Sie muß in den ersten 3 bis 5 Jahren, jeweils im Herbst, im Gleichgewichtszustand durch einen Keil (eine mit Stahlblech gepanzerte Betonplatte) der je Plattenlänge von 120 m bis 160 m eingesetzt ist, erfolgen.

Finsterwalder 01 — Stützpfeilerbetonstraße ruht auf Rammpfählen von 1,3 m Abstand und 36 cm Durchmesser, d.h. 6 Stück über die Breite von 7,50 m, angeordnet in einem Abstand von 50 m. Hierdurch wird eine völlige Unabhängigkeit vom Untergrund erreicht.

Bituminöse Straßen

Wedemeyer 02 — Für flexible Straßendecken können keine Standardwerte angegeben werden. Die jeweils günstigsten Werte müssen empirisch festgestellt werden, wozu die Anlage von Versuchsstrecken wertvoll ist.

Kunde 10 — Hinweise für die Ausbildung der Randstreifen (ohne Angabe der Verkehrsbeeinflussung).

Lütze 02 — Da Setzungen des Unterbaues und des Untergrundes unvermeidbar sind, empfiehlt es sich, die bituminöse Decken in 2 Schichten aufzubringen, wobei die zweite Deckschicht erst nach einer Verkehrseinwirkung von 1/2 Jahr aufgebracht wird. Hierbei läßt sich die Deckenebenheit eventuell durch die Auftragung von Ausgleichsschichten verbessern.

RKW 01 — Angaben über bituminöse Asphaltbetone für Strecken von nicht über 1000 Fahrzeugen täglich. Lebensdauer 10 bis 15 Jahre oder mehr, ohne Oberflächenbefestigung.

Temme 09 — Dimensionierung der Schwerstverkehrsstraße New Jersey-Turn-Pike in den USA, Gesamtdicke 93 cm, hiervon 12 cm Decke aus Asphaltbeton, 19 cm Makadam-Zwischenbau, bei guter Tragfähigkeit des bituminösen Unterbaues.

5. Allgemeines über den Einfluß der Kraftfahrzeuge auf die Straßendecken

Kunde 07 — Die Meinungen über die Ursache von eingetretenen Deckenschäden gehen oft weit auseinander.

Feldmann 02, 01 — Übersicht über den Stand der Erkenntnisse von der Einwirkung der Verkehrskräfte auf die Decken und Straßenkörper. Aufstellung der noch zu lösenden Probleme.

Wedemeyer 02 — Die mechanische Beanspruchung einer Straßendecke ist von vielen Faktoren abhängig und daher nicht allgemein vorher bestimmbar.

Feecher 01 — Bei der Braunschweiger Versuchsstraße ist zu berücksichtigen, daß das Gelände erhebliche Höhenunterschiede hat und daß einzelne Strecken direkt neben dem Bahndamm liegen, dessen Erschütterungen sich auch auf die Straße übertragen können.

6. Zerstörungen der Decken durch Kraftfahrzeuge

Betonstraßen

Seywald 03 — Die Beton-Autobahn Frankfurt-Mannheim hat starke Oberflächenschäden, deren Ursache noch nicht einwandfrei geklärt ist.

Sack 03 — Die Betonstraßen haben sich überall unter jahrzehntelangem schwerem Verkehr bewährt.

Kirchhoff 01 — Zusätzlich zum Verkehr wirkt der Frost auf die Straßen zerstörend, so daß auf Frostsicherheit zu achten ist.

Sparkes 01 — Die Schäden an Betonstraßen sind auf elastische Verformungen der Decken an den Enden bei ungenügendem Untergrund, schlechter Ausbildung der Fugen, schlechten Baustoffen und ungünstiger Herstellung zurückzuführen. Größere Schäden an den Betonstraßen werden oft am Übergang auf Brücken beobachtet.

Kerekes 01 — 15 Jahre alte Betonstraße zeigte noch keinerlei bemerkenswerte Zerstörungen.

Breemen 01 — Beurteilung des Versuches mit fugenlos kontinuierlich bewehrten Betonfahrbahnen nach 3 Jahren. Im allgemeinen ausgezeichnet, abgesehen von kleinen Rißbildungen und kleineren plastischen Hebungen und Senkungen. Der Einfluß der Herstellung und Betonqualität ist groß; die Bauweise ist bei Frosteinwirkung ungeeignet, infolge zu hoher Zugspannungen, die evtl. nur mit hochwertigem, daher teurem Stahl aufgenommen werden könnten. Trotz hochwertiger Kiesunterlage ist die äußere Fahrbahn dem Schwerverkehr nicht gewachsen. Hierzu ist mindestens eine Plattenstärke von 20 cm bis 25 cm notwendig.

Beér 01 — Bei der ungarischen Versuchsstraße mit Zement-Bodenvermörtelung zeigten die mit Bauzeitzement hergestellten Teile nach einer Belastung von ca. 20 000 Lastwagen im Sommer und Herbst größere Zerstörungen gegenüber den mit Portlandzement hergestellten Abschnitten, die keine überdurchschnittlichen Schäden zeigten und ausnahmslos befahrbar waren.

Bituminöse Straßen

Crantz 20 — Der Washo-Test zeigte den günstigen Einfluß gut ausgebildeter Randstreifen auf die Decken. Das Verhältnis der zerstörten Flächen von Straßen mit befestigtem Randstreifen zu denen ohne befestigten Randstreifen ist ungefähr 1:2. Die Ergebnisse des Washo-Testes über die Zerstörung der Schwarzdecken durch schwere Kraftfahrzeuge sind auf die deutschen Verhältnisse nicht eindeutig übertragbar, weil in Deutschland die Decken in befestigten Randstreifen liegen und der Unterbau tragfähig und mit Bodenentwässerung ausgestaltet wird.

Crantz 16 — Bei einer Mischmakadamdecke von 5 cm bis 6 cm Dicke sinkt die Lebensdauer bei einer Verkehrsbelastung von 1000 t pro Tag im Zeitraum von 25 Jahren auf 5 Jahre, wenn die Verkehrsbelastung sich auf 4000 t pro Tag erhöht.

Zichner 01 — Der Einfluß des Verkehrs auf bituminöse Decken:
Abdecksplitt kann während der ersten 10 Tage durch den Verkehr beiseite geschleudert werden. Es darf in der Zeit der Herstellung der Decke nicht regnen. Bituminöse und Teerstraßendecken werden durch den Verkehr verdichtet. Asphaltbeton und Gußasphalt sind kornstabil und erleiden beim Verkehr keine Kornverlagerung oder Zertrümmerung sowie Verdichtung durch Knetwirkung des Verkehrs.

Temme 10 — Verhalten verschiedener Schwer- und Bituminöse-Makadambeläge. Grobkörniger Granit mit Teer und Bituminöse-Zusatz hat bei täglich 17000 t bis 30 000 t 10 Jahre gut gehalten. Teerstraßen sind also auch bei stärkerem Verkehr noch brauchbar.

Barth 01 — Durch das "Spurfahren" wird die Decke ungleichmäßig beansprucht, da der Grad der Festigkeit, der durch Walzen, Abglätten und Abstampfen bei der Herstellung von bituminösen Decken erreichbar ist, nicht den erreicht, der sich bei dauerndem Befahren einstellt.

Mönning 02 — Die Zerstörungen der bituminösen Decken der Autobahn im Industriegebiet sind auf die Erdbewegungen und die gleichzeitige Einwirkung der schweren Kraftfahrzeuge zurückzuführen, so daß immer wieder neue Decken, des öfteren schon nach einem Jahr, aufgelegt werden müssen.

Fleming 02 — Fotos über die Veränderungen und Rißbildungen an Autobahnen im Bergbaugebiet.

Kunde 08 — Die ursprüngliche Befestigung der Randstreifen durch bituminöse Decken von 5 cm bis 7 cm Dichte auf 10 cm Magerbeton zeigte baldige Zerstörung, da die Verdichtung der bituminösen Decke durch den Verkehr bei den Randstreifen fehlt.

Washo 02 — Es wurden beim Washo-Test zwei kritische Perioden beobachtet:

a) Insgesamt ca. 2 Tage Fahrt im Juni 1953 verursachten 27 % der Gesamtzerstörung der Asphaltbetondecke und ernste Schäden bei 0,7 % der Anzahl der gesamten Überfahrungen durch die Versuchsfahrzeuge, in den Abschnitten mit 15 cm und 25 cm Gesamtdicke (Decke und Unterbau).

b) 40 % der Zerstörungen wurden vom 17. Februar bis 7. April 1954 bei nur 13 % der Gesamtbeanspruchung durch die Fahrzeuge beobachtet.

In der Warmwetterperiode vom 24. Juli bis 31. November traten bei 45 % der Gesamtbelastung nur 1,6 % der Totalschäden ein.

7. Straßenkosten

Allgemeine Straßen

Heimbüchel 01 — Die Straßenverkehrskosten setzen sich, als Ganzes gesehen, zusammen aus: Straßenkosten, vor allem Decken ca. 7 %, Kosten für das Fahrzeug ca. 36 % und bewegliche Kosten des Fahrzeuges ca. 57 %. Sie lassen sich durch Verbesserung der Fahrzeug- und Deckenkonstruktionen senken.

Gerlach 02 — Zur Feststellung von Unterhaltungskosten und Lebensdauer einer Straßendecke werden die Kosten für die Behebung des Straßenverschleißes und die Verkehrsbeanspruchungen ermittelt. Hieraus wird ein spezifischer Verkehrsdruck abgeleitet, der einen Aufschluß über die höchstzulässige Beanspruchung ohne die über das Normalmaß hinausgehenden Beschädigungen der Decke gibt.

Oberbach 03 — Die wirtschaftliche Lebensdauer von Straßen ist 30 Jahre; eine längere Dauer würde unwirtschaftlich sein, weil dann die Verkehrsbedingungen und Beanspruchungen erheblich anders sein werden.

Bode 05 — Das starke Ansteigen der Unterhaltungskosten der Straßen ist auf die Zunahme des Gesamtverkehrs zurückzuführen. Keine Unterlage ergibt eindeutig, daß bei gleichbleibender Transportleistung die Unterhaltungskosten durch die Reduzierung der Achslast von 10 t auf 8 t nennenswert verringert werden könnten.

Ruckli 07 Die Vergrößerung der Tragschichtdicke einer Straße zur Aufnahme von Schwerverkehr beeinflußt die Gesamtstraßenkosten prozentual nur sehr wenig.

Sill 02 Die Vergrößerung der Stadtstraßen-Fahrbahnbreite von 2,20 m, gebaut im Jahre 1930, auf 2,50 m würde allein in Hamburg 700 Millionen kosten. Bei Reduzierung auf die Maße und Gewichte des Jahres 1937 könnte dieser Betrag eingespart werden. Bezogen auf alle Städte und Gemeinden würde dies eine Minderausgabe von 0,5 Milliarden jährlich bedeuten.

Betonstraßen

Kurz 01 Vergleich der Jahreskosten einschließlich Betriebskosten für verschiedene Deckenarten zeigt, daß die Betondecke um so günstiger ist, je höher die Belastung steigt.

Kind 01 Zementbetonpflaster und Betondecken sind bei schwerem Verkehr in ihren Gesamtaufwendungen am preiswertesten. Sie sind billiger als Kleinsteinpflaster und besser in ihrer Oberfläche.

Sack 03 Bei schwerem Verkehr ist Zementbeton am wirtschaftlichsten.

Kerekes 01 Kostenvergleich zwischen einer Makadamstraße und einer ohne Unterbau verlegten Betondecke. Bei einem Vergleichszeitraum von 15 Jahren ist die 5 m breite Betondecke billiger als die 4 m breite Makadamstraße.

Eymann 01 Die Unterhaltungskosten sind bei Betondecken mit 7,5 D-Pfennig pro m^2 und Jahr niedriger als bei Schwarzdecken mit 9 D-Pfennig pro m^2 und Jahr.

Leins 04 Bei der Autobahn Karlsruhe-Baden-Baden ergab sich ein mittlerer Herstellungspreis von 9 DM pro m^2 für die 22 cm starke Betondecke ohne Berücksichtigung der Kosten für die Fugen.

Meyer 4 01 In bebauten Ortsteilen muß die Betonfahrbahndecke trotz ihrer Vorteile wegen Erhaltung der Zugänglichkeit zu den Versorgungsleitungen und zur Kanalisation ausscheiden. Aus wirtschaftlichen Gründen ist eine unter Verwendung örtlichen Baumaterials hergestellte Schwarzdecke günstiger.

Dittrich 11 Weichbeton ist in wirtschaftlicher Hinsicht normalem Beton überlegen.

Dittrich 04 Eine Bituminierung des Betons zur Erhöhung seiner Elastizität bei gleicher Festigkeit scheidet infolge des Mehrpreises aus

Bituminöse Straßen

Crantz 19 Die Auswertung der Unterhaltungskosten beim Washo Road-Test zeigt, daß die Nutzlast bei schweren Fahrzeugen in höherem Maße zunimmt, als die Straßen-Unterhaltungskosten ansteigen.

Crantz 03 — Die Gewährleistungszeiten sind bei verstärkten Oberflächenbehandlungen 1 3/4 Jahr, bei Halb- und Volltränkungen 3 Jahre, bei einschichtigen 2 Jahre und bei zweischichtigen Teppichbelägen 3 Jahre. Nach dieser Zeit gehen die Straßenreparaturen nicht mehr zu Lasten des Straßenherstellers.

Martin 03 — Bei Gußasphalt ist die Garantiezeit 3 Jahre. Gußasphalt ist jedoch nach 20 Jahren auch noch einwandfrei, wenn als Unterbau Beton genommen wird und hierauf 15 cm Bitumensplitt.

Böhringer 01 — Der Zustand der 15 Jahre alten bituminösen Fahrbahndecken auf den Landstraßen zeigt, daß die praktische Lebensdauer dieser Straßen bei mittelschwerem Verkehr nach dieser Zeit beendet ist. Flicken ist dann nicht mehr günstig. Schnell bewegte schwere Lasten wirken auf gealterte Fahrbahnsubstanz besonders stark.

Oberbach 11 — Die besten Ergebnisse in wirtschaftlicher Hinsicht zeigen in England Asphaltdecken von 10 cm bis 15 cm Dicke.

Renfert 03 — Bei magerem Aufbau sind Tränkdecken mit ungebrochenem Kies, die im Sommer nicht weich werden und keine Wellen bilden, finanziell besonders günstig.

Mönning 02 — Bei besonders schwieriger Verlegung infolge der Erdbewegungen im Bergbaugebiet wurden an Erneuerungskosten der 1934 gebauten Straßen im Jahre 1953 wieder 5,1 Millionen DM ausgegeben, nachdem bereits 1952 die Reparaturen 1 Million DM gekostet hatten.

Mittmeyer 02 — Die Preisunterschiede bei den Bitumenstraßen für schwersten Verkehr waren zufolge der Ausschreibung für 118 Meilen, d.h. 34 000 000 m² 5,4 Milliarden $.

Busch 04 — Wirtschaftlichkeitsuntersuchungen über die Gesteinsarten und Pflastersteinformen für Pflasterdecken. In weniger beanspruchte Straßen können auch Gesteinssorten geringerer Verschleiß- und Druckfestigkeit eingebaut werden. Steinpflasterdecken sind wirtschaftlich bei Verwendung von Steinen aus nahen Steinbrüchen.

Braunschweig I u. II — Vergleich der Fahrbahnbefestigungskosten bei 6 % Zins in RM pro Quadratmeter. Chaussierung 12,15 Teermakadam 18,24 Weckbeton 19,36, Steinschlagasphalt mit Bitumen 25,42, Basaltkleinstein 21,72 bewehrter Basaltbeton 21,84.

C Decke Allgemein

I Fahrzeugverkehr 1) Gemischter Verkehr

RKW 01 — Bituminöse Asphaltbetone sind nur brauchbar für weniger als 1000 Fahrzeuge täglich, unbefestigte Straßen für weniger als 100 Fahrzeuge täglich, wenn auch mit eisenbereiften Wagen zu rechnen ist.

Flemmig 02 Auf weniger bebauten Wohn- und Siedlungsstraßen mit geringem eisenbereiftem Verkehr sind Teer- und Einstreudecken zweckmäßig, die bei einem verhältnismäßig hohen Anteil von eisenbereiften Fuhrwerken bis 4000 t/Tag ausreichen. Bei höheren Verkehrsbelastungen von 4000 t bis 8000 t sind Teermischmakadamdecken notwendig. Reine Oberflächenteerung genügt bei diesem Verkehr bis 1500 t/Tag.

C Decke Allgemein

I Fahrzeugverkehr 3) Verkehr schwerer Radfahrzeuge

1. Allgemeines

Essers 10 Es ist die Frage zu klären, ob LKW von bestimmten Werten der Achslast und Geschwindigkeit an aufwärts die Straßen besonders stark beanspruchen.

Crantz 19 Die Auswertung des Washo Road Test zeigt, daß die Nutzlast bei schweren Fahrzeugen in höherem Maße zunimmt, als die Straßenunterhaltungskosten ansteigen.

2. Betonstraßen

Schäfer 06 Betonstraßen sind für schwersten Verkehr in Städten ungünstig, da sie starke Rißbildungen zeigen. Straßenaufbrüche verursachen lange Sperrzeiten für den Verkehr, deshalb hier besser Asphaltdecken mit Betonunterbau und Asphaltauflage, z.B. Gußasphalt.

Dittrich 03 Die Betonfahrbahndecken der Autobahnen waren nicht für 100 t Last oder schwerste Panzerkraftwagen mit 70 t gedacht. Trotzdem haben diese Straßen auch noch im Jahre 1954 diesen Beanspruchungen gut standgehalten.

Kind 01 Schwerstverkehrsstrecken auf Lößlehm:

Bei Betonstraßen sind 16 Jahre Schwerstbetrieb möglich, wenn jeweils nach 5 Jahren die Fugen nachgegossen werden. Dabei waren die täglichen Verkehrsbelastungen in den Jahren 1924/25 3000 t/Tag und steigerten sich bis 1938 und 1947 auf 15 700 t/Tag bei einer Fahrbahnbreite von 9 m, mit seitlich 1,5 m breiten unbefestigten Banketten. Die 7,5 m breite Strecke ist sehr leistungsfähig, die 9 m breite kaum besser. Die Betondecke ist zweischichtig, mit 10 cm Unter- und 6 cm Oberbeton, liegt auf 16 cm Kies, hat punktgeschweißtes Stahlbaugewebe 200 mm x 200 mm x 6 mm und versetzte Querfugen - 40 cm - nach je 10 m bis 12 m. Rauhgußasphalt auf Betonunterbau liegt 16 Jahre bei Schwerstverkehr gut und ist voraussichtlich noch weitere 15 Jahre brauchbar. Basaltkleinpflaster mit 8 cm bis 10 cm Kantenlänge auf Packlage 25 cm bis 30 cm hoch mit bituminöser Profildecke ist nach 15 Jahren einwandfrei. Unterbau Magerbeton von 70 kg/cm^2 bis 80 kg/cm^2 Festigkeit, zeigt Brüche infolge des ungleichmäßigen Drückens des Kleinstein-Pflasters.

Road Test 03

Bei den im Road Test One-MD gefundenen Kurven für die Abhängigkeit der laufenden Meter-Risse je 1000 m Fahrspur von der Belastung bei Einzel- und Doppelachsen wurden als Extrapolationswerte eingesetzt: Der deutsche 3-achsige LKW mit 24 t, der deutsche 16 t-LKW mit 16 t-Zweiachsenanhänger. Dabei wurde das Gesamtgewicht und nicht die Achslast eingesetzt. Die Werte für die drei amerikanischen Fahrzeuge streuen so sehr, daß die Verlängerung der Kurven nicht eindeutig möglich ist. Die angewendete Methode könnte jedoch bei einer genügenden Anzahl von Versuchsfahrzeugen zu Werten für andere Fahrzeuge mit bei den Versuchen nicht untersuchten Daten führen.

Road Test 01

Die beim Road Test One-MD verwendeten LKW hatten keine Sattelschlepp-Aufleger und folgende Achslasten:

LKW mit 8,2 t (18 Kipp)-Einzelhinterachslast und 27 t (6 Kipp) Vorderachslast
" " 10,2 t (22,4 ")-Einzelhinterachslast und 3 t (6,6 Kipp) Vorderachslast
" " 14,4 t (32 ")-Doppelhinterachslast und 3,6 t (8 Kipp) Vorderachslast
" " 20,1 t (44,8 ")-Doppelhinterachslast und 4,05 t (9 Kipp) Vorderachslast

3. Bituminöse Straßen

Kind 01

Asphaltbeton auf Hartbetonunterbau hat sich bei schwerem Verkehr bei 50 cm breiten Tiefbord-Randsteinen sehr gut verhalten.

Verkehrsblatt 01

Allgemeine Darstellung des Verhaltens von Asphaltbetondecken bei verschiedenen Achslasten in Abhängigkeit von der Zahl der Überfahrungen.

Fleming 02

Bei städtischen Durchgangsstraßen zeigte sich, daß Teerbeton (Gesteinsmasse aus einem hohlraumarmen Gesteinsgemisch in Maschinenanlagen mit Teer überzogen) Belastungen von 10 000 t pro Tag und mehr gewachsen ist.

Crantz 03
Croce 04

Die Ergebnisse der Fahrversuche Lahr, siehe D / I-3)

Braunschweig III

Bei leichten wassergebundenen Decken steigen beim Verkehr mit elastikbereiften LKW die Unterhaltungskosten pro m^2 und t schneller als der Erhöhung der mittleren Geschwindigkeit entspricht.

Washo 01

Grundsätzliche Feststellungen beim Washo-Test. Durch Interpolation der Meßwerte ergibt sich, daß bei der 5 cm-Asphaltbetondecke die notwendige Gesamtstärke des Straßenaufbaues am äußeren Rand, die notwendig ist, um 238 000 Belastungen ohne Schäden zu überstehen, bei den 8,2 t (18 Kip)-Einzelachsen ca. 40 cm (16 "), bei den 10,2 t (22,4 Kip)-Einzelachsen ca. 47,5 cm (19 "), bei den 14,4 t (32 Kip)-Doppelachsen 42,5 cm (17 ") und bei den 18 t-(40 Kip)-Doppelachsen ca. 50 cm (20 ") ist. Auf der inneren Seite der Straße war sie bei allen Fahrzeugen bei gleicher Belastung ca. 35 cm (14 ").

Bei der 10 cm-Asphaltbetondecke ist auf der Außenseite der Straße bei obiger Zahl der Belastungen die notwendige Gesamtstärke bei 8,2 t (18 Kip)-Einzel- und 14,4 t (32 Kip)-Doppelachsen ca. 25 cm (10 ") und bei 10,2 t (22,4 Kip)-Einzel- und 18 t (40 Kip)-Doppelachsen ca. 35 cm (14 "). Auf der Innenseite sind bei den Doppelachsen ca. 25 cm (10 ") gleichwertig 6 " bei den Einzelachsen.

Hieraus ergibt sich, daß die 10 cm-Decke erheblich besser als die 5 cm-Decke ist und daß die Zerstörungen auf der äußeren Fahrbahnseite erheblich stärker sind als auf der Innenseite. Die Nachbefestigung der Seitenränder im Juli 1953 ergab eine erhebliche Verringerung der Zerstörung der Außenradseite.

C Decke a) Festigkeit

I Fahrzeugverkehr Allgemein

1. Laboratoriums-Prüfmethoden für die Festigkeit von Straßendeckenbestandteilen

Bierhalter 07 — Bedeutung der mechanischen Prüfverfahren für Schwarzdecken im Jahre 1935. Die Druckfestigkeit ist das Maß für die Belastbarkeit durch stehende Fahrzeuge. Prüfmöglichkeit, ob der Asphalt gleichmäßig und richtig hergestellt, d.h. nicht überhitzt oder verbrannt oder zu gering verdichtet wurde.

Neumann 06 — Zusammenstellung aller Prüfverfahren für Bitumen im Jahre 1935:

1. Wasseraufnahme im Vakuum
2. Messung der Eindrucktiefe eines 1 cm^2-Stempels bei 52,5 kg Belastung bei 22° C in 5 Stunden bei einer maximal zugelassenen Tiefe von 10 mm (entspricht einem Pferdehuf).
3. Druckfestigkeit bei -20° C und +50° C. Der Sollwert ist 30 kg/cm^2 bei 22° C und 10 kg/cm^2 bei 10° C.
4. Schlagfestigkeit: Ein Würfel wird auf 0° C abgekühlt und geschlagen. Beobachtung der Rißbildung.
5. Verformungsfestigkeit bei 60° C: Verfahren Hubbard, Methode ähnlich der Druckfestigkeitsmessung.
6. Zugspannungs- und Dehnungsverlauf: In Klauen eingespannter Körper wird bei 22° C und bei 0° C auf der Zerreißmaschine gemessen.

Beurteilung der Meßverfahren: Eine ausreichende Druckfestigkeit allein genügt nicht. Auch die Verformungsfestigkeit muß ausreichend sein. (Die Verfahren waren damals noch nicht endgültig durchgebildet.)

Neumann 10 — Aufzählung der Prüfmethoden für Schwarzdecken und ihre Beurteilung, ferner der DIN-Normen für Asphaltbetonmischungen und anderer Vorschriften sowie Hinweise.

Bierhalter 05 u. 06 — Mechanische Prüfverfahren für Asphaltmassen im Jahre 1935:

1. Druckprüfung unter Presse bei langsamem stetigem Druckanstieg mit elektrischem Antrieb bis 7 t mit einem

Probekörper von einer Druckfläche von 50 cm^2 (für Zement höhere Drücke).

2. Prüfmaschinen: Hydraulische Zerreißmaschine. Eindrucktiefe nach DIN 1996 bei 22° C mit Stahlkugel von ca. 9 cm Durchmesser bei 100 kg Belastung in 15 Minuten. Eindrucktiefe muß bei Verkehrsflächen kleiner als 45 mm bleiben, bei Parkflächen kleiner als 50 mm in der Sonne bzw. 38 bis 45 mm im Schatten.

Oberbach 09

Laboratorium-Meßmethoden 1939 für Straßendecken: Eindringtiefe als Maß für die Konsistenz; Viskosität; Tropfpunkt nach Ubbelohde; Erweichungspunkt mit Ring und Kugel nach Kraemer-Sarnow; Brechpunkt nach Fraas, wobei das auf Stahlblech aufgeschmolzene Bindemittel beim Durchbiegen des Bleches nicht brechen darf; Tränkbarkeit, Zähigkeit, wobei eine fallende Fadenlänge von 5 cm/min nicht abreißen darf. Die Eindrucktiefe eines mit 21,5 kg belasteten zylindrischen Stempels von 1 cm^2 darf bei 22° C in 5 Stunden nicht über 10 mm ansteigen. Kapillare Steighöhe, Wasserdurchlässigkeit, Kornverteilung, Scherfestigkeit, Verhalten bei Erschütterungen, Haftfestigkeit nach Riedel und Reder.
Vergleich der Meßgenauigkeiten bei vier Prüfstellen an ein und demselben Material: Raumgewicht 2,4 bis 2,45 g/cm^3 Wasseraufnahme 1,2 % Erweichungspunkt 21° C bis 35° C Schmelzpunkt 49° C bis 69° C, Hohlräume 14 % bis 18 %, Bindemittel-Volumen 13,9 % bis 14,9 %. Porenhohlraum 1,1 % bis 4,7 %. Die Ursache der Streuung ist u.a. die Ungleichmäßigkeit der Proben. Die Laboratoriumsprüfmethoden haben daher nur sehr bedingten Wert.

Kirschmer 01

DIN-Norm 1969 (1945): Bei 23° C darf ein Stempel mit einer Fläche von 1 cm^2 und 52 kg Gewicht in 5 Stunden nicht tiefer als 10 bis 12 mm in die Decken eingedrückt werden.

Bierhalter 10

DIN 1995, Ausgabe 1953: Änderungen in bezug auf die notwendige Zähigkeit, Wasserfreiheit der Bindemittel, Lagerbeständigkeit und Klebeprüfung, Bindemittelüberzug darf in Wasser keine Färbung hervorrufen.

Elsners 02

Neue Fassung (1956) von DIN 1995: Eindringtiefe, Erweichungspunkt mit Ring und Kugel nach Kraemer-Sarnow, Brechpunkt nach Fraas, Streckbarkeit, Aschengehalt, Paraffingehalt und Gewichtsverlust bei Erhitzung. Zähigkeitsmessung nach Engler und Schäumprüfung bei Teer, Phenolgehalt, Antracengehalt, Benzolgehalt, mikroskopisches Bild, Bitumengehalt, Trockengehalt, Siebrückstand, Art des Bitumens, Stabilität von Bitumenemulsion, Lagerbeständigkeit von Bitumenemulsion, Beständigkeit bei tiefer Temperatur, Klebeprüfung, Verhalten des Bindemittelüberzuges, Verhalten bei Wasserlagerung.

Ewers 02

Die üblichen Laboratoriumsprüfmethoden zur Untersuchung der Brauchbarkeit der Straßenbaustoffe lassen nur unzureichende Schlüsse auf das tatsächliche Verhalten der Baubestandteile in der Straßendecke zu. Auch die wesentlich kostspieligeren Untersuchungen auf Versuchsstrecken liefern keine zufriedenstellenden Ergebnisse. Es wurden daher Straßenbelastungsmethoden entwickelt, die sich auf kleine Straßenstrecken mit relativ geringem Aufwand den Anforderungen der Praxis stark nähern. Auf diese Weise werden bestimmte elastische und plastische Verformungen, wie Rillenbildung und Verdichtung, unter verschieden gearteter Verkehrseinwirkung festgestellt. Graphische Auftragung der Versuchsergebnisse.

2. Prüfmethoden für die Festigkeit von Straßendeckenteilen

Betonstraßen

Stufa 01 — Prüfung von Straßenproben auf Druck, Biegezug, Wasseraufnahme, Abnutzung durch Schleifen, Abnutzung durch Sandstrahl, Schlagfestigkeit, Aufstellung der Prüfungsbedingungen und Normen.

Bierhalter 06 — Straßenprobenprüfung 1935, Zerreißversuch an einem Profilstück in der Form einer 8 in der Zerreißmaschine: Kleinster Querschnitt 5 cm^2 bei Zement und 16 cm^2 bei Asphalt.
Biegeprüfung mit balkenförmigem Probekörper von 25 cm Länge und quadratischem Querschnitt 4 mal 4 cm bei einem Abstand der Auflagen von 20 cm, Größe der Auflageplatten 3 cm x 5 cm, Größe des Belastungstempels 1,9 cm x 5 cm.

Road Test 02 — Beim Road Test One-MD erfolgten die Festigkeitsuntersuchungen der Betondecken an herausgebrochenen Plattenstücken von 11,5 mal 17,5 cm durch Biegeversuche.

Dutron 02 — Biegungsmessungen 1935 an Betonprismen von 10 cm mal 10 cm mit einer Stützweite von 36 cm. Ergebnistabellen. Die Biegefestigkeit ist 1/8 bis 1/13 im Mittel 1/9 der Würfeldruckfestigkeit. Streuungen werden durch Ungleichmäßigkeit der Betonzusammensetzung verursacht.

Bituminöse Straßen

Bierhalter 05 — An Probekörpern für Druckprüfung die nach DIN 1996 aus der Straße entnommen sind, erfolgt die Messung der Fließgrenze. Nach 5 Stunden Erwärmung wird der Druck so lange erhöht, bis die Fließgeschwindigkeit 5 mm/min ohne Drucksteigerung konstant bleibt, wobei der hierzu notwendige Druck gemessen wird.

Ewers 01 — Aufstellung der Prüfmethoden für Bitumen (1940):

1. Untersuchung der Materialien
2. Mechanische, von der Praxis abweichende Prüfverfahren, Druck- und Zugmessung sowie Messung der Eindrucktiefe nach DIN 1996, der Stabilität usw.
3. Straßenfahrversuche bei den Prüfbahnen in Straßenbauinstituten.

Neumann 02 — Prüfgeräte für Teerstraßen 1951: nach DIN 1995:

1. Eindringtiefe nach U 7, Gerät: Penetrometer, besteht aus mit 100 g Gewicht belasteter Nadel bestimmter Abmessung. Messung der Eindringtiefe nach 5 s bei 25° C.

2. Erweichungspunkt mit Ring und Kugel nach U 4 und Kraemer-Sarnow nach U 5.
3. Tropfpunkt nach Ubbelohde ist gegeben durch die Temperatur, bei der an genormtem Nippel ein Tropfen entsteht und abfällt.
4. Brechpunkt nach U 6 nach Fraas, aus der Temperatur, bei der Bitumen auf Stahlblech beim Biegen abspringt.
5. Viskosimeter nach U 14 in Grad Engler.

Pöpel 01 — Mechanisches Prüfverfahren für bituminöse Massen zur Bestimmung der Tragfähigkeit bei aus der Decke herausgeschnittenen Probekörpern zur Bestimmung der inneren Reibung des Korngemisches und der Kohäsionsschubfestigkeit, entsprechend ruhender Verkehrsbelastung.

Nijboer 01 — Prüfbedingungen für Teerstraßen, Messung der Eindrücktiefe in einer Prüfdruckzeit von 30 min bei Drücken bis 40 at bei verschiedenen Temperaturen. Diese Forderung wurde gestellt, da mit der Einwirkung von Massivgummireifen und Pferdehufen zu rechnen ist.

Nijboer 02 — Messungen der Druckfestigkeit und der Biegezugfestigkeit an Deckenausschnitten von Zementschotterdecken zeigen, daß diese den Stoßeinwirkungen der eisenbereiften Fahrzeuge standhalten.

Pfeifer 01 — Bestimmung der Kornverfeinerung an Proben und Straßendecken nach DIN 52100 bis 52109. Die Methoden sind zur Beurteilung von Splitt gut geeignet.

Washo 01 — Beim Washo-Test wurden zur Bestimmung der Dichte und des Bitumengehaltes Asphaltbetonstücke aus der Decke herausgeschnitten. Die Messung der Festigkeit des Asphaltbetons erfolgte nach dem Verfahren von Marshall.

Nijboer 11 — Das Schwingungsprüfgerät von Shell kann so hohe Lastspielzahlen erreichen, daß die Meßergebnisse Aussagen über das Verhalten der Straßendecke möglich machen. Auch die Steifigkeit der Gesamtkonstruktion kann aus dem Verhältnis der Deckenbelastung zu ihrer Schwingungsamplitude bestimmt werden.

3. Berechnung von Straßendecken

Allgemeines

Feldmann 01 — Die üblichen Dimensionsierungsverfahren sind halb theoretisch unter der Annahme idealen Bodens und vollelastischer Eigenschaften aufgebaut.

Neumann 18 — Für die Berechnung der Dicke der Decken liegen Diagramme vor, die auf Grund von Untersuchungen entwickelt wurden.

Wehner 05 — Nomogramm aus dem Jahre 1953 zur Bemessung der Straßenbefestigung, ausgehend vom Widerstandswert des Bodens und dem Verkehrsindex. Die Reduktion auf Normallasten ergibt die notwendige Gesamtdicke für Unterbau und Asphaltbeton-Decke (ohne Bindemittel) unter Berücksichtigung der Kohäsionsmeterwerte.

Reichert 01 Erörterung der Westergaardschen Rechenmethoden für typische Belastungsfälle unter statischer Einzellast. Voraussetzung ihrer Richtigkeit ist die Aufstandsellipse des Reifens. Gegenüberstellung ungünstiger Belastungsfälle, errechnet nach Westergaard und der Ergebnisse von praktischen Versuchen. Vorschlag für veränderliche Faktoren in den Formeln.

Gesamtdicke der Decken

Leussink 02 Die Gegenüberstellung der verschiedenen in den USA üblichen Berechnungsverfahren für die Stärke der Decken und Unterbauten bei verschiedenen Bodenarten zeigt, daß keine Einheitlichkeit besteht. Manche Verfahren sind völlig unabhängig von der Bodenart, während diese bei anderen in verschiedener Weise berücksichtigt wird.

Amerikanische Berechnungsverfahren:
Colorado-Verfahren 1959 aufbauend auf Werten, festgestellt nach den CRR-Verfahren und der Bodenart. Hieraus Kurven für die Gesamtdicke der Decken mit Unterbau.
Kansas 1949 berücksichtigt die Biegezahl der Decke sowie des Unterbaues, den Sättigungskoeffizienten des Untergrundes, ferner Radlast, Verkehrslast, Radius der Reifenberührungsfläche, die statische zulässige Durchbiegung der Oberfläche bei einer 8 t Achslast und Doppelreifen. Weitere Formeln für mehrere Schichten nicht starrer Befestigung.
New Mexiko 1949. Druckdiagramme nach Packler und Ustrud berücksichtigen die belastete Fläche bei kreisförmiger Berührung, kegelförmige Lastverteilung im Boden, Scherfestigkeit des Bodens nach dem CBR-Wert. Hiernach Formeln.

Das Texas-Wyoming-Verfahren zur Berechnung von Decken und Unterbau für nicht starre Befestigung berücksichtigt die CBR-Werte des Bodens, die jährliche Niederschlagsmenge, den Grundwasserspiegel, die Frosteinwirkung, die örtlichen Verhältnisse, die Witterung (Schneebildung usw.). Die Verkehrseinwirkung wird umgerechnet auf 2,2 t Radlast mal Anzahl der Einwirkungen (in Millionen eingesetzt). Hieraus entstehen Bewertungsziffern, die linear addiert werden und zu einer Gesamtbewertung führen, wobei die Faktoren auf Grund von Erfahrungen berücksichtigt werden.

Methode Californien zur Berechnung der Deckenstärke bei Flugplätzen:
Die Gesamtstärke einschließlich Unterbau wird lediglich aus den CBR-Werten ermittelt. Rechnungs-Beispiele für verschiedene Radlasten.

Das CAA-Verfahren zur Bemessung der Decken von Flugplätzen berücksichtigt die Feuchtigkeit der Böden und benützt einen Plastizitätsindex für die verschiedenen Bodengruppen unter Berücksichtigung der Siebanalyse und der Entwässerung. Für die auf diese Weise klassifizierten Böden sind Diagramme für die Decken und Unterbauschichten bei den verschiedenen Radlasten ausgearbeitet.

Kerkhoven 01 Der Berechnung der Mindestdicke der Befestigung von Flugplätzen wird in den USA der CBR-Wert zu Grunde gelegt. Die

Gesamtbefestigungsdicke läßt sich in Abhängigkeit von dem CBR-Wert aus einer doppellogarithmischen Darstellung direkt ablesen.

Aichhorn 01 — Kritik an dem Ohio-Verfahren zur Berechnung der Oberbaudicke aus dem Gruppenindex des Bodens nach Steele und der LKW-Belastung pro Tag. Hierzu neue Kurven nach Aichhorn.

Betonstraßen

Jelinek 02 — Als Berechnungsgrundlage für Betonstärken werden in den USA gemessen:
Die Zugspannungen auf der Plattenunterkante, die Biegungsbeanspruchungen aus dem Verkehr (ohne Nebenspannungen durch Temperatur, Schwingung oder Biegen) der Elastizitätsmodul des Betons und die Bettungsziffer des Untergrundes durch die Einsenkung einer starren Kreisplatte von 30 " ∅, ferner die Größe der Reifenauflagen und deren Abstände sowie der Achsabstand.

Kelly 01 — Bei der Berechnung einer Betondecke aus Last und Temperaturspannung ist es zweckmäßig, 50 % der Biegefestigkeit, die sich 28 Tage nach der Herstellung einstellt, einzusetzen.

Neumann 03 c — Die nachgiebigen Beläge nehmen keine Biegungsbeanspruchungen auf, da sich hier nur eine Vorspannung der Mineralmassen ausbildet. Bei Beton dagegen kann eine eindeutige Belastungsrechnung unter Berücksichtigung der Druckellipse des Luftreifens, der Tragfähigkeit des Bodens (Bettungsziffer) und der Festigkeitswerte von Beton durchgeführt werden.

Granholm 01 — Aus der Bruchform von Betonplatten läßt sich auf die Bruchlast schließen, so daß bei bekannter Bettungsziffer in schwierigen Fällen eine Bemessung der Betonplattendicke möglich ist.

4. Tragfähigkeit von Straßendecken

Allgemeine Straßen

Neumann 10 — Die auf den Straßenkörper wirkenden äußeren Kräfte müssen vom Unterbau als Tragkörper aufgenommen werden.

Crantz 07 — Die höhere Tragfähigkeit von verstärkten Straßendecken wird durch die bessere Druckverteilung und die größere Masse der Straßendecke erreicht, die eine größere Widerstandsfähigkeit gegen Stöße zur Folge hat. Hieraus ergibt sich auch eine bessere Druckverteilung auf den Untergrund.

AA Straßenbeanspruchung 11.1.57 — Svenson vergleicht die Straßendecke mit Stahl, wobei die Decke z.B. der einsatzgehärteten Struktur entspricht. Dauerfestigkeitsuntersuchungen von Stahl ergeben, daß eine 20%ige Senkung der Beanspruchung die doppelte und eine 30 %ige Senkung die fünffache Lebensdauer zur Folge hat. Wenn ähnliche Gesetzmäßigkeiten für Straßenkörper bestünden, so würde eine Verringerung der Beanspruchungen um 20 % bis 30 % die Lebensdauer auf das vierfache steigern. Untersuchungen darüber, ob ähnliche Gesetzmäßigkeiten gelten, erscheinen wertvoll.

Aichhorn 01 — Vergleich der Tragfähigkeit der Decken, die nach bisherigen und nach einem neuen Verfahren errechnet wurden. Letztere zeigen im Vergleich zu den in üblicher Weise berechneten Decken keine Schäden infolge Überlastung.

Betonstraßen

Schönberg 01 — Die Betondecke hat selbst bei frisch geschüttetem Erdkörper und kurzer Bauzeit eine genügend große Tragfähigkeit auch für schwersten Verkehr.

Graf 09 — Nach Dittrich hat die Plattendicke eine erhebliche Bedeutung. Eine bewehrte Platte mit größerer Dicke hat größere Lebensdauer.

Jelinek 02 — Bei gleicher Radlast verursacht das Doppelrad (Zwillingsbereifung) wesentlich kleinere Beanspruchungen der Betondecke als ein Einzelrad und die Doppeltandemanordnung wiederum kleinere als das Doppelrad. Die Doppelräder der 10 6-LKW-Achse beanspruchen die Decke weniger als das Einzelrad des 8 t-Anhängers. Die Aufteilung der Last auf eine möglichst große Anzahl von Rädern ist am günstigsten. Aus der Vielzahl der angegebenen Werte sind nachstehend einige zusammengestellt, wobei der spezifische Flächendruck des Reifens auf die Decke 5,5 kg/cm^2 und die Beton-Deckenstärke 25 cm waren.

Tafel Nr.	Zulässige Zugspannung im Beton	Mindest-Bettungs-Ziffer	Zulässige Last in t verteilt auf Einzelrad	Doppelrad	Doppeltandemräder
12	25 kg/cm^2	8 kg/cm^3	18	27	54
13	25 "	16 "	19	34	ca. 68
14	30 "	8 "	20	35	ca. 68
15	30 "	16 "	26	43	ca. 100
16	35 "	8 "	27	43	ca. 90
17	35 "	16 "	32	53	ca. 120

AG Betonstraßen 05 — Forschungsanträge 1953/54: Untersuchung der Tragfähigkeit von Betonfahrbahnplatten unter Berücksichtigung der Reibung der Fahrbahnplatten auf dem Untergrund, die durch eine ungünstige Druckverteilung zu einer Erhöhung der Spannung führen kann.

Bituminöse Straßen

Neumann 03 c — Durch die bituminösen Bindemittel werden die Gesteinsteile so verkittet, daß die Schubkräfte aufgenommen werden und

Einzelteile nicht mehr herausgerissen werden können. Die Vertikallasten werden dabei durch den Scherwiderstand aufgenommen. Bei wassergebundenen Decken werden die Lasten nur durch die innere Reibung, die rechnerisch nicht erfaßbar ist, aufgenommen.

Nijboer 12 — Das Steifigkeitsverhalten der Bituminösen Decken läßt sich in einem Spannungszeit-Diagramm darstellen. Der charakteristische Verlauf der Darstellung für längere Belastungsdauer ist in doppellogarithmischer Darstellung eine 45°-Linie. Für kurze Belastungsdauer ist die Linie parallel zur Zeitachse. Zwischen beiden Geraden liegt eine Übergangskurve, in deren Bereich das Material sowohl elastisch als auch plastisch verformt wird.

Nijboer 06, 07, 08 — Berechnung des Verhaltens bituminöser Decken unter dynamischer Belastung nach dem Hook'schen Gesetz, wobei die Straße als langes, schmales Konstruktionselement mit punktförmig angreifender Last aufgefaßt wird, das kontinuierlich vom Boden unterstützt wird. Hiernach Berechnung nach statischen Methoden, jedoch unter Einsetzen dynamischer Steifeziffern, wobei der dynamische Gleitmodul des Bodens 5 bis 10mal so groß wie der statische ist.

5. Bemessung von Straßendecken

Allgemeines

Oberbach 03 — Es gibt keine Vorschrift über die Bemessung von Straßen für 10 oder 8 t-Achsen.

Lebelle 01 — Bei der Festlegung der Stärke von Betondecken sind die Betonqualität, die Abmessungen der Eiseneinlage, die ein- oder zweischichtige Bauweise den jeweiligen örtlichen Verhältnissen und dem Untergrund anzupassen. Dabei ist zu berücksichtigen, daß eine starke Betonplatte die Verkehrsbelastungen gut auf den Untergrund überträgt.

Fleming 01 — Betondecken zur Erneuerung veralteter oder zerstörter Straßen müssen mindestens 10 cm Stärke und Bewehrung durch möglichst engmaschige Matten bei Fugenabständen von 9 m bis 15 m, maximal 30, und eine Gleitschicht zwischen der alten und neuen Decke haben.

Weil 13 — Anordnung der Bewehrung bei Betondecken: Verhältnismäßig nahe an die Platten-Ober- und Unterseite zur Aufnahme der Druck- und Zugspannungen, wobei sich zusätzlich zu den in Fahrtrichtung wirkenden reinen Zugspannungen noch erhebliche Spannungen infolge der Längenänderungen der Betonplatte bei Temperaturwechsel einstellen.

Betonstraßen

Weil 013 — Die Bewehrung der Betondecken muß aufnehmen:
1. Die innere Spannung, die als Verwölbungsspannung an der oberen und unteren Fläche auftritt.

2. Die Spannungen aus den Bewegungwiderständen gegen den Unterbau, verursacht durch Veränderung der Gesamtlänge der Betonplatten infolge der Temperaturunterschiede.

3. Die Spannungen durch die Verkehrslasten, die am geringsten sind.

Dittrich 07 — Auch die Betonstraßendecken müssen durch Frostschutzschichten vor dem Einfluß des Frostes bewahrt werden. Bei früheren Autobahnen sind diese Schichten teilweise oder ganz weggelassen worden, so daß die hierdurch entstandenen Schäden nicht den Kraftfahrzeugen zur Last gelegt werden dürfen.

Graf 08 — Raumfugen bei Beton-Autobahnen sind in Abständen von 30 m bis 37,5 m, Scheinfugen in Abständen von 10 m bis 12,5 m anzuordnen.

Graf 09 — Die Verdübelung und Verankerung der Betondecken gegeneinander ist unbedingt notwendig. Auch die Auswahl einiger günstiger Zementsorten ist erforderlich.

Graf 08 — Zweckmäßige Bemessung von Betondecken: Für normalen Verkehr in der Mitte 18 cm mit Verstärkung nach den Rändern hin, für schweren Verkehr in der Mitte 23 cm, an den Rändern bis 25 cm, mit einer Verstärkung an der Bewegungsfuge und ebenso an der Scheinfuge durch eine 1,20 m breite, unter beide Querfugen-Platten-Enden untergelegte Betonplatte.

Müller 07 — Eine Gegenüberstellung deutscher und englischer Bemessungsgrundlagen für Betonstraßen zeigt, daß die englischen den vielen Möglichkeiten von Untergrund und Verkehrsbelastung besser Rechnung tragen. An den Plattenrändern ist eine Verstärkung der Bewehrung an der Oberseite; in der Plattenfläche stärkere Bewehrung an der Unterseite zur Aufnahme der Zugspannungen.

Müller 06 — Bemessung der Betonstraßen in England, in Abhängigkeit von der Belastung und dem Untergrund. Eine Überdimensionierung ist günstig, da die damit verbundene geringe Erhöhung der Herstellungskosten durch die Verminderung der Unterhaltungskosten ausgeglichen wird.

Feeters 02 — Der Sicherheitsfaktor bei der Bemessung von Betonplatten kann verringert werden, wenn die Temperaturspannungen und die Tragfähigkeit des Untergrundes sowie die Festigkeit des Betons genau bekannt sind.

Eymann 02 — Zulässige Abweichungen der Dicke der Decke unter dem Sollmaß: 4 cm sind zulässig in Deutschland, 1,3 cm in USA. Sollmaßunterschreitungen der Plattenstärken werden vom Herstellungspreis abgezogen.

Lütze 02 — Bei vorgespannten Betonplatten nimmt Leonhardt einwandfrei tragfähigen Untergrund an, so daß die Biegungsmomente durch die Verkehrslast sehr gering werden. Bei schlechtem Untergrund sind die Spannungen in Längs- und Querrichtung nahezu gleich und müssen durch schräg (bis 40°) eingelegte Vorspannglieder in 45 cm Abstand (9 kg Stahl/m^2) aufgenommen werden.

Leonhardt 02 — Die Vorspannung geht über die ganze Breite von 7,50 m. Sie muß in den ersten drei bis fünf Jahren, jeweils im Herbst, - im Gleichgewichtszustand - durch einen Keil (eine in Stahlblech gepanzerte Betonplatte), der in Abständen von je 120 m bis 160 m eingesetzt wird, erreicht werden.

Elsner 02 — Bei Spannbeton werden die Platten mit einer Länge von 120 m und 15 cm Stärke unter Druckspannung gesetzt.

Finsterwalder 01 — Stützpfeiler-Betonstraßen-Platten ruhen auf Rammpfählen von 36 cm Durchmesser mit 1,3 m Breitenabstand, d.h. sechs Stück über die Breite von 7,50 m, angeordnet in einem Längenabstand von 5 m. Diese Bauweise soll völlige Unabhängigkeit vom Untergrund erreichen.

<u>Bituminöse Decken</u>

Gerlach 03 — Für jede Verkehrsstärke gibt es geeignete Befestigungen, die je nach ihrer Beanspruchung dimensioniert werden. Neben den ausgesprochen schweren Decken stehen mittelschwere und leichte Konstruktionen, die sich durchaus bewährt haben. Die Anwendung jeder Deckenart für den ihr eigentümlichen Platz entspricht den gesunden Regeln der Straßenbautechnik.

AG Teerstraßen 02 — Dimensionierung von Teerstreumakadamdecken für niedrige zulässige Verkehrsbelastungen, vor allem für Landstraßen.

Wehner 05 — Bei 10 t Achslast sind in den USA bei gutem Unterbau 5 cm Asphaltbeton vorgeschrieben.

Leussink 02 — 1949 in den USA empfohlene Dicken von Bituminösen Decken: Bituminöse Oberflächenbehandlung bis maximal 8 cm, hohlraumarme Decken bis 5 cm, bei sehr dichtem Verkehr bis 8,5 cm, mehrere Lagen bis 15 cm. (Dagegen Reichsautobahn maximal 5 cm bei Kalteinbau, bei Tränkmakadam 6,25 cm.)
Beurteilung der Decken der Bituminösen Straßen in den USA: Sogenannte Oberflächenbehandlung ist bei schwerem Verkehr oder hohen Einzellasten nicht widerstandsfähig.
Mehrschichtige Mischmakadam-Decke hat höhere Tragfähigkeit, jedoch ist ein dichter Abschluß zwischen den Schichten notwendig, da diese nicht wasserdicht sind.
Hohlraumarme kalt eingebaute Decken sind wasserundurchlässig und infolge ihrer hohen Festigkeit für jeden Verkehr gut geeignet.
Michigan-Verfahren 1949 USA: Bemessung der Straßendicke in Abhängigkeit von der Belastung: Asphaltbeton auf Kies für 500 bis 1000 Fahrzeuge pro Tag; bituminöser Mischmakadam auf Kies für 200 bis 500 Fahrzeuge pro Tag; bituminöse Oberflächenbehandlung auf Kies für 50 bis 200 Fahrzeuge pro Tag; reiner Kies für unter 50 Fahrzeuge pro Tag.
Im Jahre 1953 aus der Tragfähigkeit des Untergrundes und der des Unterbaues errechnete Dicke bituminöser Decken in den USA. Mindestdicke ansteigend mit der Anzahl der Verkehrslasten pro Jahr.

Mönning 02 — Richtlinien für Autobahnschwarzdecken im Bergbaugebiet bei Gefahr einer Verschiebung des Untergrundes durch Erdbewegung: Aufbau auf bindigem Sand, dann 30 cm Packlage; Zwischendecke auf Grauwacke 20 cm stark (Basalt wurde z.B. rund geschliffen und völlig zertrümmert), wobei bei Bitumen keine Klebekraft mehr vorhanden ist. Hierauf mehrere Lagen Asphaltbeton.

6. Eigenschaften von Baustoffen für Straßendecken

Zementbeton

Graf 07 — Diagramme über die Festigkeit von Betondecken 1936. Druckfestigkeit proportional der Biegezugfestigkeit unabhängig von der Schwindung. Einfluß des Gesteins auf die Druckfestigkeit ist erheblich und auch auf die Biegezugfestigkeit erkennbar. Eine sorgfältige Auswahl der Steine ist dabei notwendig.

Graf 08 — 28 Tage nach der Herstellung soll die Mindestdruckfestigkeit von Beton 370 kg/cm^2 und die Mindest-Biegezugfestigkeit 45 kg/cm^2 sein.

AG Betonstraßen 01 — Vorschriften der Stahleinlagen für Betonstraßen erster Ordnung im Jahre 1952: Stahlqualität DIN 0012,8 % Bruchdehnung, Mindesteinlage 2 kg/m^2, Einbau 5 bis 7 cm unter der Oberfläche, Mindestdruckfestigkeit des Betons 370 kg/cm^2 und Biegezugfestigkeit 45 kg/cm^2. Dübelanordnung: In der Mitte Abstand voneinander 30 cm, vom Plattenrand ca. 20 cm, vom Außenrand 12 cm.

Road Test 02 — Der Bruch der besonders guten Betonplatten trat beim Road Test One-MD bei 55 kg/cm^2 auf.

Graf 23 — Beobachtungen an älteren Autobahnbetonplatten zeigen, daß die Platten mit hoher Druckfestigkeit auch im allgemeinen hohe Biegefestigkeit haben. Das Verhältnis der beiden Festigkeiten ändert sich aber in weiten Grenzen. Der Einfluß der Zuschlagstoffe auf die Druck- und Biegefestigkeit ist nicht immer gleichgerichtet. Grobe Steine im Oberbeton müssen mindestens eine Druckfestigkeit von 1500 kg/cm^2 und eine Biegefestigkeit von mehr als 100 kg/cm^2 und im Unterbeton eine Druckfestigkeit von mindestens 800 kg/cm^2 haben. Bei den Gesteinen für den Oberbeton ist auf den Abnützungswiderstand zu achten.

Elsners 02 — Mindestfestigkeit und Kornverteilung der verschiedenen Arten von Beton sowie Druckfestigkeit in Abhängigkeit vom Zement-Wasser-Verhältnis.

Graf 03 — Die Dauerbiegezugfestigkeit von Beton ist ca. 0,5 bis 0,6 der normalen Biegezugfestigkeit.

Graf 14 — Aus der Fahrbahndecke herausgeschnittene Streifen ergaben eine Dauerbiegefestigkeit im Vergleich zur normalen Biegefestigkeit von 1:2 bei der Prüfung mit 3 m Auflageentfernung und zwei im Abstand von 50 cm liegenden Einzellasten.

Graf 03 Mögliche Zugdehnungen von Beton-Fahrbahndecken bis Bruch 0,15 bis 0,2 mm/m (ohne Berücksichtigung der Temperatur). Zulässige Biegungsspannung bei Beton 37 bis 45 kg/cm². Diese Werte wurden an aus den Fahrbahnen herausgeschnittenen Balken gemessen. Zu den obigen Werten kommt auf der Straße noch die Spannung durch Temperaturunterschiede sowie durch die Reibung der Platte am Untergrund. Die Beanspruchungen sind auf der Unterseite geringer, weil hier die Temperatur- und Feuchtigkeitsänderungen geringer sind.

Graf 09 Die Festigkeit des Betons steigt mit der Feuchtigkeit.

Sparkes 02 Betonstraßen in England durch Vibration verdichtet.

Busch 03 Der Zusatz von Splitt zum Beton (60 % Splitt 3/30 mit 30 % bis 40 % Rheinsand) verursacht eine Steigerung der Druckfestigkeit bis 20 % gegenüber der von Kiesbeton, wobei die Biegezugfestigkeit ebenso hoch und die Abschleiffestigkeit ca. 21 % höher als bei Kiesbeton ist.

Bitumen

Neumann 03 c Ein Bindemittel kann niemals den Scherwiderstand einer Decke erhöhen.

Neumann 02 Die wichtigsten Eigenschaften von Bitumen in Abhängigkeit von der Temperatur sind Penetration, Erweichungspunkt, Tropfpunkt und Brechpunkt.

Nijboer 03 Einflüsse der physikalischen Eigenschaften der Bitumenmischung:

Der plastische Fluß hängt von den Eigenschaften der Schicht der absorbierten oder gebundenen Bitumen ab, die andere Eigenschaften als die Masse haben.

Der Winkel der inneren Reibung hängt weitgehend von dem Anteil der Steinbeimischungen ab, ist aber unabhängig von der Art der Bitumen.

Die Härte der Bitumen wird erheblich durch die Eigenarten der Beimischungen beeinflußt.

Die Viskosität der Masse hängt hauptsächlich von der Temperatur ab.

Die Art der Berührung, d.h. die Art der Mischung und die Feinkörnigkeit des Steinfüllers, haben erheblichen Einfluß auf den inneren Widerstand und die Viskosität der Masse, nicht aber auf den Winkel der inneren Reibung.

Es ist daher möglich, bereits theoretisch Mischungen zusammenzustellen, welche den Forderungen des Verkehrs gerecht werden.

Die Biegung der Bitumendecke hängt von den Eigenschaften des Kiesunterbaukörpers ab, jedoch nicht von denen des Bodens. Die Packlage ist zur Aufnahme von Dehnungen aus dem Verkehr am ungünstigsten.

Nijboer 05 — Eigenschaften von Bitumen: Bituminöse Mischungen können große Verformungen aushalten, ohne zu brechen.

Das Verhalten der Schwarzdecken hängt von der Belastungsdauer und der Temperatur ab, da die Bindemittel sich bei höheren Temperaturen und längerer Belastung wie Flüssigkeiten verhalten. Bei 50° C ist die Fließgeschwindigkeit ca. 10^{-5} cm/s. Der Fließvorgang wird beeinflußt durch folgende Faktoren, die in der Reihenfolge abnehmender Bedeutung angegeben sind:

1. Überschuß an Bitumen gegenüber dem Hohlraum des Korngerüstes.
2. Verhältnis des Steinfüllers zum Bitumen
3. Splittgehalt
4. Bitumeneigenschaften

Der Winkel der inneren Reibung bei Schwarzdecken liegt zwischen 25° und 30°. Der Anfangsscherwiderstand bei Schwarzdecken liegt zwischen 0,2 und 4 kg/cm^2.

Nijboer 12 — Um standfeste Schwarzdecken zu erhalten, muß nicht nur das Verhältnis des Steinfüllers zum Bitumengewicht sorgfältig gewählt, sondern auch der Hohlraum über 2 % gehalten werden. Er darf nicht über 4 % ansteigen, da sonst Wasser und Luft eindringen können.

Washo 02 — Beim Washo-Test wurde gemessen, daß die Zerreißfestigkeit des Asphaltbetons bei mittleren Temperaturen erheblich höher als bei niedrigen und bei hohen ist, da er bei hohen Temperaturen weich und bei niedrigen spröde wird.

Pflastersteine

Stöcke 01 — Forderungen an Granitsteine für Straßenbau: Druckfestigkeit 2000 kg/cm^2, Biegezugfestigkeit 260 kg/cm^2, Elastizitätsmodul 4,5 bis 5 kg/cm^2.

Schaar 06 — Druckfestigkeiten von Gesteinen in verschiedenen Zuständen:

Zustand	trocken	wassersatt	25mal gefroren
Granit	2726 kg/cm^2	2702 kg/cm^2	2661 kg/cm^2
Porphyr	2702 "	2210 "	2337 "
Diabas	2689 "	2499 "	2459 "
Basalt	3055 "	2714 "	2761 "
Gneis	1678 "	1669 "	1420 "
Grauwacke	2867 "	2448 "	2332 "
Kalksandstein	1455 "	1212 "	1271 "

Zum Vergleich:

Druckfestigkeit von Hartholz 600 kg/cm^2, von Weichholz 350 kg/cm^2, von Beton 400 kg/cm^2.

7. Veränderung der Festigkeitseigenschaften von Straßendeckenbaustoffen

Braun-schweig III	Durch das Befahren konnte keine Verfestigung der Betonfahrbahnplatten festgestellt werden.
Ippach 01	Bei Weichbeton war die Druckfestigkeit in 10 Jahren von 366 kg/cm^2 auf 417 kg/cm^2, d.h. um 17 % auf die von normalem Beton angestiegen. Stampfbeton und Weichbeton mit gröberem Zement sind gleichwertig.
Weil 13	Die Bruchfestigkeit von Betonplatten beträgt bei einmaliger Belastung 33 kg/cm^2 bis 37 kg/cm^2; bei wiederholter Belastung ist die Biegefestigkeit geringer.
Graf 12	Bei einer Beton-Versuchsstraße bei Stuttgart betrug die ursprüngliche Festigkeit nach 28 Tagen 400 kg/cm^2 bis 545 kg/cm^2 bei Druck und 41 kg/cm^2 bis 61 kg/cm^2 bei Biegezug-Beanspruchung. Die Festigkeit von Würfeln war nach 2 Jahren wenig verändert, nur die Biegezugfestigkeit hat sich in Einzelfällen bei starker Verkehrsbelastung etwas verringert.
Graf 03	Die Dauerfestigkeit von Beton sinkt nach 200 000 Lastwechseln von 40 kg/cm^2 auf 30 kg/cm^2 und nach 1,4 Millionen Lastwechseln weiter bis auf 28 % kg/cm^2 ohne Bruch. Erreichbare Dauerfestigkeit daher höchstens 30 kg/cm^2.
Dittrich 14	Alte Beton-Autobahnplatten hatten stellenweise nur 100 kg/cm^2 Festigkeit statt mindestens 320 kg/cm^2.
Weil 04	Die Dauerfestigkeit von Betonplatten beträgt 21 kg/cm^2 in feuchtem Zustand bzw. 28 kg/cm^2 in trockenem Zustand. Dies sind 53 % bzw. 60 % der einmaligen Belastbarkeit. Diese Festigkeit ist bei der höchst möglichen Achslast, d.h. 10 t ruhend ausreichend.
Crantz 19	Beim Washo Road Test ergab sich infolge der Verdichtung durch den schweren Versuchsverkehr eine erhebliche Erhöhung der Druckfestigkeit des Asphaltbetons.
Neumann 01	Einteilung der Teer- und Bitumendecken nach dem Grade ihrer Verdichtbarkeit in Abhängigkeit von ihrer Zusammensetzung.

8. Forderungen an die Festigkeit von Straßendecken

Neumann 15	Die Deckenbefestigung der Hauptverkehrsstraßen muß vor allem dem Schnellverkehr gewachsen sein, so daß nur die schweren Decken, wie Pflaster-, Beton-, Teer- und Bitumendecken, in Betracht kommen.
Oberbach 18	Die Straße der Zukunft kann nicht die Betonstraße sein, da das Fugenproblem kaum zu lösen sein wird, sondern eine Schwarzdecke mit Betonunterbau. Die Betontragschicht muß mager sein, um den Nachteil großer Risse zu vermeiden bzw. die Bildung von vielen kleinen Rissen abzuschwächen.

Sehl 02	Zusammenstellung der Anforderungen an eine moderne Straße in allgemeiner Form; hieraus ergibt sich Überlegenheit der Betonstraße.
Oberbach 03	Für die ideale Fahrbahn darf die Decke nicht starr wie Stein, sondern müßte nachgiebig wie Gummi sein.
Kunde 08	Forderungen an Randstreifen und Kennzeichnung ihrer Aufgaben: Sicherheitsgefühl beim Fahren, Ausweichmöglichkeit, Abstellmöglichkeit.

C Decke a) Festigkeit

II Fahrzeugeigenschaften 1) Gesamtgewicht (Achslast)

Dittrich 18	Die schweren Kraftfahrzeuge beanspruchen mit Zunahme ihres Gesamtgewichtes die Straßen progressiv mehr als leichtere Kraftfahrzeuge, so daß sich ergeben: Höhere Instandsetzungs- und Unterhaltungskosten, die mit der Beanspruchung progressiv ansteigen, und höhere Investierungen beim Neubau, die mit den Beanspruchungen linear ansteigen.
Bode 05	Aus dem Road-Test One-MD kann abgeleitet werden, daß 10 t-Achsen die Betonstraßen höher beanspruchen als 8 t-Achsen. Der mittlere spezifische Bodendruck ist bei beiden Achsen infolge des gleichen Luftdruckes gleich hoch, so daß nicht die lokale Einwirkung, sondern das Gesamtgewicht die Schäden an Betonstraßen verursacht.
Jelinek 04	Zur Erfassung der Straßenbelastung ist nicht die Angabe der Achslast allein ausreichend. Es müssen die ungünstigste lotrechte und waagerechte Last (letztere beim Bremsen), die Größe und Form der Reifenaufstandsflächen, die Anordnung der Bereifungen und die Achsabstände bekannt sein.
Washo 02	Beim Washo Test wurde festgestellt, daß die Zerstörung der Asphaltbeton-Straßendecke bei Einzel- oder Doppelachsen bei gleichem Achsgewicht gleich groß sind. Die Steigerung der Einzelachslast von 8,1 t (18 Kip) auf 10,5 t (22,4 Kip) (= 22,6 %) verursacht eine Zunahme der Zerstörung um 13,8 %. Die Erhöhung der Achslast bei Doppelachsen von 14,4 t (32 Kip) auf 18 t (40 Kip) (= 25 %) verursacht eine Zunahme der Zerstörungen geringer als der Erhöhung der Achslasten entspricht, während sie bei Doppelachsen doppelt so hoch ist wie die relative Zunahme der Achslasten.

C Decke a) Festigkeit

II Fahrzeugeigenschaften 3) Bewegungszustand

Erlenbach 07	Ältere Straßen ohne frostsicheren Unterbau konnten im Frühjahr während der Tauperiode durch rechtzeitige Geschwindigkeits- und Gewichtsbeschränkung vor einer Zerstörung geschützt werden.

Bode 05 — Beim Road Test One-MD waren die Plattenbeanspruchungen bei 65 km/h um 20 % niedriger als bei Schrittgeschwindigkeit.

Weil 04 — Infolge der kurzen Einwirkungsdauer sind bei einer fahrenden Last die Formveränderungen bei Betonplatten viel geringer als bei ruhender Last, wie viele Messungen vor und nach dem Kriege zeigten.

Weil 07 — Erkenntnisse aus den Versuchen Viernheim. Die Biegezugbeanspruchung bei ruhender Last ist am höchsten. Die dynamischen Raddrücke werden bei steigender Geschwindigkeit höher. Problemstellung:

Welche Fahrbahnstelle hat die höchste Last?

Vorschlag zur Messung der Beanspruchung an vielen Orten der Betondecke gleichzeitig, bei Fahrten mit verschiedener Geschwindigkeit, mit und ohne Hindernis.

AG Betonstraßen 07 — Verhalten von Betonplatten mit und ohne Asphaltdeckschicht bei verschiedenen Lasten. Forschungsantrags-Problem: Wie kann die Asphaltdeckschicht bei der Berechnung der Beanspruchung berücksichtigt werden, da sich der Asphalt plastisch nur bei lang dauernden Lasten verformt? Bei kurzer Last ist der Widerstand erheblich größer. Geplant: Belastungsversuche an Platten auf 2 Stützen unter dynamischer und ruhender Last.

Road Test 04 — Bei den zusätzlichen Messungen zum Road Test One-MD erwiesen sich die Beanspruchungen beim Stillstand oder bei Kriechgeschwindigkeit an allen Rädern und in allen Fällen als viel höher als bei 48 km/h.

C Decke a) Festigkeit

II Fahrzeugeigenschaften 4) Statische vertikale Last

1. Meßmethoden für die Beanspruchung von Straßendecken unter statischer Last

Mc Leod 01 — Methode 1944 zur Bestimmung der Belastung bituminöser Decken und Tragschichten durch dreidimensionale (three-axial) Druck-Flußversuche. Die Auswertung dieser Belastungsversuche gibt die Möglichkeit der Bestimmung der Tragfähigkeit der Decke bei jeder gegebenen Stärke von Decke und Unterbau in Abhängigkeit von der Bodentragfähigkeit. Dabei muß die Messung der Bodentragfähigkeit mit der Belastung, die den zugelassenen Achslasten entspricht, durchgeführt werden.

Leussink 02 — Die Stabilometermessung bestimmt den Querdruck bei Vertikalbelastung, d.h. den Widerstand gegen das Wegwandern des Bodens nach den Seiten. Hieraus Errechnung des Querspannungswiderstandswertes des Bodenmaterials nach einem Nomogrammverfahren und der notwendigen Dicke der Deckschicht um plastisches Fließen des Untergrundes zu verhindern. Auf diesem Wege können auch Stärke und Masse der Deckschichten, die notwendig sind, um den Boden daran zu hindern zu schwellen, bzw. sich zu setzen, festgestellt werden. Die Werte müssen durch Berichtigung des Kohäsionswertes der Decke gegeneinander abgestimmt werden.

Mc Leod 02 — Bei der Messung der Tragfähigkeit von Decke und Untergrund hängen die Resultate von der Größe der Belastungsplatten ab. Es ist daher notwendig, den verschiedenen Rädern der Fahrzeuge entsprechende Plattenabmessungen zu verwenden.

Road Test 01 — Die statischen und dynamischen Beanspruchungen der Betondecken beim Road Test One-MD wurden mit auf die Oberfläche geklebten Dehnungsmeßstreifen gemessen.

Siedeck 01 — Beanspruchungs-Messungen mit Philips Druckmeßdosen an Zementbetondecken. Die einwirkende Last wird auf so große Flächen verteilt, so daß auf die unmittelbar unter dem Beton liegenden Dosen nur geringe Drücke übertragen werden und die Meßgenauigkeit infolgedessen zu gering wird.

Norman 02 — Wiegen der fahrenden Fahrzeuge durch eine in einer ebenen Betonstraße auf 4 Federn ruhende Betonplatte von 3,6 m Breite und 78 cm Länge (in Fahrtrichtung gesehen) und 30 cm Stärke in einer 75 cm tiefen Grube. Anzeige durch Oszilloskop. Messung der auf die Straßen einwirkenden statischen oder dynamischen Kräfte.

Road Test 04 — Elektrische Messung der Verbiegung der Platten an den Ecken durch stehende, kriechende oder mit 48 km/h (30 Meilen/h) fahrende überschwere Fahrzeuge.

2. Spannungen in Straßendecken durch statische Belastung

Decken allgemein

Nijboer 05 — Die ruhende Last übt vor allem eine vertikale Spannung auf die Decke aus, die annähernd gleich der statischen Last ist und z.B. bei Riesenluftreifen 7 kg/cm^2 oder bei eisenbeschlagenen Pferden 35 kg/cm^2 beträgt. Die Horizontalspannungen können beim Abbremsen auf 60 % bis 70 % dieser Werte ansteigen.

Nijboer 03 — Die Zugspannung in einer Bitumendecke unter einem luftbereiften Rad von 0,6 t beträgt ca. 3,2 kg/cm^2.

Neumann 03 c — Die Druckverteilung in der Decke erfolgt nach einer logarithmischen Spirale, die sich aus innerer Reibung und Belastungsfläche ergibt. Bei Teer und Bitumen wird die innere Reibung noch durch die Kohäsion erhöht, wobei der Winkel der inneren Reibung 30° bis 37° ist. Die Kohäsion beträgt bei wassergebundenen Decken ca. 0,2 und bei Teerasphalt ca. 2,1.

Freeman 01 — Zusammenfassung der Ergebnisse von Flugplatzuntersuchungen mit Asphaltbetondecken in Kalifornien (in Platten verlegt):

1. Die Beanspruchungen durch Einzelräder sind immer in der Fahrtrichtung größer als in seitlicher Richtung und zwar

sowohl an den Seitenrändern und Ecken als auch im Inneren der Straßenfläche.

2. Einzelräder verursachen an den Ecken der Decke die größten Spannungen in Diagonalrichtung.
3. Die minimalen gemessenen Beanspruchungen traten im Inneren der Platte und an den Längskanten unmittelbar unter dem Rad auf, während an den Ecken und an den Querkanten die größten Beanspruchungen einige Zoll innerhalb der Auflagefläche gemessen wurden.
4. Im Inneren der Deckenfläche waren die Zugbeanspruchungen an der Unterseite der Decke ungefähr ebenso hoch wie die Druckbeanspruchungen auf der Oberseite.
5. Die Spannungen und Deformationen der Decke waren auf plastischem Untergrund erheblich größer als auf starrem Untergrund.
6. Achsbelastungen in einem Abstand voneinander, der größer als ein kritischer Wert ist, verursachen eine Verringerung der Beanspruchung.
7. Im Inneren der Plattenflächen wurde bei Dreiachsanordnungen beobachtet:
   a) Die größte Belastung war unter der Mittelachse.
   b) Die kritischen Achsabstände sind diejenigen, bei denen bei bestimmten Belastungen die Beanspruchungen der Decke niedriger als bei der Belastung durch die Einzelachsen sind. Bei Abständen, die kleiner als dieser kritische Abstand sind, verursachten Einzelachsen also höhere Belastungen.
8. Für eine bestimmte Einzelachsbelastung ergeben sich an den Ecken, der Längskante, der Querkante und im Inneren der Fläche verschiedene Beanspruchungen der Decke.

Washo 02 — Beim Washo Test war die Belastung auf der Innen- und Außenseite trotz der seitlichen Neigung des Straßenprofiles gleich hoch.

<u>Betonfahrbahndecken</u>

Feeters 02 — Gesamtergebnisse amerikanischer Flugplatzuntersuchungen an Betonplatten.

1. Die Rand- und Eckenbelastungen ergeben die kritischen Spannungen.
2. Die wirkliche Berührungsfläche des Reifens ist sehr verschieden von der den Berechnungen zugrunde gelegten Kreisauflagefläche.
3. Die kritischen Temperaturgefälle in dicken Platten können aus den Messungen an dünnen geschätzt werden.
4. Die Berechnungen der Temperaturschwankungen in Platten von Timoschenko sind auf Betonplatten anwendbar.
5. Der Stoß von aufsetzenden Flugzeugen ist kein bedeutender Faktor für Startbahnmessung.

Formeln für die Bodenpressung und für die Bemessung von Dübeln.

Graf 03 — Zu den Beanspruchungen des Betons durch die Fahrzeuge auf Zug, Druck und Biegung kommen noch die Spannungen durch die Temperatur sowie die durch die Reibung der Platten auf dem Untergrund. Die Beanspruchungen auf der Unterseite sind immer gering, weil dort die Temperatur- und Feuchtigkeitsänderungen geringer als an der Oberfläche sind.

Dehnungswerte von Betonplatten von 15, 20 und 25 cm Stärke auf feinem Sand, grobem Kies und Lehm bei einer Achslast von 11 t. Die größte Querdehnung von 0,1 bis 0,11 mm/m war auf lehmigem Untergrund in einem Abstand von 80 bis 120 cm von der Querfuge bzw. von 0,175 mm/m an den Ecken. Die Zugdehnungen in der Mitte waren bei feinem Sand 0,095 bis 0,08 mm/m. Bei herausgeschnittenen Balken liegt die Zugdehnung bei Bruchlast zwischen 0,15 und 0,12 mm/m ohne Temperatureinwirkung. Die Biegungsspannung von 37 bis 45 kg/cm^2 ist bei einer Biegungsdehnung von 0,145 bzw. 0,115 mm/m erreicht.

Zetschke 01 — Der ungünstigste Fall der Belastung einer Betonplatte ist der an einer Ecke. Nachprüfung, ob die in den Betonkörpern auftretenden Beanspruchungen nach den Ermittlungen von Westergaard unter Berücksichtigung der dynamischen Radlasten noch zulässig sind.

Paxson 02 — Die Beanspruchung der Betonplatten bei ruhender Last ergibt sich aus der Gesamtlast. Eine Verdoppelung der Last verursacht eine Steigerung der Beanspruchung um 85 %.

Weil 04 — Die Erhöhung der Achslast von 8 t auf 10 t - wobei durch Überladung mit Kräften bis 13 t gerechnet werden muß - verursacht in den Betonplatten Spannungen von 6 bis 10 at, die keine Zerstörung der Platte, wohl aber eine Verformung des nachgiebigen Untergrundes herbeiführen können.

Jelinek 04 — Einflußtafeln zur Ermittlung des größten Biegemomentes bei Betonplatten.

Ernst 01 — Die Gegenüberstellung der Spannungen von Stahleinlagen in Betonfahrbahndecken durch den Verkehr. Vergleich mit den Rechenwerten nach Westergaard und anderen Verfahren ergibt gute Übereinstimmung bei verschiedenen Plattenstärken, unter Berücksichtigung der Reibung auf der Unterlage, der Temperaturunterschiede und der Bodenbeschaffenheit. Hieraus Errechnung auch der erforderlichen Stahlquerschnitte.

Weil 10 — Einfluß der Belastungsdauer auf das Einsenken von Betondecken. Bei einer stetig wirkenden Last von 10 bis 12 t hat sich die elastische Verformung der Betondecke erst nach 1/4 bis 1/2 h so weit durchgebildet, daß bei einer längeren Belastung bis 20 h nur noch eine geringe Zunahme erfolgt. Andererseits verursachen kurzzeitige Belastungen geringere Verformungen z.B. bei 40 km/h nur 55 % bei ruhender Last.

Road Test 01 — Beim Road Test One-MD waren die Beanspruchungen bei der ruhenden 8,2-Achse (18 000 lb) bis 60 % höher als bei 40 km/h.

Die Spannungen stiegen bei gutem grobem Untergrund bei der 8,2 t (18 000 lb) Achse auf 14 kg/cm² (200 psi), und bei pumpenden Ecken und schlechtem Untergrund auf fast 50 kg/cm² (700 psi).

Road Test 04

Zusätzliche Messungen beim Road Test One-MD mit Schwer-Militärtransportern auf Betonplatten. Die gefährlichen Beanspruchungen erfolgten, wenn die Fahrzeuge mit Kriechgeschwindigkeit nahe an der Außenecke der Platte fuhren. Die Werte folgten den gleichen Gesetzmäßigkeiten, wie sie bei den Versuchs-LKW festgestellt wurden, bei denen in unbeladenem Zustand der 8,2 t (18000 lb) Einzelachser geringere Beanspruchungen verursachte, als der 20,2 t (44800 lb) Doppelachser. In beladenem Zustand sind die Beanspruchungen durch die Schwerstfahrzeuge vielfach höher als bei den 20,2 t (44800 lb) Doppeltandemachsen. Der Einfluß der Vorderachsen war erheblich geringer, einerseits wegen des geringeren Gewichtes und dann wegen des geringeren Radabstandes von nur 1,90 m (6 feet 12 ") als an den Rädern der Hinterachse.

Notwendiger Mindestabstand vom Plattenrand 0,90 bis 1,20 (3 bis 4 feet).

Weil 04

Die größten Biegungsbeanspruchungen bei Betonplatten treten an der Querfuge auf. Bei Belastung in der Mitte der Decke tritt die größte Druckbeanspruchung auf der Oberseite und eine ihr entgegengesetzte gleich große Zugbeanspruchung auf der Unterseite auf.

Road Test 01

Beim Road Test One-MD verursachten die statischen Belastungen durch alle Versuchsfahrzeuge bei gutem Boden nur Beanspruchungen der Betonplatten, die unter 50 % ihrer Bruchgrenze lagen. Bei feinkörnigem pumpendem Boden stiegen diese Beanspruchungen an den Ecken der Betondecken außerordentlich an. Während der statischen Messungen erfolgte kein Bruch der Platten.

Die statischen Beanspruchungen der Betondecke waren vor dem Beginn des Pumpens auf feinkörnigem Untergrund bei der 10,24 t- (22,4 Kip) Einzelachse 12 % höher als bei der 8,2 t-(18 Kip) Einzelachse; die 8,2 t-(18 Kip) Einzel- und die 14,4 t-(32 Kip) Doppelachse verursachten hierbei dieselben Beanspruchungen und die 20,2 t-(44,8 Kip) Doppelachsen um 13 % höhere Beanspruchungen als die 10,2 t-(22,4 Kip) Einzelachse, d.h. um 26,6 % höher als die 14,4 t (32 Kip) Doppel- bzw. 8,2 t-Einzelachse.

3. Berechnung der Dicke von Straßendecken aus der statischen Belastung

Jelinek 06

Zusammenfassung der ausländischen Literatur zur Berechnung der Deckenstärken. Hieraus Ableitung von Einfluß- und Bemessungstafeln. Beispiele für die Berechnung von Betondecken eines Flugplatzes und von Straßen unter der Belastung von LKW und Anhängern.

Ruckli 07	Die notwendige Stärke der Tragschichten einschließlich der Decke nimmt bei gegebenem Untergrund ungefähr mit der Quadratwurzel aus dem Raddruck zu.
Nijboer 03	Die Rechenwerte nach den Formeln von Odemark ergeben gute Übereinstimmung mit den unter dem Verkehr gemessenen Dehnungen. Große Senkung der Decke, Steifigkeitsmodul und Daten der Belastungsfläche, Gleichmäßigkeit der Kontaktspannung des Deckenmaterials. Erste entscheidende Erkenntnisse über die Zusammenhänge der gemessenen physikalischen Größen und Materialeigenschaften zur richtigen Dimensionierung der Schichten.
Dempwolff 02	Kurven zur Berechnung der notwendigen Stärke von Asphaltbetondecken bei verschiedenen spezifischen Raddrücken bis 7 at. die auf alte Decken bzw. Untergrund aufgebracht sind.
Leussink 02	Minnesota-Verfahren zur Berechnung der Deckenstärke aus der Tragfähigkeit des Untergrundes gemessen nach der CBR-Methode und der Gesamtstärke.
Mc Leod 01	Berechnungsbeispiele bei verschiedenen Belastungen von Straßendecken in Abhängigkeit von der Tragfähigkeit des Untergrundes usw.
Graf 03	Zusammenstellung der wichtigsten Formeln der Spannungsberechnung nach Westergaard. Die gemessenen Werte stimmen mit den Rechnungswerten gut überein.
Jelinek 04	Berechnung der Betondecken unter Berücksichtigung der Anordnung der Räder. Bei diesen Berechnungen sind der Einfluß der Spannungen aus den Temperaturänderungen sowie die Eigenspannungen nicht berücksichtigt.
Nijboer	Formeln für die Bemessung von bituminösen Decken auf bestimmtem Untergrund nach Kerkhoven:

$$\frac{z}{r} = \frac{q}{CBR} \quad (1{,}4 + \lg n) - 1$$

wobei

z = Stärke der Tragschichten in cm

r = Radius der belasteten Fläche in cm

q = Bodendruck als Kontaktspannung der Last bezeichnet in kg/cm^2

CBR = CBR-Wert nach dem CBR-Verfahren festgestellt

n = Anzahl der Lastwechsel

Bradbury 01	Richtlinien und Erfahrungen über die Ausbildung und Berechnung von Dübeln für Betonfugen.

4. Bemessung von Decken auf Grund der statischen Radlast

AG Flugplatzbefestigung 01	Angabe der Einzellasten und Reifendrücke der Verkehrsflugzeuge zur Einteilung in Flughafenklassen als Grundlage für die Bemessung der Decken.
Weil 04	Für Fahrzeuge auf Luftreifen kann bei der Bemessung der Betonplatten die ruhende Last zugrunde gelegt werden, da diese die höchsten Beanspruchungen verursacht.
Wilson 01	Diagramm zur Ablesung der Größe und Dicke von Betonplatten aus dem Radius der Berührungsfläche des Reifens am Boden, dem Reifendruck, der zulässigen Betonspannungen bei glatter Betonplatten-Unterkante, der Kohäsion, des Raumgewichtes und des Winkels der inneren Reibung des Untergrundes.
Dücker 01	Richtlinien für Plattenbemessungen von Betonstartbahnen.
Goerner 03	Bewertung der Konstruktionen und Bemessung von Querkraftdübeln für Betonstraßenfugen unter Berücksichtigung der Normalabmessung von Rundeisen (20 mm Ø) bei 30 cm Dübelabstand zur gleichmäßigen Kraftübertragung auf beide Platten.
Wehner 05	Bemessung bituminöser Decken in den USA. Angabe der notwendigen Dicke der Decke in Abhängigkeit von der Tragfähigkeit des Untergrundes und des Unterbaues und der Höhe und Anzahl der Verkehrslasten.
Feeters 02	Betonstartbahnbemessung für 45 t Radlast. Die Werte können nicht direkt auf Straßen übertragen werden, das Bemessungsprinzip ist jedoch wertvoll.

C Decke a) Festigkeit

II Fahrzeugeigenschaften 5) Dynamische vertikale Last

1. Meßmethoden zur Bestimmung der dynamischen Beanspruchung von Straßendecken

Road Test 01	Beim Road Test One-MD wurden die dynamischen Beanspruchungen der Betondecken mit Hilfe von auf die Oberfläche aufgeklebten Dehnungsmeßstreifen gemessen.
Walz 07	Zerstörungsfreie Prüfung der Betongüte nach dem Resonanzfrequenzverfahren. Bei kleinen Amplituden wird der Elastizitätsmodul gemessen. Anwendung des Verfahrens auf aus der Straße geschnittenen Betonprismen, die Frostbehandlungen unterworfen wurden. Die Streuungen infolge der individuellen Festigkeit der Prismen werden durch diese Methode ausgeschaltet.
Dittrich 08	Die Straßenbaustoffe und Konstruktionselemente der Fahrbahn müssen nach dem Schlagprinzip mit in schnellem Wechsel schiefschlagenden Rahmen geprüft werden.

Pfeiffer 04 — Methode zur Messung der Erschütterungsbeständigkeit von Bitumen- und Asphaltmischungen mit Schwingungseinrichtung. Die Bitumensorten haben unterschiedliche Erschütterungsbeständigkeit.

Lüer 01 — Methode zur Feststellung des optimalen Bindemittelüberschusses. Forderung: Kein Weichwerden im Sommer. Zur Vermeidung von Wellenbildungen durch lie darüber fahrenden Kraftfahrzeuge.

Kirschmer 01 — Dynamische Untersuchungen von Straßenbelägen für Brückenbauten:

1. Pulsatorversuche mit Schwingmaschine an ausgeschnittenen Versuchsplatten (180 x 55 x 5 cm).
2. Walzversuche nach Metzger, bei denen der Belag in eine Fassung eingebettet ist. Hierbei zeigen sich starke Wellenbildungen.
3. Stempelprüfung nach DIN 1996 U 260, sowie Kugeleindruckprobe nach Miegl, Österreichische Norm B 3660 U 19.

AA Straßenbeanspruchung 10.1.1958 — Vorschlag zur Ermittlung des Beanspruchungskollektivs der Straße: Zur Messung der auf einen beliebigen Teil der Straße wirkenden Kräfte wird vorgeschlagen, in diese ein Meßglied in der Größe eines Kopfsteinpflastersteines einzusetzen, mit dem dann das durch den normalen Verkehr eintretende Belastungskollektiv gemessen wird. Das Straßenprofil wird bei Kopfsteinpflaster durch das Meßglied nicht verändert. Aus diesen Messungen und der Beobachtung der zeitlichen Veränderung der Straße können allgemeine Schlüsse gezogen werden. Die Meßmethode kann vorläufig nicht bei Beton- und Schwarzdecken angewendet werden, da sich die Kräfte hier anders verteilen infolge des zusammenhängenden Gefüges.

2. Dynamisches Verhalten von Straßendecken

Schwegler 01 — Die Räder eines Fahrzeuges üben einen wechselnden Stoß auf die Straße aus. Es ist noch nicht sicher festgestellt, welche Wirkungen in der Straßendecke hierdurch entstehen. Hierbei sind auch die horizontal wirkenden Kräfte zu berücksichtigen.

Road Test 01 — Beim Road Test One-MD wurde bei steigender Geschwindigkeit der Fahrzeuge ein progressives Abfallen der Beanspruchungen auf Grund der elastischen Verformung der Betonplatten festgestellt.

Neumann 07 — Die innere Reibung einer Bitumengesteinsmischung, die die Widerstandsfähigkeit gegen dynamische Einwirkungen kennzeichnet, hängt von dem richtigen Gesteinsaufbau des Mineralgerüstes und von der Zusammensetzung des Bitumen-Bindematerials ab. Am stabilsten sind Mischungen mit geringem Bitumenanteil. Die Bitumen sollen einen Film bilden, der das Gesteinsgerüst verklebt. Zu reichlicher Bitumenfilm setzt den Winkel der inneren Reibung herab.

Nijboer 06, 07, 08 — Die Steifigkeit der Decke ergibt sich aus der Steifigkeit des Füllmaterials und dem Volumenanteil des Bindemittels.

Feeters 02 — Die gegenüber der statischen Last evtl. mehrfach höhere Stoßbeanspruchung bei schlechter Landung der Flugzeuge wirkt so kurzzeitig, daß infolge der Trägheit der Platte und des Untergrundes nicht so hohe Spannungen wie bei der statischen Last entstehen.

3. Auswirkungen dynamischer Beanspruchungen auf die Decken

Crantz 15 — Dynamische Schwingungen zermürben allmählich die Decke und den Unterbau. Es ist daher notwendig, die Bauart und Dicke der Straßenbefestigungen mit den auftretenden Schwingungen so abzustimmen, daß in längeren Zeiträumen keine Beeinträchtigung der bei der Herstellung erreichten Güte eintritt. Unter dynamischen Kräften sind hierbei nicht nur die Stoßkräfte, sondern auch andere kurzzeitige Einwirkungen, wie Schwellbeanspruchungen durch die fahrenden Kraftfahrzeuge, zu verstehen.

Schächterle 04 — Durch den Gesamtverkehr wirken auf die Straßen dauernd kurzzeitige Lasten ein, die Biegungsmomente verursachen. Ihre Höhe hängt von der Bettungsziffer des Untergrundes und bei Betonstraßen von der Plattenlänge ab. Die Verteilung dieser Lasten ist am günstigsten in der Plattenmitte, ungünstiger an den Plattenrändern.

Weil 04 — Beim Auffahren auf ein vor der Fuge einer Betonstraße liegendes 15 cm hohes Hindernis und beim vollen Aufprall hinter der Fuge tritt trotz des tiefen Falles bei einer Fahrgeschwindigkeit von 40 km/h nur eine zusätzlich Beanspruchung der Betondecke von 73 % der ruhenden Last ein.

Road Test 01 — Das Pumpen der Betonplatten beim Überfahren durch LKW verursachte beim Road Test One-MD an den Fugen und Seitenrändern ein bis ca. 20 cm hohes Herausspritzen von Schlammwasser.

C Decke a) Festigkeit

III Eigenschaften von Fahrzeugen 1) Reifen

Dittrich 09 — Infolge der technologischen Eigenschaften des Reifenmaterials entstehen bereits bei ruhender Belastung auf dem Untergrund weitgehend andere Beanspruchungen als bei einer Belastung durch starre Körper. Durch die dynamische Form der Belastungen ergibt sich eine zusätzliche Komplizierung des Belastungsbildes. Ein auf der Straßenoberfläche abrollender Reifen ist ständig dynamischen und thermischen Beanspruchungen unterworfen. Die Fahrbahn wird in Form eines strahlig aufgebauten Belastungspilzes beansprucht, der bei jedem belasteten Fahrbahnpunkt neben unterschiedlicher vertikaler Belastung unterschiedlich große, verschieden gerichtete Reibungsbeanspruchungen hervorruft. Die tatsächlichen Verhältnisse sind also weit komplizierter als bisher angenommen.

Schaar 01 Verfolgt man den Einfluß der Radkräfte auf die Straße, so muß untersucht werden:

1. Wie wirkt die Kraft des Rades auf den einzelnen Stein der Fahrbahn?
2. Welche Wirkung hat sie auf den Gesamtkörper der Straße?
3. Welchen Einfluß haben die vorkommenden Schadstellen?

Schaar 05 Schotterdecken können durchschnittlich nur eine spezifische Belastung von 8 kg/cm^2 ertragen. Daher werden sie durch höhere Drücke, wie sie bei Vollgummibereifung eintreten, beschädigt.

Schenck 04 Die Verteilung des Druckes durch die Fahrbahndecke auf den Untergrund wird allgemein unter einem Kegelwinkel von 45° angenommen. Für gewöhnliche Schotterdecken dürften 30° bis 45° und für bituminöse Decken 45° bis 55° richtig sein. Nach vielfachen Beobachtungen bildet sich unter dem Rad in der Fahrbahndecke ein Kegelkeil, in dem das Material am stärksten zusammengepreßt wird.

Neumann 03 a Die Bettungsziffer C (kg/cm^3) ergibt sich aus der Einsinktiefe U in cm und dem spezifischen Flächendruck des Belastungskörpers b = UxC.
Bettungsziffern: Für Decken in kg/cm^3, Erdbahn 2, Kiesbahn 4, Steinschlagbahn 8, festgefahrener Schotter 30, Beton 120.

Hierzu sind die zulässigen spezifischen Flächendrücke in kg/cm^2 in gleicher Reihenfolge 6, 8, 10, 15, 125.

C Decke b) Elastische Verformung

I Fahrzeugverkehr Allgemein

1. Meßgeräte für elastische Verformungen von Decken

Straßen Allgemein

Meister 06 Die Straßendecke ist ein schwingungsfähiger Körper. Verfahren zur Beurteilung einer Straße bei dynamischer Beanspruchung von unterschiedlichen Decken auf verschiedenem Untergrund. Auftragung des charakteristischen Zusammenhanges zwischen maximaler Wechselkraft und der maximalen Schwingungsamplitude in Abhängigkeit von der Frequenz bei der Beanspruchung der Straße mit einer Schwingungsmaschine. Resultate lassen ein Urteil über die elastischen Eigenschaften der Straße zu. Gesetzmäßigkeiten über die Ausbreitung der Erschütterungswellen, hervorgerufen durch Lastwagen mit verschiedenen Bereifungen bei einigen Geschwindigkeiten.

Betonstraßen

Stanton 02 Messungen der vertikalen elastischen Deformationen am Beton. Straßenfugen mit Mikrometer, Genauigkeit gegen Meßeinlagen,

0,05 mm; Messung der Spannung in Stahlbewehrungen von Betonstraßen durch auf Sonderkörper aufgelegte Meßstreifen, deren Zustand sich nach 18 Monaten sehr verschlechtert hat (Isolationswiderstandsveränderung). Exakte Messungen sind nur im Zeitraum von 3 Monaten möglich.

Messung der Betontemperatur: 2,5 cm oberhalb der Unterfläche, in der Plattenmitte und 2,5 cm unterhalb der Oberfläche. Außerdem Druck-, Zug- und Biegemessungen an herausgeschnittenen Straßenteilen. Die Betoneigenschaften waren infolge verschiedenen Wasserzusatzes sehr verschieden.

Weil 05
Weil 17

Dehnungs-Meßgeräte für Betondecken:

a) Dehnungsmesser mit 1/100 mm Teilung mit Spitze, die auf in die Decke fest eingebaute Teile aufgesetzt ist; hierfür als Anzeigegerät Meßuhr mit 2 mm Federweg oder Spezialmeßgerät auf kapazitiver Grundlage mit Oszillograph.
b) Messung der statischen Durchbiegung der Straßendecke durch die Räder eines Lastwagens mittels Schienen mit aufgebauten Meßuhren, die gegen die Oberfläche der Straße arbeiten.
c) Dehnungsmeßbrücke nach Philips für statische oder dynamische Messungen, bestehend aus einem in die Decke eingebauten Stahlstab mit aufgeklebten Dehnungsmeßstreifen. Gemessen wird im Vergleich zu einem gleichen nicht eingebauten Normalstab ohne Belastung.

Road Test 01

Beim Road Test One-MD wurde bei statischen Lasten die elastische Deformation der Betondecken mit einer Meßuhr gemessen, die auf einer auf die Betonplatte aufgesetzten Stahlplatte befestigt ist und deren Fühler an einem Festpunkt im Untergrund anliegt.

Road Test 01

Die elastische Deformation der Betondecken bei dynamischen Beanspruchungen wurde beim Road Test One-MD mit einem "Deflectometer" gemessen, welches für diese Zwecke besonders entwickelt wurde. Es besteht aus Stahlblechen, die auf einer Seite in die Betonplatten einbetoniert sind und deren freistehende Enden auf einem im Untergrund verankerten Festpunkt außerhalb der Betondecken aufliegen. Auf diesen Stahlblechen sind Dehnungsmeßstreifen angebracht. Der Abstand des vorbeifahrenden Rades von der Kante ist 15 cm (6 ") oder 90 cm (3 Fuß).

Road Test 04

Messung der Durchbiegung an den Enden von Betonplatten bei schwersten Militärtransportern für Tanks mit drei Achsen im Vergleich zu Dreiachs- und Doppelpendelachsen bei Sattelschleppern. Messung mit Meßuhren an Betonplatten, die entweder nicht pumpend auf Kiesuntergrund oder pumpend auf feinkörnigem Untergrund liegen.

Teller 02

Belastung bei Betonplattenmessungen durch fahrbaren Tank, wobei die Durchbiegung der Platte durch Meßuhr gegen Stahlring gemessen wird. Die Uhr sitzt auf einem fest im Boden einbetonierten Bolzen. Zusätzlich Messung der Durchbiegung von aufgelegten Balken durch Mikrometer.

Weil 01	Messung der bei elastischen Deformationen eintretenden Spannungen in Betonplatten unter dem Einfluß ruhender Lasten von Temperaturänderungen und Witterungseinflüssen. Messung der Einsenkung der Betonplatte bei Belastung bis 25 t durch eine Brücke aus schweren Trägern mit einzelnen Auflagepunkten. Messung des Belastungsdruckes durch hydraulische Preßköpfe mit Manometern. Messung der Spannung mit Dehnungsmeßstreifen und der Senkung der Platte mit Zeiss-Nivellierinstrument, das auf großer Stahlplatte liegt, wobei auf dem gegenüberliegenden Plattenende ein Vertikal-Maßstab aufgestellt ist. Temperaturmessung mit Thermoelement und Quecksilberthermometer. Messung der Durchbiegung von Betonplatten mit Brücke mit eingebauten Meßuhren mit 1/1000 Skala. Verziehen der Brücke infolge von Temperaturänderungen sind zu berücksichtigen. Neun Meßuhren in einer Reihe, in 10 bis 20 cm Abstand.
Weil 17	Meßgeräte und ihre Anordnung zur Bestimmung von Betonplattendurchbiegungen.
Graf 03	Meßmethode für Betonplattendehnung.
Weil 01	Setzdehnungsmesser, der mit Spitzen auf die Decke aufgesetzt wird, wobei die Unterteilung der Platte in viele kleine Meßstrecken möglich ist. Genauigkeit 1/1000 mm, Meßlänge 200 mm, Meßgeschwindigkeit 5 Messungen/min; zusätzlich Temperaturmessungen: Messung der elastischen Verformung von Betonplatten unter fahrendem Wagen mit Kondensator-Meßgerät. Zwischen zwei auf der Betondecke mit Siegellack befestigten Ständern, die durch einen Stab verbunden sind, sitzt ein Kondensator. Einfluß der Außentemperatur wird durch Abdeckung ausgeschaltet. Aufzeichnungen durch Oszillograph. Zusätzliche Messung der Temperatur im Beton durch Kupfer-Konstantan-Thermoelemente, die in verschiedenen Tiefen einbetoniert sind. Nach 1 1/2-jähriger Liegezeit bereits Fehlmessungen.
Weil 04	Methode zum Messen von Dehnungen in Betonplatten, die beim Überfahren von auf die Fahrbahn aufgelegten Hindernissen auftreten, mit auf die Oberfläche der Platten aufgeklebten Dehnungsmeßstreifen. Maßanzeige mit Oszillograph.
Weil 07	Messung der Durchbiegung von Betonfahrbahndecken bei Viernheim: Meßstreifen je 17 mm von der oberen und unteren Fläche, dritte Meßstelle 55 mm vom unteren Rand eingebaut sowie elektrisch arbeitende Kondensatordehnungsmessung auf der Oberfläche ca. 40 cm vom Seitenrand entfernt. Außerdem Messung der Betonplatten an den Plattenenden gegenüber der Mitte der Platte. Das Meßverfahren hat z.Zt. noch Streuungen bis zu 100 %.
Metzner 01	Meßverfahren für die Vertikalbewegungen von Betonplattenenden gegeneinander mit einer 100 mm-Meßuhr unter langsam oder schnell darüber fahrenden Wagen. Bei langsamer Fahrt ist auch die Messung des zeitlichen Ablaufes der Verformung der Platten möglich. Verfahren besonders zur Messung der Übertragung der Kräfte durch Dübel und Fugenvergußmassen geeignet.

Bituminöse Straßen

Washo 01	Messung der elastischen Deformation der Decke durch das darüber fahrende Fahrzeug beim Washo-Test mittels eines elektronischen Meßgerätes, wobei sich eine oben liegende Platte gegenüber einem im Untergrund verankerten Körper bewegen kann. Die Methode wurde aufgegeben, da die einheitliche Struktur der Decke durch die Meßgerätplatte unterbrochen wird.
	Messung der elastischen Deformation der Decke durch das stehende Fahrzeug beim Washo-Test mit dem Benkelman-"deflection indicator", dessen Hebelarm mit der vorderen Tastspitze zwischen die Zwillingsräder des LKW in der Mitte unter der Achse eingesetzt wird. Diese Spitze hat einen Abstand von 2,40 m vom Drehpunkt, der auf einem 3,60 m langen auf der Straße liegendem Gestell angeordnet ist. Das Gestell trägt die Festpunktskala, auf der sich die hintere Spitze des ausgewuchteten Hebelarmes bewegt.
Kirschner 01	Zusammenstellung von Prüfmethoden für Schwarzdecken auf Brücken: Metzger-Walzprüfgerät besteht aus einer Walze, die bis zu der dem Verkehr entsprechenden Flächenpressung belastet wird. Die Walze wird nur in einer Richtung gerollt. An die Oberfläche des Probebelages wird ein Kontrollraster angelegt, dessen Verschiebung durch das Walzen die Druckempfindlichkeit der Decke sowie ihre Verdichtbarkeit anzeigt. Hieraus Beurteilung des richtigen Mischungsverhältnisses der Bitumen der Decke. Veränderlich sind die Belastung, die Temperatur der Proben, die Anzahl der Walzdurchgänge und die Walzgeschwindigkeit.
Ebner 01	Messung der Verkehrsbeanspruchung und der Schwingungen von Straßendecken auf Brücken mit Dehnungsschreibern, die unter den Straßen-Tragblechen, angefüllt mit Asphaltbeton, und außerdem an den Quer- und Längsträgern angebaut sind.
Nijboer 10	Messung der elastischen Verformungen infolge des Verkehrs sowie von zwei oder mehreren gekoppelten Unwuchterregern mittels Dehnungsmeßstreifen und Oszillographen.

Fugen

Metzner 01	Meßverfahren für die Deformation und Bewegung an den Fugen von Beton-Fahrbahnplatten infolge Verkehrslast. Schwere Aufsetzplatte mit Spitzen auf einem Plattenende gelagert. Eine Meßuhr, gegen die Nachbarplatte anliegend, zeigt die gegenseitige Bewegung der Platten an der Fuge. Beobachtung des Maximalausschlages bei drei gleichzeitig eingebauten Geräten. Selbstregistrierung geplant.
Lang 01	Bestimmung der Längenänderungen von Betonplatten beim Minnesota-Versuch 1944 durch Messung der Veränderung der Kontraktions- und Expansionsfugen sowie der Betontemperaturen. Berechnung des Längenausdehnungskoeffizienten bei der durch die Jahreszeit bedingten Veränderung des Feuchtigkeitsgehaltes des Betons.

Stanton 01 Meßeinrichtungen an Betonversuchsstraßen in Kalifornien. Beobachtung der Längsverschiebung gegen einen im Untergrund in 60 cm Tiefe verankerten Pfahl mit Mikrometer; Messung der Fugenbreite mit Mikrometer, gegen Meßeinlagen auf einer Platte.

2. Verlauf elastischer Verformungen von Straßendecken

Mc Leod 01 Druckverteilungslinien in Decke, Unterbau und Untergrund. Hieraus Kurven der zulässigen Deformation der Decke in Abhängigkeit von dem Gesamtgewicht und der notwendigen Gesamtstärke des Straßenaufbaues bei bestimmter Deckenstärke unter Berücksichtigung der zulässigen Deformation des Unterbaues und der zulässigen Belastung des Untergrundes.

Road Test 04 Beim Road Test One-MD traten bei den zusätzlichen Messungen die gefährlichen Deformationen der Betonplatten durch Schwer-Militär-Transporter auf, wenn die Fahrzeuge nahe an der Außenkante fuhren. Notwendiger Mindestabstand 0,90 m bis 1,20 m (3 bis 4 Fuß). Der Einfluß der Vorderachsen ist nicht nur wegen des kleineren Achsgewichtes, sondern auch wegen des kleineren Radabstandes erheblich geringer als der der Hinterachsen.

3. Auswirkungen elastischer Verformungen von Decken

Neumann 02 Im Beton wechseln die Zug- und Druckspannungen dauernd und ergeben Ermüdungserscheinungen, da keine sofortige volle Zurückfederung wie beim Stahl erfolgt, sondern die Rückfederung erst nach längerer Zeit (ca. 24 Stunden) voll eingetreten ist.

Weil 05 Vergleich der elastischen Eigenschaften von Stahl mit denen von Beton. Im Gegensatz zu Stahl tritt bei Beton neben der elastischen Längenänderung eine plastische Verlängerung ein, so daß die Trennung zwischen elastischer und Gesamtverlängerung schwierig ist.

Feeters 02 Die Spannung aus der Verkehrslast ist auch bei elliptischer Auflagefläche der Bereifung gleich einer Konstanten mal der Radlast geteilt durch das Quadrat der Plattendicke. Hierzu Kurven über den Temperatureinfluß und Versuche über die elastische Wölbung von Betonplatten.

Ruckli 07 Nach amerikanischen Untersuchungen beginnen bei Pumpbewegungen die Rißbildungen an Betonfahrbahnen, sobald die Belastungshäufigkeit durch die Schwerachsen eine gewisse kritische Frequenz (zwischen 50 bis 1000 Belastungen/Tag je nach Untergrund) überschreitet.

Weil 04 Die Autobahn-Betonfahrbahnplatten wurden vor dem Krieg für Achsdrücke von 8 t gebaut, wobei mit 25 % Überlast, d.h. einem Höchstwert von 10 t, gerechnet wurde. Jetzt ist die 10 t-Achse normal und es treten Überschreitungen des öfteren bis 13 t auf. Hierdurch entstehen elastische Verformungen, die den Untergrund wegdrücken.

Haller 01 — Die elastischen Verformungen von Betonplattenenden, das sogenannte Pumpen, kann weitgehend durch guten Untergrund oder körnige Schichten vermindert werden. Gute Entwässerung ist besonders an den Querfugen durch ausreichende Drainage zu erreichen, da sonst unter den schweren Radlasten häufig das feuchte, weiche Erdreich durch die Pumperscheinungen weggedrückt wird.

Weber 05 — Rheinsandunterlage kann zum Flattern von Beton-Plattenenden führen; daher Auflager an den Fugen, Unterbau aus magerem Unterbeton.

Bitumen 03 — Empfohlen wird ein Einspritzen von Bitumen an den Fugen unter die Zementfahrbahndecke, um Pumpen zu verhüten.

Kirschner 01 — Die schlechten Erfahrungen mit der Auflage dünner bituminöser Brückenbeläge auf einem elastischen Fahrbahnblech machen eine Aufgliederung des Belages in eine elastische offene Binderschicht und darüber eine dichtere Verschleißdecke von 4 cm Dicke notwendig. Dabei ist eine Schubsicherung besonders wichtig. Angaben der verwendeten Materialien.

Wildeboer 01 — Verschiedene Brückenkonstruktionen mit Bitumendecken. Bei Holzbrücken ist auch Kautschukbitumen infolge der außerordentlichen Bewegungen nicht mehr brauchbar.

Oberbach 05 — Eine Stahlrostdecke auf Brücken kommt durch die Fahrzeuge zum Schwingen und ist daher ungünstig.

4. Fugenbreiten und Abstände der Fugen

Neumann 16 — Überblick über die Richtlinien 1934 für die Anordnung und Ausführung von Fugen bei Betonfahrbahndecken, sowie Zusammenstellung der Erkenntnisse und hieraus Anweisungen für 1939, besonders für den Einbau von Scheinfugen.

Neumann 12 — Eine Bewegung der Beton-Platten infolge der Temperatureinflüsse, Schwind- und Quellvorgänge ist nicht zu vermeiden. Raumfugen sind daher unerläßlich. Die Fugenentfernung und die Fugenweite sind abhängig von der konstruktiven Ausbildung der Decke und der Betonzusammensetzung. Neben Raumfugen, die durch Fugenvergußmasse ausgefüllt werden, sind Scheinfugen wesentlich, an denen die Platten bei zu großen Spannungen brechen können.

Weil 06 — Vorschlag zur Fugen-Normung: Raumfuge je nach 30 m, Scheinfuge je nach 10 m (bei Betonplatten).

Dittrich 17 — Die Abstände der Querfugen müssen ungleich lang sein, um rhythmische Impulse zur Erregung aufschaukelnder Schwingungen von Fahrzeugen zu vermeiden.

Dittrich 01 — Die Platten dürfen nicht zu lang sein und müssen zur Verringerung der Fahrzeugaufschaukelung den Eigenschwingungszahlen der schweren Kraftfahrzeuge angepaßt sein.

Burmister 01 — Die Beobachtungen von Dittrich über das Verhalten von Autobahnbetonplatten zeigen, daß Platten von 10 m Länge besonders günstig sind.

Lang 01 — Beim Minnesota-Betonstraßenversuch 1944 auf gutem Untergrund konnte kein Vorteil der mit Eisen bewehrten längeren Platten im Vergleich zu den nicht bewehrten kürzeren festgestellt werden. Die längeren Platten scheinen infolge der größeren Fugenweiten ungünstig zu sein.

Schönberg 04 — Die Querfugen müssen vor allem als Raumfugen die Längenänderungen der Beton-Platten ausgleichen. Im allgemeinen werden die Querfugen in gleichen Abständen angeordnet. Von der früher gebräuchlichen periodischen Änderung der Feldlängen zur Vermeidung von Schwingungserscheinungen ist man abgegangen, da die praktischen Erfahrungen ergeben haben, daß irgendwelche fahrtechnische Nachteile bei der Wahl gleicher Fugenabstände nicht auftreten.

Schönberg 04 — Die Raumfugen auf Autobahnen müssen mindestens 18 bis 14 mm breit sein, während Scheinfugen eine Breite von 8 mm und eine Tiefe von 5 cm haben sollen. Angaben über Fugenbreiten bei anderen Straßen.

Sutherland 02 — Die Stoßfugen müssen so groß wie möglich sein, um freie Bewegungen der Platten zu ermöglichen. Hierdurch wird die Gefahr der Unterhöhung an den Stoßfugen durch Pumpen erhöht. Dieser Gefahr kann begegnet werden, wenn die Stoßfugen mit gut eingepreßtem Boden aufgefüllt werden.

Weil 02 — Gute Fugenvergußmassen schützen nicht nur den Untergrund vor dem Zutritt von Wasser, sondern wirken auch für die Lastübertragung von Platte zu Platte günstig.

5. Verhalten von Decken an den Fugen bei elastischer Verformung der Decke

Sutherland 03 — Betonplatten mit durch Scheinfugen geschwächtem Querschnitt. Der Sinn der Scheinfugen ist, die Ausdehnung der Platten auf der Oberseite nie durch eine tatsächliche Fuge aufnehmen zu lassen, während die Platte auf der Unterseite voll durchgeht. Hierdurch wird, wenn die Last über diese Fuge fährt, die Plattenbiegung an dieser Stelle geringer als bei einer Normalfuge. Die Plattenenden werden dadurch weniger beansprucht.

Weil 04 — Bei Querfugen bewegt sich der Untergrund infolge der Federung der Betonplatten elastisch oder plastisch, d.h. er wird zusammen- oder weggedrückt. Eine schnelle Folge der Stöße läßt jedoch die Federung des Untergrundes aufhören und verursacht seine plastische Verformung, besonders, wenn er bei großer Feuchtigkeit nur noch geringe Festigkeit hat. Abhilfe: Gute Verdübelung gegen Wassereindringung, Verstärkung des Untergrundes, Verminderung der Bodenpressung durch Schwelleneinlagen.

6. Aufnahme der elastischen Verformung der Decke durch Dübel

Lang 01	Beim Minnesota-Betonstraßenversuch scheinen bei anscheinend gutem Untergrund Lastübertragungsdübel nicht notwendig gewesen zu sein.
Nikolitsa 01	Zur günstigen Lastübertragung ist bei Betonfahrplatten eine Fugenverdübelung unerläßlich.
Schönberg 05	Nach Beobachtungen an stark belasteten Betriebsstrecken ist eine vollständige Verdübelung unbedingt notwendig, da sich die Plattenenden unter dem Einfluß der Verkehrslasten bei unverdübelten Querfugen in ähnlicher Weise wie die schwebenden Stöße der Eisenbahnschienen durchbiegen. Hierdurch Verdichtung des Untergrundes und Hohlliegen.
Dittrich 01	Zur Verhütung des Flatterns der Plattenenden ist eine Verdübelung notwendig.
Burmister 01	Die Beobachtungen von Dittrich über das Verhalten von Autobahnbetonplatten im Verkehr geben wichtige Erkenntnisse über die Notwendigkeit der Stahleinlage und der Verdübelung.
Schaible 01	Auch bei bestem Untergrund (Rheinkies) ist, wie sich auf der Autobahn Bruchsal-Mannheim gezeigt hat, eine Verdübelung notwendig, da sich sonst bei einer Verkehrslast von 7000 bis 9000 Kraftfahrzeugen (hiervon ein großer Teil LKW) pro Tag Fugenstöße von 10 mm bis 35 mm bilden.
Straße 22	Durch die Verkehrslast werden die Enden der Fahrbahnplatten in den Untergrund gedrückt, so daß sich dieser wegdrückt und zum Flattern führt. Daher ist ausnahmslos Verdübelung aller Querfugen und Verankerung aller Längsfugen notwendig.
Road Test 02	Beim Road Test One-MD wurden die Kräfte infolge der Dübel von einem Plattenende auf das andere übertragen. Da die Straßen auf beiden Seiten in beiden Richtungen befahren wurden, war die Unterhöhlung an beiden Plattenenden dieselbe. Bei Zweiachsanhängern hat sich die Belastung der zweiten Achse über die Dübel auf die erste Platte mit übertragen, während bei Einzelachsen, infolge der Dübel, beide Plattenenden miteinander tragen. Es besteht somit kein grundsätzlicher Unterschied zwischen den beiden Belastungsarten.
Feeters 02	Angabe von Formeln über die Bemessung von Dübeln zur Aufnahme der Plattendurchbiegung. Die Verringerung der Spannung, die durch die Dübel erreicht wird, läßt sich nicht genau abschätzen, da sie vom Einbau und den Dübel-Toleranzen abhängt.
Leins 01	Zerstörung der Verdübelung an Autobahn Stuttgart-Ulm, Baujahr 1935 - 1936, von 20 mm auf 10 mm Durchmesser, durch Verrosten dann durch Bruch. Die Eisendübel liegen nicht in Vergußmasse, sondern in Holz oder Sand.

Leins 05 — Untersuchungen an verschiedenen Stellen der Autobahnen mit seit über 15 Jahren liegenden Fugendübeln, die stark angegriffen oder zerstört sind. Die Zerstörung erfolgt nicht allein durch Korrosion, sondern auch durch starke Verkehrsbelastung, da die Dübel in der Fahrspur durchweg stärker angegriffen sind als in der Überholspur. Forderung nach dickeren Dübeleisen als früher. Die Verdübelung an den Fugen ist unbedingt notwendig.

Krah 02 — Dübel aus widerstandsfähigem Hartporzellan aus zwei halbzylindrischen Körpern mit kugelförmigen Enden, verankert mit eisernem Anker in Beton, stehen ohne weitere Unterstützung. Stahlersparnis 95 %; geringeres Gewicht und niedriger Preis. Liegen seit 11 Jahren ohne jeden Schaden in Betonfahrbahnen.

7. Fugenbaustoffe zur Aufnahme der elastischen Verformungen der Decken

Henke 01 — Die im Straßenbau gebräuchlichen Fugenvergußmassen müssen den einschlägigen Bestimmungen genügen. Hohe Standfestigkeit im Sommer, gutes Haftvermögen an Wandungen und Dehnbarkeit im Winter, hohe Schlagfestigkeit. Die Entwicklung von Schnellprüfverfahren wird angestrebt.

Müller 01 — Forderungen an Fugenvergußmassen. Bei normalem Fugenabstand von 6 cm: Ausreichende Plastizität bei allen Witterungen, Ausfüllen der ganzen Fugenbreite ohne Risse und Spalten, bei sicherer Haftfestigkeit auf Beton bei allen Witterungen; vollständig elastisch bei allen Verkehrsstößen, nicht verrottbar, d.h. unempfindlich auch gegen Treib- und Schmierstoffe, sowie Hitze; muß sich bei jeder Witterung leicht verarbeiten lassen.

Graf 03 — Bedingungen für Fugenvergußmassen: Geringe Formänderungswiderstände, zulässige Bewegungen ohne Aufreißen der Massen oder Abreißen von Beton.
Prüfverfahren für Fugenvergußmassen: Eingespannte Betonklötze, einfahrbar in Kältekammer, wobei eine Hebelzugkraft am oberen Stein wirkt. Entfernungsmessung durch Meßuhren. Mehrmaliges Dehnen und Pressen muß bei Kälte möglich sein.

Dittrich 13 — Fugenverguß spielt eine bedeutende Rolle bei der Erhaltung der Betonfahrbahndecken. Untersuchungen von Hunderten von Fugenvergußmassen auf ihre Eigenschaften. Zusammenstellung des gewonnenen Zahlenmateriales. Hieraus auch Verbesserung der bisherigen Prüfverfahren für Fugenvergußmassen.

Bierhalter 07 — Forderungen an Fugenvergußmassen: Erweichungspunkt 35° C des Bitumens, 65 bis 70° der fertigen Masse, Schließvermögen bei 45° C, Kältebeständigkeit, Kugelfallprobe bei 0° C mit einer 50 g-Masse aus 4 m Höhe, die vorher auf minus 20° C abgekühlt war. Lose nebeneinander gelegte Teile müssen bei Zimmertemperatur in einigen Tagen zu einer kompletten Masse zusammenfließen. Bei 50° C darf aber die Masse nicht breit laufen.

Waldhausen 01 — Beurteilung von Fugenvergußmassen für Steinpflaster: Teer bröckelt ab, Bitumen und Zement halten, Zementmörtel zeitraubend und ungünstig beim Wiederherausnehmen der Steine; daher ist Bitumen am günstigsten.

C Decke b) Elastische Verformung

I Fahrzeugverkehr 3) Verkehr schwerer Radfahrzeuge

1. Betonstraßen

Seywald 02 — Infolge der Durchbiegung der Betonplatten springt das Rad an der Querfuge von einer Platte auf die andere, die den Sprung abfangen muß. Hierdurch erfolgt eine stärkere Belastung der Plattenenden.

Teller 06 — Die in einer Betonstraße bei der elastischen Deformation auftretende Spannung ist beim Befahren mit einem Dreiachs-LKW nur halb so groß wie bei einem zweiachsigen. Dies ist auch auf die Waagebalkenanordnung der beiden Triebachsen zurückzuführen. Je größer die Entfernung der Achsen ist, desto geringer wird die Beanspruchung. Der Abstand des Fahrzeuges vom Straßenrand beeinflußt die Beanspruchung erheblich.

Graf 03 — Bei schwerem Verkehr wurden beträchtliche elastische Deformationen der Betonfahrbahnplatten festgestellt, die zum Hohlliegen nach Wegfließen des Untergrundes führten.

Weil 04 — Verformung von Betonplatten durch 10 t-Achsen. Einsenkungen bei verschiedenen Stärken der Betonplatten. Hieraus größte Verlängerung der Platten und Dehnungskurven bei verschiedenen Belastungen. Dehnung der 20 cm-Betonplatte bei 10 t-Achse ca. 0,004 mm/m bis 0,007 mm/m, bei 22 cm Plattenstärke 0,0035 mm/m bis 0,006 mm/m. Hierdurch wird eine Biegungsspannung von 14 bis 22 kg/cm^2 bei einem Elastizitätsmodul E = 350 000 kg/cm^2 erzeugt, die infolge der Nachgiebigkeit des Untergrundes eintritt.

Graf 03 — Mit einer 11 t-Achse wurden an der Ecke einer normalen Betonplatte je nach der Auflagerung der Platte und dem Untergrund 1,5 mm bis 4,5 mm Durchbiegung gemessen. Bei wiederholter Belastung waren diese Werte niedriger als bei der ersten. So ging der Wert von 4,5 mm auf nur 2,5 mm zurück, da ein Teil der Senkung von 2 mm durch das plastische Wegwandern des Untergrundes entstanden ist.

Ramspeck 01 — Eine 10 t-Achse kann an der Querfuge von Betonstraßen eine lotrechte Verschiebung von 1 mm hervorrufen.

Weil 02 — Dynamische Biegeeinsenkungen an Betonplatten nahe am Plattenrand durch 10 t-Achslast bei normaler Luftbereifung und bei verschiedenen Fahrgeschwindigkeiten.

Fugen-zustand	Fahrgeschw.	Größte Einsenkung an der Ecke	Größte Dehnung an der Meßstelle
ausgeräumt	ruhend	1,1 mm	0,035 mm/m
ausgeräumt	5/10 km/h	0,67 / 0,61 mm	0,033 / 0,033mm/m
ausgeräumt	40/50 km/h	0,60 / 0,55 mm	0,031 / 0,031mm/m
vergossen	5 km/h	0,38 mm	0,023 mm/m
vergossen	50 km/h	0,33 mm	0,021 mm/m

Bei der ausgeräumten Fuge waren die Dübel durchgeschnitten. Durch die Haltekräfte der Vergußmasse und der Dübel verringert sich die Durchbiegung auf ca. die Hälfte.

Road Test 01

Die elastische Verformung der Betonplatten beim Road Test One-MD durch fahrenden LKW mit 20,2 t- (44,8 Kip) Doppelachsen war bei grobkörnigem nicht pumpendem Untergrund gering. Bei feinkörnigem nicht pumpendem Untergrund wurden die elastischen Verformungen um ca. 65 % höher. Beim pumpenden Untergrund stiegen sie an den Ecken bis 5 mm (0,2 ") an, wobei aber noch kein Bruch eintrat.

2. Bituminöse Straßen

Nijboer 03

Vergleich der gemessenen Dehnungen von Bituminösen Decken unter der Schwingmaschine, mit denen unter schwerem Verkehr mit LKW 2 t-Einzelreifen oder 2,4 t-Doppelreifen. Höchste Dehnungen in der Decke bei 20 km/h, bei höheren Geschwindigkeiten geringere Dehnung bei einer Wellenausbreitungsgeschwindigkeit im Kieskoffer von 215 bis 475 m/s, im Felsen von 665 m/s, im gewachsenen Boden von 225 m/s.

Nijboer 05

Verformung des Deckenmaterials von Bituminösen Decken unter statischer LKW-Belastung 0,01 bis 0,001 mm je cm Deckenstärke je nach Unter-Bau und -Grund, wobei sich ein Krümmungsradius von ca. 30 m einstellt.

Washo 02

Elastische Deformationen bei 5 cm- bzw. 10 cm-Asphaltbeton von 1,1 mm (0,045 ") bei warmem Wetter bzw. von 0,8 mm bei kaltem Wetter (auch bei mehrfacher Wiederholung) verursachten keine Zerstörung. Sie wurden bei neuer Straße beobachtet. Bei ausgetrockneten Straßen sind die Werte wahrscheinlich nicht mehr so gut.
Die elastischen Deformationen der Oberfläche werden beeinflußt durch: Geschwindigkeit des Kraftfahrzeugs, Oberflächentemperatur und Licht, Feuchtigkeitsgehalt der obersten Lagen des Bodens und andere Faktoren.
Die größte elastische Deformation war bei statischer Belastung. Bei ebener Oberfläche langsame Verringerung der Deformation ab 24 km/h (15 Meilen/h).
Bei höheren Außentemperaturen größere elastische Deformationen. Dabei zeigte sich, daß Asphaltbeton kein Wärmeisolator

ist. Elastische Deformation unter Verkehr proportional der Last. Zwillingsachse verursacht höhere elastische Deformationen als Einzelachse.
Elastische Deformation wächst mit Steigerung des Feuchtigkeitsgehaltes der oberen Untergrundschicht um 22 %.

Crantz 19 — Beim Washo Road Test wurden elastische Verformungen bei 5 bzw. 10 cm-Asphaltbeton bis 1,1 mm bei warmem Wetter, bzw. bis 0,8 mm bei kaltem Wetter beobachtet, ohne daß sich Zerstörungen zeigten.

C Decke b) Elastische Verformung

II Fahrzeugeigenschaften 4) Statische vertikale Last

1. Straßen allgemein

Odemark 01 — Statische Versuche an Beton- und Asphaltdecken zur Bestimmung der Elastizitätseigenschaften von Decken und Baugrund. Vergleich mit berechneten Werten.

Burmister 01 — Zur Theorie von Odemark über Pressungen und Verschiebungen bei geschichteten Bodensystemen bei statischer Last, wobei die Straße mit Decke und Unterbau als Dreischichtensystem betrachtet wird. Aufstellung der Lagerungsgleichungen unter verschiedenen Bedingungen unter Berücksichtigung der Randverhältnisse. Die Auswertung für die praktische Anwendung wird durch entsprechende Diagramme erleichtert.

2. Betonstraßen

Weil 01 — Das vollkommene Zurückfedern einer statisch belastet gewesenen Betonplatte dauert mehrere Stunden.

Neumann 02 a — Zug- und Druckspannungen in Beton bleiben nach dem Wegnehmen der Last lange erhalten.

Goslar 01 — Elastisches Verhalten von Beton bei statischer Belastung. Meßergebnisse mit verschiedenen Betonen und Untersuchung der Ursachen von Unstetigkeiten. Theoretische Ableitung des Beton-E-Moduls unter Zugrundelegung verschiedener Lagerungshypothesen. Hoher Einfluß des Grobgesteinzuschlages auf die Elastizität des Betons.

Graf 15 — Messungen von Dehnungen an Betonplatten unter statischer Last: Abhängigkeit von Plattendicke und Untergrund. Dehnungen von 0,045 bis 0,065 mm/m ergeben Zusatzspannungen von 18 kg/cm^2 bis 19,5 kg/cm^2. Die maximalen Temperaturspannungen der unbelasteten Platte können die gleiche Größe annehmen wie die Spannungen unter der maximal auftretenden Verkehrslast. Da beide Spannungsspitzen aus beiden Belastungen zugleich auftreten können, ergibt sich die maximal zu fordernde Belastbarkeit des Betons.

Graf 14 Die Dehnungsmessungen bei elastischer Verformung von Betonplatten unter statischer Last im Vergleich zu den Berechnungsergebnissen nach Westergaard lieferten gute Übereinstimmung mit Ausnahme der Werte für die Eckenbelastung.

Kelly 01 Die Spannungsermittlung bei elastischer Verformung von Betonplatten unter elastischer Last nach Westergaard mit den durch die Versuche in Aylington festgestellten Abwandlungen ist eine brauchbare Berechnungsgrundlage für die Bemessung von Betonfahrbahnplatten.

Weil 02 Messung der statischen Einsenkung von Betonfahrbahnplatten und der Längenänderung unter verschiedenen stillstehenden und mit verschiedenen Geschwindigkeiten fahrenden Lastwagen (Zahlenwerte s. C-b) / II-5) 2.).

Freeman 01 Die Deformation im inneren von Betonplatten ist ungefähr proportional der statischen Belastung, z.B. bei 3,2 t (7 000 lb) = 0,15 mm (60/100 "). An der Kante ist die Deformation bei 2,25 t (5000 lb) = 0,2 mm (80/1000 ") und an der Ecke bei 2 t (4500 lb) = 0,2 mm (80/1000 ").

Weil 07 Einfluß des Gewichtes der Federung und der Geschwindigkeit von schweren Kraftfahrzeugen auf die Durchbiegung von Betonplatten bei den Fahrversuchen Viernheim.
Einige Werte als Beispiele aus den ca. 280 Messungen: ruhend, bei Kriechgeschwindigkeit und bei 40 km/h.
Biegedehnungen und Biegespannungen unter fahrendem Wagen sind kleiner als unter lange ruhender Last. Das Auflegen eines 3 cm hohen Hindernisses mit 200 m Radius verursacht in der Regel nur Spannungserhöhungen von 20 % bis 30 %. (Gegenüberstellung der Meßresultate, besonders bei Kriechgeschwindigkeit, bei der die Federung keine Rolle spielen kann, zeigt noch erhebliche Streuungen.)

3. Bituminöse Straßen

Kentucky 01 Versuche über die Lastverteilung bei statischer Last in flexiblen Decken und im Unterbau bei verschiedener Schubfestigkeit der einzelnen Materialien. Die Ergebnisse können auf kurzzeitige dynamische Lasten nicht angewendet werden wegen der dann größeren Steifigkeit der Bitumendecken.

Wilson 01 Zulässige Durchbiegung von Bituminösen Decken bei statischer Last. Die zulässige Einsenkung ist abhängig von der Größe der belasteten Fläche, so daß z.B. eine Einsenkung von 1,25 mm bei einem 5 t-Rad gleichwertig ist einer Einsenkung von 12,5 mm bei einem 100 t-Rad.

Mc Leod 01 Zusammenfassung der Flugplatzuntersuchungen in Kanada mit Bituminösen Decken. Eine Deformation von 12,5 mm (0,5 ") nach 10 statischen Belastungen ist noch zulässig. Ermittlung der zulässigen Deformation bei einer 0,75 m dicken (30 ") Platte in Abhängigkeit von der Zahl der Belastungen und Aufstellung von Kurven für andere Plattendicken von 30 cm (12 ") bis 105 cm (42 "), so daß für jede Belastung die optimal notwendige Plattenstärke festgestellt werden kann. Hierbei wird für bituminöse Decken eine Deformation von 4,5 mm (0,22 ") und für den Unterbau von 6,5 mm (0,26 ") als zulässig erachtet.

C Decke b) Elastische Verformung

II Fahrzeugeigenschaften 5) Dynamische vertikale Last

1. Elastische Verformungen der Decke durch dynamische vertikale Lasten

Betonstraßen

Weil 013 — Beim Rollen eines Rades wird vor dem Rad die Betonplatte nach oben, unter dem Rad nach unten und hinter dem Rad wieder nach oben gebogen, d.h. während des Rollens wechseln die Zug- und Druckspannungen. Die größten Zugspannungen sind an der Oberfläche, wenn die Radlast an der Ecke oder am Rand der Platte wirkt.

Bechtel 01 — Seismographische Messungen an verschiedenen Straßendecken zeigen, daß Betondecken die Verkehrserschütterungen am besten dämpfen. Am ungünstigsten sind Kopfsteinpflaster, Kleinsteinpflaster und Splitt.

Ramspeck 01 — Bei den Messungen der lotrechten Verschiebung an Querfugen von Betonstraßen wurde eine Übereinstimmung zwischen der statischen und dem dynamischen Verfahren noch nicht nachgewiesen.

Spencer 01 — Bei einer Unterbau-Versuchsstrecke wurde eine elastische Pumpbewegung der Betonplattenränder nur bei plastischem Unterbau oder schwacher Schotterlage festgestellt.

Schönberg 04 — Auch bei sehr gut verdichtetem Untergrund verbiegen sich die Beton-Plattenenden der unverdübelten Felder unter dem Einfluß der schweren, aber verhältnismäßig langsam fahrenden Lastzüge in ähnlicher Weise wie die schwebenden Stöße der Eisenbahnschienen bis zu mehreren Millimetern. Aus diesem Grund werden seit 1938 sämtliche Fugen verankert und verdübelt.

Road Test 01 — Beim Road Test One-MD wurde bei steigender Geschwindigkeit der Fahrzeuge ein progressives Abfallen der elastischen Verformungen der Betonplatten gemessen.

Bituminöse Straßen

Nijboer 06, 07, 08 — Eine Schwarzdecke verbiegt sich unter dem Rad wellenförmig, so daß das Rad in einem Wellental steht. Die Aufwölbung vor dem Rad ist ca. 1/5 der Durchbiegung der Platte, die z.B. bei 1 t Radlast 0,1 mm beträgt. Spannungen von 10 kg/cm^2 bis 20 kg/cm^2 liegen an der Grenze der Dauerfestigkeit.

Crantz 19 — Beim Washo Road-Test auf Asphaltbeton von 5 bis 10 cm Stärke waren bei Belastung durch schwere LKW die elastischen Durchbiegungen beim Fahren niedriger als beim Stehen.

Nijboer 06, 07, 08 — An Bituminösen Decken wurde mit Dehnungsmeßstreifen unter rollendem Verkehr gefunden, daß die Dehnungen 1 bis 2mal 10^{-4} mm betragen, woraus sich Spannungen von 10 bis 20 kg/cm^2 ergeben. Diese liegen an der Grenze der Dauerfestigkeit, woraus der Schluß folgt, daß Rißbildungen in Bitumendecken auf Überschreitung der Dauerfestigkeit zurückzuführen sind.

Herner 01 — Schwarzdecken haben unter kurzzeitiger dynamischer Last eine größere Steifigkeit als bei statischer Last; diese Steifigkeit wurde noch nicht bestimmt.

2. Beanspruchung der Decken durch dynamische vertikale Lasten

Wilson 01 — Bei der Bemessung der Decken muß vorausgesetzt werden, daß der elastische Bereich nicht überschritten werden darf.

Weil 03 — Die Eigenschwingungszahlen des Aufbaues von schweren Kraftfahrzeugen liegen nach Riekert bei 70 bis 120 min^{-1}. Dadurch können bei Geschwindigkeiten von 45 bis 75 km/h bei einer Betonplattenlänge von 10 m Resonanzschwingungen auftreten, so daß es günstiger ist, entsprechend längere Platten einzubauen. Die Stöße sind bei Scheinfugen viel geringer als bei den Raumfugen.

Weil 20 — Die dynamischen Radlasten sind beim Überfahren von Hindernissen größer als die statische Last; jedoch ist Beanspruchung der Betondecke wegen der Trägheit von Decke und Unterbau nicht größer als die bei der statischen Last. Dies gilt jedoch nur für das beladene, nicht aber für das unbeladene schwere Kraftfahrzeug, das viel höhere dynamische Stoßziffern hat. Die dynamischen Radlasten des unbeladenen schweren Kraftfahrzeuges erreichen jedoch nicht die des beladenen, so daß immer die statische Radlast für die Bemessung der Decke ausschlaggebend ist. Bei der Bemessung müssen die Dauerfestigkeitswerte des Betons und außer den Beanspruchungen aus den Verkehrslasten die aus Schwind- und Temperaturspannungen zusätzlich berücksichtigt werden.

Neumann 02 — Da die Zug- und Druckspannungen in Beton lange erhalten bleiben, tritt bei schwerem in schneller Folge sich abwickelndem LKW-Verkehr eine Erhöhung der Spannungen auf.

Cot 01 — Untersuchung des Einflusses des Verkehrs auf die Verformungen von Betonfahrbahndecken, wobei an ein und derselben Stelle bis zu 10 000 Lastspiele wirken. Bereits geringfügige Erhöhung der maximalen Last führt zu Bruch.

Ramspeck 09 — Beanspruchung einer Betonplatte durch eine Erschütterung wächst bei gleichbleibender Erregerfrequenz mit der Schwingungsamplitude der Platte und ist umgekehrt proportional der dritten Potenz der Wellenlänge.

Nijboer 06, 07, 08 — Bei rollendem Verkehr eintretende Durchbiegungen von Bitumendecken von 1 bis 2mal 10^{-4} mm, die zu Spannungen von 10 bis 20 kg/cm^2 führen, liegen an der Grenze der Dauerfestigkeit, so daß bei deren Überschreitung Rißbildungen eintreten.

C Decke b) Elastische Verformung

II Fahrzeugeigenschaften 6) Statische horizontale Last

Weil 03 — Beim Trocknen des Betons entsteht eine Schwindung von 0,2 bis 0,5 mm/m Die hierbei entstehenden Zugspannungen können durch die Verkehrserschütterungen langsam vermindert werden, da diese die Reibung der Platten auf der Unterlage jeweils kurzzeitig etwas verringern. Die Zugkräfte werden dann so klein, daß sie, wenn die Platten nicht zu lang sind, nicht mehr gefährlich sind.

C Decke b) Elastische Verformung

III Eigenschaften von Fahrzeugteilen 1) Reifen

Meister 06 — Seismographische Messung der Beanspruchung der Straße durch Lastkraftfahrzeuge in Abhängigkeit von der Bereifung und Vergleich mit den von einer Schwingungsmaschine verursachten Erschütterungen. Umfangreiche Meßergebnisse bei Fahrgeschwindigkeiten bis maximal 50 km/h und auch mit Vollgummi- und Elastikreifen (1934).

Kelly 01 — Die Spannungen in einer Betonfahrbahndecke sind bei doppelbereiften Hochdruckreifen von 3630 kg Radlast eben so hoch wie bei doppelten Ballonreifen mit 4080 kg Radlast.

Weil 02 — Versuche bei ausgeräumten und ganz vergossenen Betonplattenfugen mit und ohne Dübel mit Luft- sowie Vollgummibereifung bei verschiedenen Geschwindigkeiten und Hindernishöhen - Fallhöhe 0,5, 1 und 1,5 cm entsprechend den Stoßfugen der Betonplatten -. Bei höheren Geschwindigkeiten werden die Stöße geringer, weil die Einwirkungsdauer hierbei abnimmt.

Schönberg 04 — Die Raumfugen müssen bei Betonstraßen für gemischten Verkehr mit Rücksicht auf die eisenbereiften Fahrzeuge etwas schmaler gehalten werden als dies bei den Autobahnen üblich ist.

I Fahrzeugverkehr Allgemein

1. Meßeinrichtungen für die plastischen Verformungen von Decken

Betonstraßen

Weil 01 — Messung der Verschiebung der Betonplatten gegeneinander durch Setzungsmesser, der auf einbetonierte Meßbolzen aufgesetzt wird, und der Verwölbung der Platte durch Meßbrücken und Nivelliergeräte.

Emschermann 01 — Reibungsmeßdose zur Messung der auf der Unterseite von Betonfundamenten wirkenden waagerechten Reibungskräfte, entstanden durch das seitliche Ausweichen des Bodens. Die Druckplatte der Meßdose ruht mit ihrer Innenseite auf Stahlkugeln, um den senkrechten Bodendruck aufnehmen zu können, ohne an waagerechter Beweglichkeit einzubüßen. Die Kraftmeßelemente für den seitlichen Druck arbeiten mit Dehnungsmeßstreifen.

Weil 09 — Meßverfahren für die Gesamtbewegung der Platten bei vorgespannten Betondecken (Mergelstetten). Im Abstand von je 20 m sind Festpunkte im Untergrund eingebaut, mittels welcher die Verschiebung der Fahrbahn mit in diese in Hartpapier einbetonierter Rohre mit einer Uhr gemessen wird.

Sutherland 03 — Meßeinrichtung der Veränderung der Plattenlänge gegenüber einem festen Widerlager bei gleichzeitig auf die Platte einwirkendem Druck, ferner der Veränderung der Fugenweite, so daß sich hieraus die Zusammendrückbarkeit bzw. die Verschiebung der Platte ergibt.

Stanton 01 — Messung der Längsverschiebung von Betonplatten mit kontinuierlicher Bewehrung gegen einen Festpunkt im Untergrund mit Mikrometerschraube, ferner der Fugenbreite durch in den Frischbeton an den Dehnungsfugen eingelegte Messingschienen.

Bituminöse Straßen

Washo 01 — Messung der plastischen Verformung der Decke beim Washo-Test gegenüber Festpunkten auf dem Untergrund, wobei in den Untergrund eine Platte eingesetzt wird und auf diese ein in Sand gebetteter Stab, der sich in einem in der Asphaltbetondecke befestigten Rohr bewegen kann. Durch Abnehmen der Verschlußdeckel und Aufsetzen von Meßstäben kann mit dem Profilometer die Veränderung der Oberfläche gegenüber diesen Fixpunkten gemessen werden. Derartige Meßkörper liegen in engen Abständen quer über das ganze Straßenprofil.

Mc Leod 02 — Methode zur Feststellung der plastischen Deformation von Bitumendecken als Differenz der Gesamtdeformation abzüglich der elastischen Deformation von flexiblen Decken auf verschiedenen kohäsiven Böden und verschiedenen Unterbauten.

Untersuchungen der Setzung von flexiblen Decken auf kohäsiven Böden und Unterbauten. Feststellung der Anteile der elastischen und der plastischen Deformation unter Berücksichtigung der Setzung des Untergrundes.

Neumann 06

Messung der Verdichtbarkeit von bituminösen Decken:

1. Schlagprobe: Fallhammer, der aus 25 cm Höhe 25mal auf einen Würfel von 10 cm Kantenlänge einwirkt.
2. Druckstempel von 100 cm^2 Fläche in einem Hohlzylinder. Druckstempel mit Kerben oder Wölbung wirken ähnlich wie Autoreifenprofile. Bei konstantem Belastungsgewicht wird über einen Hebelarm eine oberflächliche Durchknetung des Materials, ähnlich der Einwirkung der Fahrzeuge erreicht.

Nijboer 01

Meßeinrichtung für die Verdichtbarkeit von bituminösen Decken, bestehend aus einer Rollbank mit darüberliegender großer Rolle, eingebaut in eine hydraulische Presse. Rollendurchmesser: 27 cm bis 110 cm, Breite 27 cm bis 100 cm. Das völlige Setzen erfolgt rasch, eine Erhöhung der Drücke hat keinen Einfluß mehr. Bei bitumenreicher Mischung genügt der halbe Druck im Vergleich zu bitumenarmer Mischung. Es wird nicht die Veränderung durch die Fahrzeugbereifung gemessen, sondern nur der durch Straßenwalzen erreichbare Grad der Verdichtbarkeit.

Tarwater 01

Rollenprüfmaschine für die Messung der Verdichtbarkeit von bituminösen Massen, die gleichmäßige Verdichtung verursacht.

AG Teerstraßen 02

Gerät zur Feststellung der Verdichtung von gewalzten Probekörpern unter gummibereiften Rädern. Fahrgeschwindigkeit verhältnismäßig gering. Einfluß der Geschwindigkeit auf die Verdichtung wahrscheinlich auch gering, so daß sich das Gerät der Praxis nähert.

Ewers 01

Ewers-Prüfgerät zur Messung der Verdichtung von Bituminösen oder Teer-Decken durch den Kraftverkehr: Auf Prüffläche laufendes Ballonrad von 8 cm Breite und 67 cm Ø bei 390 kg Gewicht mit 45 cm/s. Bei Belastung mit diesem Rad nimmt die Verdichtung von Hart- und Teerbeton gleichmäßig zu.

2. Plastische Verformung an Decken

Betonstraßen

Lang 01

Beim Minnesota-Versuch wurde eine stetige Verengung der Betondecken-Stoßfugen festgestellt, die von der Jahreszeit stark abhängig war. Längere Platten scheinen infolge der größeren Fugenweite ungünstig zu sein. Dehnungsfugen scheinen nicht notwendig zu sein.

Breemen 01

Bei den Versuchsstrecken mit kontinuierlicher Bewehrung waren die Gesamtlängsbewegungen in der Überholungs- und Fahrspur ungefähr gleich, und zwar bei 20 cm starker Decke ca. 30 mm und bei 24 cm starker Decke ca. 16 mm.

Die Gesamtlängenänderungen waren ungefähr nur 1/10 von den normalen 30 m-Beton-Platten. Die Senkung der Fahrbahn lag zwischen 13 mm und 6 mm.

Weil 09 — Die Messungen an der vorgespannten Betondecke Mergelstetten zeigten, daß die theoretisch zu erwartende Dehnungsform auf einer Hälfte nahezu erreicht wurde, auf der anderen Hälfte nur auf einer Länge von 20 bis 30 m, da die Platte an einer Stelle klemmte und nicht rutschte. Durch die Reibung auf dem Untergrund ist ein Sollspannungsverlust von 20 kg/cm^2 in Fahrbahnrichtung eingetreten.

Bituminöse Straßen

Nijboer 05 — Die mechanischen Eigenschaften von bituminösen Deckenmaterialien beim Fließvorgang werden bestimmt durch den Winkel der inneren Reibung, die Viskosität und den Anfangsscherwiderstand. Die durchschnittliche Viskosität beträgt 10 bis 11 Poise.

Nijboer 03 — Die plastischen Verformungen, die als Dehnungen der Decke bezeichnet werden können, sind im Verkehr bei Bitumendecken sehr groß.

Neumann 10 — Bei 4 Versuchsbitumendecken traten nach einer Gesamtverkehrsbelastung von 2470 000 t starke Verschiebungen und Verformungen infolge zu hohen Bitumengehaltes auf.

Crantz 19 — Beim Washo Road Test zeigte sich eine erhebliche Verdichtung der Asphaltbetondecke durch die fahrenden Lastkraftwagen, verbunden mit einem Absinken des Porenvolumens, das mit ca. 50 % gemessen wurde.

Hermann 07 — Bituminöse Feinbetondecken verhalten sich in den Fahrspuren günstiger als in den Überholspuren, da die weniger stark befahrenen Fahrbahnteile infolge geringerer Verdichtung porös und rissig werden, so daß hier in Abständen von 2 Jahren eine Ausbesserung mit Teeröl erfolgen muß.

Klinkmann 01 — Verfestigung von Versuchsbelägen unter dem Verkehr. Am schnellsten verdichtete sich bituminöse vermörteltes Hartgestein. Bei diesen Belägen waren die Fahrspuren sehr flach und bei Regenwetter sichtbar. Es zeigte sich dabei eine merkliche Aufhellung der Fahrbahn infolge der Abnützung des Bindemittels.

Ewers 01 — Teerbeton läßt sich besser verdichten als Asphaltbeton, wie eingehende Untersuchungen über den Einfluß der Befahrungen auf die Verdichtbarkeit des Materials zeigen: Die Verdichtbarkeit steigt mit dem Bindemittelgehalt. Bei mageren Mischungen ist auch bei stärkster Verkehrseinwirkung keine Hohlraumfreiheit erreichbar.

Crantz 07 — Sogenannte kornstabile bituminöse Straßenbeläge dürfen nur auf standfestem Unterbau eingebaut werden, da bei diesen die Bewegungen des Untergrundes nur in geringem Maße aufgenommen werden können.

Finney 01 — Bei bituminösen Decken, bei denen infolge schwerer Last Wellenbildungen auftreten, ist die Fahrspur immer stärker zerstört als die Überholspur.

Einfluß des Unterbaues bei bituminösen Straßen

Macht 02 — Die Kombination einer bituminösen Decke auf Betonunterbau verursacht neben den großen Vorzügen auch eine Reihe von Schwierigkeiten infolge der Verschiedenheit der beiden Baustoffe. Die bituminöse Decke ist nicht tragfähig und leitet alle Verkehrsbelastungen an den Unterbau weiter. Infolge ihrer Dehnungsfähigkeit ist die bituminöse Decke nicht widerstandsfähig gegen Schubbeanspruchungen. Sie ist daher von den Bewegungen und Verlagerungen sowie den Unebenheiten und Rißbildungen des Unterbaues stark abhängig. Der Betonunterbau als starrer Körper läßt im Gegensatz zur bituminösen Decke die Stöße zurückfedern und gibt ihnen nicht elastisch nach. Daher wird die Bitumendecke zum Puffer, was eine erhebliche mechanische Kornverfeinerung zur Folge hat.

Crantz 04 — Bei der Versuchsstrecke in Lahr zeigte die Asphaltbetondecke über den Fugen des 20 cm Betonunterbaues eine geringe Einsenkung der Decke.

Crantz 20 — Bei Kies als Unterbautragschicht treten große Verformungen der Deckschicht auf, wenn nicht gebrochenes grobkörniges Gestein, gebunden mit Teer oder Bitumen als Zwischenschicht, eingebaut wird.

Eberle 02 — Infolge der ungleichmäßigen Verschiebung der Steine bei einem Packlageunterbau, die sich einzeln oder in Gruppen eindrücken oder umlegen, entstehen an Bitumendecken Wellenbildungen.

C Decke c) Plastische Verformung

I Fahrzeugverkehr 3) Verkehr schwerer Radfahrzeuge

1. Bituminöse Straßen

Mc Leod 02 — Vergleich der elastischen Deformation von flexiblen Decken unter schweren Lasten im Vergleich zu ihrer Gesamtdeformation unter Setzung.

Finney 01 — Die Wellenbildung von bituminösen Straßen wird durch die Walkarbeit der schweren Lasten hervorgerufen. Die Fahrspur wird dabei mehr zerstört als die Überholspur, wobei zusätzlich auch Senkungen der Decke eintreten können.

Washo 02 — Beim Washo Road Test wurde durch Herausschneiden von dicken Proben festgestellt, daß auf den befahrenen Teilen der Anteil der Luft zu Beginn der Versuche 9,6 % und am Schluß 4,4 % betrug, während er an der unbefahrenen Mittellinie am Schluß der Versuche sich auf 12,9 % erhöht hat. Auch das spezifische Gewicht hat sich in ähnlichem Sinne verändert.

Berücksichtigt man, daß hierbei die ganze Stärke der 10 cm (4 ")-Decke untersucht wurde, so ist verständlich, daß an dem oberen Teil der Decke die Austrocknung ganz erhebliche Formen angenommen haben muß.

Schenck 02 — Zweilagige Asphalt-Betonschicht von 6 cm auf entweder 35 cm Zement oder 30 cm Chaussierung bei der Versuchsbahn der TH Charlottenburg bei einer Fahr-Belastung entsprechend 10 Jahren Normalverkehr haben keine Veränderung des spezifischen Gewichtes der Decke erkennen lassen. Dagegen ist die Scherfestigkeit von 13 kg/cm² auf 18,6 kg/cm² gestiegen. Auch eine absichtliche Vertiefung in der Decke blieb unverändert, trotz des Betriebes mit Elastikreifen.

Kunde 07 — Schäden an bituminösen Straßen 1950: Tiefe Rillen infolge langsam fahrender schwerer, eisenbereifter Fahrzeuge.

Mc Leod 01 — Bei Fahrversuchen auf Flugplätzen in Kanada mit überschweren Fahrzeugen von einem Achsgewicht von 45 t (100 000 lb) und 69 t (150 000 lb) auf bituminösen Decken betrug die maximale Setzung ca. 6,35 cm (0,25 "). Dann begann ein Wegfließen, auch schon bei geringeren Drücken.

2. Einfluß des Unterbaues bzw. Untergrundes auf bituminöse Straßen

Wilson 01 — Bei wiederholten Belastungen durch schwachen Verkehr sinkt die vertikale Zusammendrückbarkeit des ganzen Straßenaufbaus erheblich, während die durch seitliche Verdrängung verursachten Verformungen abnehmen. Diese letztere Erscheinung scheint die Hauptursache für Zerstörungen von bituminösen Decken zu sein.

Crantz 19 — Beim Washo Road Test wurden durch den schweren Versuchsverkehr Verformungen der Straßenoberfläche bis 2 cm gemessen, die auf die Bewegung der obersten Tragschicht infolge des seitlichen Ausweichens des Untergrundes zurückzuführen sind.

Oberbach 04 — Bei Asphaltbeton muß Körnung um so kleiner sein, je schwerer der Verkehr ist. Hierdurch wird die Zertrümmerung des Korns durch schweren Verkehr verhütet. Harte Bitumen sind ungünstig, da sie bei Untergrundbewegungen zerspringen. Angabe des günstigsten Korns und Bitumengehalts.

Crantz 19 — Beim Washo Road Test zeigten sich durch die Einwirkung des schweren Verkehrs bei nicht befestigten Randstreifen starke plastische Verformungen der Asphaltbetondecken, da der Untergrund seitlich wegwandert. Ein befestigter Randstreifen ermöglichst daher eine geringere Dicke der Straßenbefestigung.

C Decke c) Plastische Verformung

II Fahrzeugeigenschaften 6) Statische horizontale Last

AA Straßenbeanspruchung 10.1.1958 — Bei der Versuchsstrecke Grunbach sind an den Steigungsstrecken Verschiebungen der Decke gegenüber dem Unterbau beobachtet worden, die zum großen Teil auf Fahrzeug-Kräfte zurückzuführen sind.

Dittrich 01 — An Gefällstrecken wurde kein Abwärtswandern von Betonfahrbahnplatten beobachtet.

Coons 01 — Beobachtungen bei dem Betonstraßenversuch Michigan über die Deckenbewegungen und Fugenveränderungen. Die Expansionsbewegungen der Plattenenden betragen während des ersten Jahres nach der Herstellung die Hälfte der normalen Fugenweiten. Die Veränderungen werden während der späteren Jahre etwas geringer, wobei eine Gesamtverschiebung entgegen der Fahrtrichtung eintritt und der Fugenfüller langsam komprimiert wird. Die Scheinfugen öffnen sich im Laufe der Zeit nicht mehr. Die Fugenweite hat einen erheblichen Einfluß auf die Expansionsamplituden, d.h. die Veränderungen der Fugenweite infolge der Temperatureinwirkungen.

Weil 10 — Messung der Verschiebekräfte von Betonplatten auf verschiedenem Untergrund durch hydraulische Presse. Die Reibungszahlen sind auf Sand und Kies gleich, auf Lehm höher.

Root 01 — Methoden zur Verhütung der Verschiebung von Betonplatten in Steigungen:

1. Exakte Verlegung auf sich nicht ausdehnenden Böden.
2. Beobachtung des Anschwellens und Schrumpfens des Bodens bei der Herstellung durch Benützung gleicher Feuchtigkeit und einwandfreier Dichtigkeit des Bodens.

C Decke d) Rißbildung

I Fahrzeugverkehr Allgemein

1. Rißarten

Graf 12 — Einteilung der Rißarten nach: Netzrissen, Haarrissen, Bruchrissen. Letztere gehen durchgehend oder abgesetzt über die ganze Plattenbreite und sind mindestens 0,3 mm breit. Die Art der Risse ist nicht durch die Verkehrslasten allein erklärbar. Die allerfeinsten Risse werden wenig sichtbar infolge der Verschmutzung. Alle Bruchrisse sind stets aus älteren Haarrissen entstanden.

AG Beton 07 — Die Untersuchung von Betondecken, die im feuchten Zustand Netzrisse an der Oberfläche erkennen ließen, ergibt, daß diese Risse nur in der oberflächlichen Schlämme vorhanden sind; sie gehen bis zu einer Tiefe von 1 mm und haben eine Breite von 0,05 mm.

Graf 16 AG Betonstraßen 05 — Festgestellte Rißabmessungen auf der Versuchsstrecke II der Autobahn bei Stuttgart: Netzrisse 0,05 bis 0,08 mm breit und von 0,7 mm bis 2 mm tief, Haarrisse 0,3 mm breit und maximal bis 3,5 mm tief. Bruchrisse 0,1 mm bis 0,66 mm breit und 12 mm bis 20 mm tief.

2. Meßmethoden für Risse

Graf 16 AG Betonstraßen 05 — Messung der Rißweite von Betonplatten durch Meßmikroskop und der Tiefe durch Anschleifen mit Schleifscheibe in Stufen von 0,1 mm bis 0,3 mm, dann Messung mit Tiefenmaß.

Graf 12 — Später wurde die Beobachtung der Rißtiefe fallen gelassen und es erfolgte nur noch die Messung der Rißbreite.

Leins 02 — Auswertungsverfahren für Risse nach Schütte. Beobachtung und Auswertung der Länge aller Risse, die bei aufmerksamem Begehen feststellbar sind, d.h. ohne kleine Risse. Die Rißbreiten werden nicht berücksichtigt. Bei diesem Auswertungsverfahren wird davon ausgegangen, daß die Platten in ihrer Länge durch die Risse weiter unterteilt werden, so daß aus der Gesamtlänge aller Risse eine Verringerung der ursprünglichen Plattenlänge um einen bestimmten Prozentsatz erfolgt. Hieraus errechnet sich die neue verminderte Plattenlänge, die ins Verhältnis zur ursprünglichen Plattenlänge gesetzt, eine Kennzahl für die Rißbildung gibt. Hierbei Unterteilung der Fahrbahnstrecken in aufgeschüttete und eingeschnittene Strecken und dann wieder in Felder ohne oder mit Bewehrung.

Baud 01 — Möglichkeit der Feststellung der Risse durch akustisches Abhorchen. Auf diese Weise sind Schlüsse auf die Tiefe der Risse möglich. In einem Weg-Zeit-Diagramm zeichnet sich ein Riß deutlich ab.

Road Test 01 — Feststellung der Rißbildungen beim Road Test One-MD: Tägliche Messung der Anzahl und Länge der sich bildenden Risse. Nach 6 Wochen jeweils Kennzeichnung der vorhandenen Risse mit verschiedenen Farben.

3. Allgemeine Ursachen für Rißbildungen in Decken

(Einfluß von schweren Kraftfahrzeugen s. C-d) / I-3))

Hirsche 01 — Zusammenstellung aus dem Jahr 1942 über die Ursachen der Rißbildungen in Autobahn-Betonstrecken. Nach dem Auswertungsverfahren von Schütte (s. C-d) / I-2. Leins 02) sind 75 % der untersuchten Betonstrecken weniger als 6 % der ursprünglichen Plattenlänge gerissen, 14 % der Strecken sind von 6 % bis 15 % gerissen, 11 % der Strecken über 15 % gerissen. Dabei wurde eine durchschnittliche Herstellungslänge der Betonplatten von 12,5 m angenommen.

2 % der Risse sind auf Konstruktionsfehler, 14 % auf die Ausführung, 39 % auf den Baugrund und 45 % auf nicht festgestellte Ursachen zurückzuführen.

Dittrich 19 — Festgestellte Ursachen der Zerstörung an alten Autobahn-Betonplatten.

1. Die Rißbildung ist ein sicheres Zeichen für Mängel im Unterbau, der Konstruktion, der Baustoffe oder für Überbeanspruchung.
2. Mängel der Konstruktion sind z.B. zu geringe Stahleinlagen.
3. Mängel der Baustoffe verursachen ungenügende Betonqualität.

Sutherland 02 — Durchdringungsbrüche bei Betonplatten scheinen nicht das Resultat einer einzigen Ursache zu sein. Sie bilden sich hauptsächlich an den Ecken der Platten und sind nicht durch die Fahrzeug-Belastung allein verursacht.

Eberle 02 — Auf den Autobahnen bei Stuttgart ergaben sich im Jahre 1953 starke Risse, deren Ursache nicht angegeben ist.

Kunde 07 — Rißschäden an Bitumenstraßen 1950:

1. Risse durch Auflösungserscheinungen;
2. Elefantenrisse durch Frostschäden infolge des Hochwölbens.

Neumann 12 — Die Betonfahrbahnplatten sind Temperatureinflüssen, Schwind- und Quellvorgängen ausgesetzt, die innere Spannungen verursachen. Hierzu kommen die zusätzlichen Belastungen durch den Verkehr, wodurch die Rißbildung und Bruchgefahr erhöht werden. Die stärksten Beanspruchungen entstehen dabei an den Enden der Fugen sowie an den seitlichen Rändern, da hier die Platten am stärksten beansprucht werden.

4. Einfluß des Unterbaues oder Untergrundes auf die Rißbildung in Decken

Betonstraßen

Eberle 02 — An der Autobahn bei Stuttgart zeigten sich infolge zu schwachen Unterbaues schwere Risse in den Betonplatten.

Schaible 04 — Durch die elastischen Verformungen der Betonplatten treten plastische Verformungen des Untergrundes ein. Diese führen zu Rißbildung, die unter der Fahrspur stärker als unter der Überholspur ist.

Hillenbrand 02 — Für die Autobahn bei Frankfurt wurde fehlerhafter Unterbau als Bruchursache für Betonplatten angegeben. Der hier vorliegende feinkörnige, sandige Untergrund neigt zum Fließen, wenn er nicht vergütet ist.

Bei einer 3,6 km langen Autobahnstrecke bei Frankfurt, Baujahr 1953, waren nach zweijährigem Betrieb von 622 Platten 17,5 % gebrochen, da der feinkörnige sandige Boden unter dem schweren Verkehr zum Fließen kam und Auswaschungen infolge seitlich unter die Decke sickernden Wassers einsetzten. Über verdichtetem Untergrund waren 13,2 % gebrochen, über nicht verdichtetem Untergrund 23,3 %.

Graf 12	Die Beobachtung der Autobahn-Beton-Versuchsstrecke Echterdingen ergab, daß die Tragfähigkeit des Untergrundes sehr wichtig ist.
Graf 12	Bei der Beobachtung der Veränderung von Rissen an Autobahnen nach 12 Jahren konnte kein Einfluß des Untergrundes festgestellt werden.
Road Test 02	Beim Road Test One-MD entstanden alle Fahrbahnrisse in den Betonplatten durch Auswaschen des Untergrundes und dann einsetzendes Pumpen der Platten. Bei voll tragfähigem Untergrund sind keine Risse entstanden.
Sack 01	Bei schwerem Verkehr haben sich Risse an hohl liegenden Beton-Plattenenden gezeigt, infolge des Wegfließens des Untergrundes.
SAE 01	Es kann mit Sicherheit gesagt werden, daß die Rißbildung bei Betonstraßen vom Untergrund sehr stark abhängt und an den Einschnittstellen häufiger ist als auf den aufgeschütteten Dammstrecken.
Sparkes 01	Rißbildungen an Betonstraßen sind vor allem auf ungenügenden Untergrund zurückzuführen. Bei Beobachtung der Ursachen der Risse in Betonplatten im Jahre 1947 wurde in vielen Fällen ungenügende Tragfähigkeit des Untergrundes festgestellt.
Weber 03	Auf Feinsandunterlage entstehen bei Stufenbildung Risse, die auch bei 6 m-Feldern zum Einreißen der Plattenenden führen.
Peltier 02	Auf wasserempfindlichen Böden können bei Betonplatten bei Trocknung von außen die Ränder hohl liegen, so daß Risse an der Oberseite entstehen. Beim Durchfeuchten des Bodens von außen liegt die Mitte hohl und die Risse erfolgen an der Unterseite.
Dittrich 11	Bei einer 12 km-Versuchsstrecke mit Weichbeton konnte an in das Gelände eingeschnittenen Strecken eine stärkere Rißbildung als an den aufgeschütteten Dammstrecken festgestellt werden.
Beér 01	Ungarische mit Zementboden vermörtelte Versuchsstraßen hatten am Fahrbahnrand anfänglich Längsrisse, die durch spätere Bankettverbreiterung vermieden werden.
Dutron 02	Zementvermörtelter Boden kann bis zur Festigkeit eines normalen Unterbetons verbessert werden. Darauf liegende Tragschichten zeigten nach einem Jahr nahezu keine Risse in der Decke.

<u>Bituminöse Straßen</u>

Mönig 02	Auf Bituminösen Autobahnen im Bergbaugebiet zeigten sich im April 1952 starke Elefantenrisse, am stärksten in einem Abstand von ca. 50 cm vom Seitenrand, d.h. in der noch nicht befahrenen Zone.

Crantz 04 Bisherige Feststellung über die Schäden an der Versuchsstrekke Lahr: Nach 9 Monaten bei Asphaltbeton auf 20 cm Betonunterbau Risse über den Fugen, die mit 50 m Abstand liegen. Nach 12 Monaten trotz einer Außentemperatur von +30° C weitere Risse in der Mitte zwischen den Fugen infolge von Rißbildungen im Unterbeton. Bei zementvermörteltem Unterbau zeigten sich im Asphaltbeton ebenfalls nach einem Jahr die ersten Risse, da auch hier der Unterbau gerissen war, obwohl die Decke, mit 150 km/m² Asphaltmischmakadam und darüber eine zweite Lage von 15 kg/m² Asphaltbeton, in schwerer Bauweise ausgeführt ist.

Die Ursachen für diese Risse im Asphaltbeton bei Zementunterbau sind darin zu suchen, daß die Elastizität von Asphaltbeton und Asphaltbinder nicht genügt, um die Horizontalbewegungen des Zementunterbaues in den Fugen aufzunehmen, ohne zu reißen.

Crantz 13 Gußasphalt mit darunter liegendem Betonunterbau. Die Fugen und Risse im Betonunterbau greifen auch auf die Asphaltdecke über, deren Verformungsfähigkeit den schnell vor sich gehenden Bewegungen des Betons nicht folgen kann. Es ist sehr schwierig, diesen Rissen wirksam zu begegnen.

Macht 01 Bei Walzasphalt auf Betonunterbau treten an den Rändern Risse auf, die in der Mitte die Decke wabenstrukturartig in Stücke zerbrechen lassen, wobei der Unterbau in Lehm in Mulden liegt, bei feuchtem Untergrund. Der Unterbau muß sich gut gesetzt haben, um durch den Verkehr keine Bewegungen mehr zu erfahren. Die Bituminöse Decke darf auch bei niedrigen Temperaturen nicht zu starr werden.

Sparkes 01 Bituminöse Beläge können nur bei standfestem Unterbau verwendet werden, da sich sonst die Bewegungen des Untergrundes auf die Decke übertragen.

Finney 01 Die Stärke des Unterbaues sowie die hierfür verwendeten Materialien beeinflussen das Pumpen von Bituminösen Decken.

Siedeck 05 Schlacke als Dammschüttmaterial mit verschiedener Körnung verdichtet sich im Verkehr stark. Dies führte zu ungleichmäßigen örtlichen Setzungen und Rißbildungen der Asphaltbetondecke. Bei Sandzumischung zur Schlacke trat dieser Fehler nicht mehr auf.

5. Lage der Risse

Schaible 01 Bei der Autobahn Bruchsal-Mannheim traten infolge der Stufenbildung ohne Verdübelung Risse in Abständen von 2 bis 4 m von den Plattenenden auf.

Weil 04 Die gefährdeten Querschnitte bei längeren Betonplatten sind 4 bis 6 m vom Plattenende, da sich hier die größten Spannungen infolge des Biegemomentes einstellen.

Graf 08 — Bei Betonfahrbahnplatten mit großen Längen waren die Enden 5 bis 6 m vom Plattenrand nahezu rißfrei, dann folgte ein Gebiet mit einer Vielzahl von kleinen Rissen, die auf eine Dauerermüdung zurückzuführen sind, während die Mitte oftmals rißfrei war.

Mönnig 03 — Bei einer kontinuierlich bewehrten Betonstraße in New Jersey von 1600 m Länge war ein Bereich von 20 m bis 50 m an den Enden völlig rißfrei, während in der anschließenden Zone zahlreiche Risse festzustellen waren. Bei 500 m langen Platten war der Rißanfall in der Mitte geringer als an den Plattenenden.

Russel 01 — Bei kontinuierlich bewehrter Betonplatte sind im Abstand von 30 m bis 60 m von den Plattenenden wenige kleine Risse. Die höchste Rißzahl ist zwischen 90 m und 150 m vom Plattenende. In der Mitte sind wieder wenig Risse, da hier kein Rutschen auf dem Untergrund infolge Temperaturänderungen eintritt. Alle Teile der Decke zeigen stetig zunehmende Verlängerung infolge der Rißbildungen.

Hermann 04 — Rißbildungen bei Gußasphalt in Berlin, Ost-West-Achse. Die mittlere Rißentfernung war nach einem Jahr Liegezeit 30 m bis 40 m, in den besten Fällen 140 m bis 150 m. Nach 12 Jahren starken Verkehrs verringerte sich die Rißentfernung auf 10 bis 11 m und deckt sich mit der Fugenentfernung des Betons.

6. Einfluß der Plattenlänge auf die Rißbildung

Cashell 02 — Einfluß der Plattenlänge auf die Rißbildungen. 15 Jahre alte Versuchsstrecke mit Plattenlängen von 6 m bis 400 m. Bei entsprechender Bewehrung bleiben auch bei 400 m langen Platten die auftretenden Risse geschlossen, d.h. öffnen sich nicht.

Mönnig 03 — 1000 m lange kontinuierlich bewehrte Versuchsstrecken ergaben, daß die Rißabstände bei zunehmender Bewehrung erheblich größer und die Risse kleiner werden.

Russel 01 — Kontinuierlich bewehrte Betonfahrbahnen verhalten sich im Vergleich zu normalen Fahrbahnen von 30 m Plattenlänge und 25 cm Stärke auf 15 cm Kies mit 4,3 kg/cm^2 Stahlmattenbewehrung viel besser. Es zeigt sich, daß auch bei kontinuierlicher Bewehrung eine Längsfuge notwendig ist, da sonst Längsrißbildung eintritt. Auf der kontinuierlichen Fahrbahn zeigten sich einzelne schwere Schadenstellen, die erneuert werden mußten, jedoch kein Pumpen verursachten.

Stanton 01 — Bei einer 1,6 km langen, kontinuierlich bewehrten Betonfahrbahndecke in Kalifornien zeigten sich nach 1 1/2 Jahren viele nicht breite Risse, die aber mit der Zeit erheblich zunahmen. Hieraus konnte eine Plattenlänge von 30 bis 40 m als höchst zulässig erkannt werden. Dabei ist zu berücksichtigen, daß in Kalifornien die Sommertemperaturen sehr hoch sind und starkes Schwinden verursachen.

Breemen 01 — Bei fugenlos kontinuierlich bewehrter Betonfahrbahn zeigten sich nach 3 Jahren schwere Risse in der Nähe der - durch die täglichen Arbeitsabschnitte bedingten, sogenannten "Arbeitsfugen" - wobei die Art und Weise der Rißbildung das Ausfasern fördert. Die äußere Fahrbahn macht bei genauer Prüfung keinen sehr guten Eindruck, viele Risse haben sich zu weit geöffnet, um eine große Belastungsdauer zu ermöglichen. Das Klima hat einen sehr großen Einfluß auf die Rißbildungen.

Beobachtungen an kontinuierlich bewehrten Betonstraßen in New Jersey mit 2 Abschnitten von je 1,6 km Länge dabei einer mit schwacher und einer mit schwerer Bewehrung, Baujahr 1947 bei schwerem Lastwagenverkehr.
Genaue Verkehrszählung über einige Jahre. Vorherrschender Lastwagentyp: Sattelschlepper, brutto 27,2 t.

1. Beide Straßenabschnitte verlängern sich insgesamt pro Jahr um 2,5 cm, infolge der sich bildenden Risse. Die Risse treten nur an den Enden nicht in der Mittelzone auf.
2. Beide Straßenabschnitte haben hunderte von Querrissen in Abständen von 15 cm bis 1,6 m. Die Enden der Abschnitte sind auf eine Länge von 20 m bis 54 m nahezu rißfrei.
3. Alle Risse verlaufen senkrecht zur Fahrtrichtung, Längsrisse fehlen fast völlig.
4. Bei schwerer Bewehrung sind die Rißabstände kleiner, d.h. es gibt mehr Risse, die aber feiner sind.
5. Die Rißweiten sind sehr verschieden und erreichen 0,76 mm.
6. An den Arbeitsfugen ist die Stahlbewehrung in Ordnung. Die größte Öffnungsweite der Arbeitsfuge beträgt 1,04 mm.
7. Ein mittlerer Teil der schwächer bewehrten Strecke weist schwerwiegende Brücke auf einer Fläche von 2,4 m^2 auf. Eine Nachprüfung ergab jedoch schlechten Beton an diesen Stellen.
8. Bei einer Anzahl von Rissen konnte Abblättern und Ausfransen festgestellt werden, das auf den Schwerlastverkehr zurückzuführen sein dürfte.

7. Einfluß der Plattenstärke auf die Rißbildung

Weil 04 — Bei der 18 cm-Platte sind die Risse am stärksten, da bei geringer Tragfähigkeit die Temperaturspannungen hoch sind. Bei 15 cm-Platten sind die Rißbildungen geringer trotz der geringeren Festigkeit, da die Temperaturspannungen niedriger sind.

Mönnig 03 — Bei 1000 m langer kontinuierlich bewehrter Betonstrecke in Illinois waren bei gleicher, starker Berechnung die Abstände der Risse bei den 20,3 cm starken Platten (s. Tabelle C-d) / I-8.) größer als bei den 17,8 cm starken.

Crantz 13 — Bei Asphaltbeton gehen die Risse des Zementunterbaues bei 10 cm Asphaltbelag nicht mehr bis an die Oberfläche.

8. Einfluß der Bewehrung auf die Rißbildung

Neumann 02 Die Bewehrung der Betondecken vermindert die Rißbildungen und ist daher zur Erhöhung der Lebensdauer günstig; diese kann bis auf 30 Jahre gesteigert werden.

Hillenbrand 02 Bei einer 3,6 km langen Betonautobahn bei Frankfurt wurde 1955 nach zweijährigem Betrieb festgestellt, daß auf feinkörnigem sandigem Boden - infolge Wegfließens des Untergrundes, besonders an den Seiten - eine Bewehrung günstig ist. Von 146 bewehrten Platten sind nur 8 gebrochen (5,5 %) und von den unbewehrten 576 Platten dagegen 118 (20,5 %).

Alix 01 Mit Baustahlgewebe bewehrte Platten der Betonfahrbahnen bei Frankfurt haben viel weniger Brüche als unbewehrte Platten. Doppelt bewehrte Platten dieser Art sind nicht gerissen, wobei die doppelt bewehrten Platten allerdings auch immer verdübelt waren, während die einfach bewehrten nur in Intervallen Dübel hatten.

Cashell 02 Bei 15 Jahre alten Versuchsstrecken mit verschieden langen Platten und verschieden starker Bewehrung (0,07 bis 1,85 % bezogen auf den Gesamtquerschnitt) zeigte sich, daß bei genügender Bewehrung je nach Untergrund die auftretenden Risse geschlossen bleiben, d.h. nicht weiter aufklaffen.

Schütte 03 Versuche über den Einfluß der Bewehrung der Fahrbahndecke auf die Rißbildung. Bei Bewehrung sind die Anzahl und die Breite der Risse wesentlich kleiner als ohne diese. Eine stärkere Bewehrung an den Feldrändern hat sich günstig ausgewirkt. Klaffende Risse von erheblicher Breite sind auf bewehrten Feldern nicht aufgetreten. Die vergleichbaren Felder ohne Bewehrung weisen viel stärkere Zerstörungen auf. Daher erscheint der Bau bewehrter Decken für die Zukunft wirtschaftlicher.

Schütte 02 Einfluß der Bewehrung auf die Rißbildung:

	ohne Bewehrung	mit Randbewehrung	Stahlbaumatten
Länge der Strecke	7,9 km	9,96 km	9,20 km
Anzahl normaler Risse	960	1480	14 444
Anzahl klaffender Risse	1321	149	125

Die Bewehrung verhütet die Bildung klaffender Risse. Von obigen Zahlen waren 70 % der Risse auf der Fahrbahn und 30 % auf der Überholungsbahn.

Dutron 01 Auf einer 584 m langen Versuchsstrecke aus kontinuierlich bewehrtem Beton mit Stahl von 4700 bis 7000 kg/cm^2 Festigkeit zeigten sich auf den Strecken mit 4700 kg/cm^2 Festigkeit einige Risse, da die Elastizitätsgrenze des Stahls erreicht war. Es wird vorgeschlagen, die Stahl-Bewehrung auf 0,8 % Gewichtsanteil und eine Festigkeit von mindestens 5500 kg/cm^2 zu verstärken.

Mönnig 03 — Bei kontinuierlich bewehrten Versuchsstrecken in Illinois mit 1000 m Plattenlänge ergab sich folgender Einfluß der Bewehrung auf die mittleren Rißabstände:

Plattenstärke	Bewehrungsanteil			
	0,3 %	0,5 %	0,7 %	1 %
17,8 cm	4,8 m	2,9 m	2,1 m	1,6 m
20,3 cm	4,2 m	3,1 m	2,6 m	2,0 m

Die mittlere Rißweite bewegte sich zwischen 0,2 und 0,5 mm, Längsrisse waren bei stärkerer Bewehrung häufiger. In der mittleren Zone von ca. 800 m traten bei einer Breite der Decke von 6,7 m keine Längsrisse auf.

Russel 01 — Aufstellung der Theorie, daß bei kontinuierlich bewehrten Betonstraßen viele kleine Querrisse günstig sind, da dann keine klaffenden Risse entstehen, die zu Treppenbildung führen. Bei kleinen Rissen werden die Kräfte am Riß an den Stahl abgegeben, der diese gleich wieder an den Beton weitergibt. Der mittlere Rißabstand nimmt mit Verminderung der Bewehrung ab, wie Versuche mit einer 17 cm dicken Platte gezeigt haben. Der Rißabstand ist bei der 20 cm-Platte größer als bei der 17 cm-Platte.

9. Einfluß der Schichten der Decke

Walz 02 — Rißbildung auf einer Autobahn im Jahre 1935. Querrisse in gutem Oberbeton sind zurückzuführen auf trockenen und damit zu porigen Unterbeton mit zu geringer Biegefestigkeit. Der Unterbeton war durchgerissen und verursachte dadurch Risse im Oberbeton. Es ist daher notwendig, daß der Unterbeton die gleiche Biegefestigkeit wie der Oberbeton hat und jeder Querschnitt, hinsichtlich der Formänderung und Festigkeitseigenschaften möglichst homogen ist.

Graf 12 — Bei Beobachtungen von Rissen an Autobahn-Betonstraßen nach 12 Jahren läßt sich kein ausschlaggebender Einfluß der verschiedenen Plattenbauarten in den verschiedensten auch geschichteten Ausführungen erkennen.

Weber 03 — 12 cm starker Oberbeton mit magerem Betonunterbau und 3 mm asphaltmastix-Zwischenschicht zeigt keine Deckenrisse.

Meyer 4 - 01 — Bei frostempfindlichem Untergrund hat sich baustahlbewehrter Oberbeton auf 9 cm starkem Unterbeton und 10 cm Unterbau von Schotter oder Kies bewährt bei einem Fugenabstand von 10 m auf den Geraden und von 5 m in den Krümmungen.

Crantz 13 — Vorschläge zur Vermeidung der Rißbildung in Asphaltbetondecken auf Betonunterbau auf Grund der Erfahrungen in Lahr. Beweglichkeit der Decke gegenüber dem Beton durch Einlagen von 2 cm Trennschichten aus Sand oder glatte Oberfläche des Betons mit Bitumenanstrich.

Das Übergreifen von Rissen im Zementunterbau auf die Asphaltdecke kann durch Zwischenschichten vermieden werden.

Crantz 04 — Eine Gleitschicht von 2 cm Sand auf dem Betonunterbau verhütet nicht das Übergreifen der Risse im Unterbeton auf die Asphaltdecke.

10. Einfluß des Deckenmaterials auf die Rißbildung

Betonstraßen

Graf 10 — Einfluß der Art des Straßenbauzementes auf die Rißbildungen auf Grund von Beobachtungen bei Stuttgart, Köln und Hannover nach 12 bis 14 Jahren. Bei den Betondecken mit Hochofenzement waren die Haarrisse etwas feiner als bei denen mit Portlandzement. Auch innerhalb der verschiedenen Arten der Portlandzemente sind erhebliche Unterschiede. Diese feinen Haarisse verursachen aber nicht immer Bruchrisse. Die bisherigen Vorschriften (1953) für Deckenzemente scheinen ausreichend.

Schönberg 03 — Zuschlagstoffe aus gebrochenem Klinker erhöhen die elastischen Eigenschaften des Betons, so daß die Feldlängen ohne Bewehrung auf 50 m erhöht werden können. Nach dreijähriger Benutzung sind die 10 Versuchsplatten noch ohne Querrisse.

Dittrich 11 — Beobachtungen von Rißbildungen auf einer 12 km langen Versuchsstrecke mit Weichbetondecke.

Dittrich 04 — Elastikbetondecken (Zumischung von Bitumen zu Beton, um die Sprödigkeit zu verringern) zeigen nach 4 1/2 bis 5 Jahren nahezu keine Risse. Nach 12 bis 13 Jahren, bei gemischtem Verkehr, war das längste nicht gerissene Feld bei Zwickau 25 m, bei Hohengatow 30 m, bei Falkensee 50 m. Nach 10 Jahren auf der ganzen Strecke nur einzelne Querrisse während bei normalem Beton, bei einem Fugenabstand von 5,5 m, 40 % aller Platten zerbrochen waren.

Bei schwachem Verkehr und gutem Untergrund sind wahrscheinlich noch längere Elastikbeton-Felder ohne Mittelfugen möglich. Bei starkem Verkehr treten Risse nur bei dünner Decke infolge zu geringer Festigkeit, jedoch in geringerem Maße als bei normalem Beton normaler Dicke auf.

Bituminöse Straßen

Nijboer 02 — Bei Asphaltgrobbeton werden Rißbildungen durch Erhöhung des Bitumenzusatzes verhütet. Angabe günstiger Kornverteilungen.

Finney 01 — Die Rißbildung in Bitumendecken hängt von den Bitumenqualitäten ab.

Crantz 04 — Die vertikalen Bewegungen der Decke infolge des Verkehrs sind nicht die Ursache des Auftretens von Rissen bei Asphaltbeton auf Zementunterbau.

Asphaltbetondecke auf Betonunterbau muß bei tiefen Temperaturen möglichst widerstandsfähig gegen Zugbeanspruchungen sein. Die bituminöse Decke muß mindestens 10 cm stark sein.

Crantz 13 Vorschläge zur Vermeidung der Rißbildung in Asphaltbeton bei Betonunterbau auf Grund der Erfahrungen in Lahr. Über die Unterbau-Betonfugen ist eine plastische Decke von 12 cm Dicke oder ein zugfester Asphaltbinder von 10 cm Stärke aufzulegen.

Neumann 11 Brückenfahrbahn, bestehend aus leichter bituminöser mit Baustahlgewebe bewehrter Verschleißschicht, aufgelegt auf Sockelbleche, ist empfindlich für Verkehrsschwingungen oder Frostbewegungen, die Risse in der Verschleißschicht verursachen. Die Leichtfahrbahnen müssen genügend Steifigkeit haben, da sich bei ungenügender Stabilität in der Verschleißschicht "wilde" Risse bilden.

11. Einfluß der Verdübelung auf die Rißbildung

Schaible 01 Eine Verdübelung der Betondecken ist zur Vermeidung von Rissen auch bei bestem Untergrund notwendig, wie sich bei der Autobahn Bruchsal-Mannheim gezeigt hat.

Thomas 01 Betonplattenversuch in Kentucky mit 14 Plattenarten. Die Rißbildungen sind bei den Platten mit verdübelten oder nicht verdübelten Fugen ungefähr gleich stark.

C Decke d) Rißbildung

I Fahrzeugverkehr 3) Verkehr mit schweren Radfahrzeugen

1. Beton-Autobahnen

Dittrich 19 Die Beanspruchung durch Kraftfahrzeuge ist in geringem Maße an der Rißbildung in den früh erbauten Autobahnbetonplatten beteiligt, was sich aus dem Vergleich der zerbrochenen Platten auf der Fahrspur und der Überholspur ergibt.

Dittrich 11 Bei Beobachtungen der Autobahnen konnte auf der durch die schweren Kraftfahrzeuge belasteten Fahrspur eine ca. 10 %ige höhere Rißneigung als auf den Überholspuren festgestellt werden.

Baumeister 01 Nach Dittrich war auf der Autobahn Helmstedt-Berlin auf der südlichen Seite infolge der höheren Beanspruchung durch den Zubringertransport die Rißbildung erheblich größer als auf der nördlichen Seite. Auf der Autobahn Ruhrgebiet-Berlin zeigte sich eine sprunghafte Erhöhung der Rißbildung in den Jahren 1948 bis 1951 infolge des Versorgungstransportes nach Berlin.

Bei den Aufstellungen von Dittrich über die Veränderungen von Autobahnbetonplatten fehlen genaue Angaben über die Verkehrsbelastung, deren Einfluß auf die Zunahme und das Aufhören der Rißbildung somit nicht festgestellt werden kann.

Der schwere Lastwagenverkehr bestimmt die Lebensdauer der Betondecken. Erfahrungen an Autobahnen bei München: 63 % der Risse auf der Fahrspur und 37 % auf der Überholspur. Nach der Deckenerneuerung auf der Autobahn: 60 % der Risse auf der Fahrspur und 40 % auf der Überholspur.

Streit 04 — Autobahnbetonplatten, bei denen während des Krieges keine Fugenvergußmassen erneuert wurden, haben sich im letzten Drittel an den Enden durchgebogen, wobei durch Überschreitung der Biegezugfestigkeit infolge des schweren Lastverkehrs in 3 m bis 5 m Abstand vom Plattenende Risse aufgetreten sind.

Hillenbrand 02 — Die Betonautobahn bei Frankfurt von 3,6 km Länge wurde sehr schnell nach der Herstellung in schweren Verkehr genommen, wodurch die Zerstörung durch Rißbildung schon frühzeitig einsetzte. Kleinere Auswaschungen an den Rändern führen bei den bewehrten Platten weniger zu Brüchen als bei den unbewehrten.

Schaible 01 — Durch eine Verkehrsbelastung von 7000 bis 9000 Kraftfahrzeugen pro Tag, wovon ein großer Teil LKW sind, treten bei Betonautobahnen auch bei bestem Untergrund (Rheinkies) infolge von sich bildenden Fugenstößen von 10 mm bis 35 mm Höhe in einer Entfernung von 2 m bis 4 m von den Plattenenden Risse auf. Die Ursache dieser Schäden ist, daß die Fugenvergußmassen während des Krieges nicht erneuert wurden.

Graf 12 — Beton-Autobahn-Versuchsstrecke Echterdingen. Die Risse in der Fahrspur wachsen sehr schnell gegenüber denen in der Überholspur.

Graf 10 — Ausführliche Darstellung der Veränderung der Risse nach 12 Jahren auf Autobahnen. Verkehrsbelastung 7000 bis 9000 Kraftfahrzeuge pro Tag, hiervon ein großer Teil LKW. Ursprünglich kleine Risse haben sich zu vollständig durchgehenden Rissen vergrößert, dagegen kann eine Verringerung der Risse nach den Plattenenden hin beobachtet werden. Die Fahrspur hat deutlich mehr Risse als die Überholspur. Nachträgliche Verdichtung des feinsandigen Untergrundes durch die Verkehrsstöße. Fugentreppen von 10 mm bis 35 mm Höhe infolge fehlender Dübel, (Baujahr 36/37) wurden beobachtet.

2. Betonstraßen

Road Test 01 — Beim Road Test One-MD traten die Rißbildungen an den Ecken und in größerem Abstand von den Fugen auf. Aufbau der Versuchsstraße und Verkehrsbelastung siehe C / I-3.

Auf gleichem Untergrund traten auf Bahn 4 nach 50 000 LKW-Belastungen bereits Anzeichen hoher Zerstörung auf. Nach 96 000 LKW-Belastungen waren die Platten so zerbrochen, daß der Fahrbetrieb aufgegeben werden mußte. Bahn 3 zeigte nach 165 000 LKW-Belastungen nur einige technische Schäden. Der Untergrund allein ist daher nicht der einzig maßgebende Faktor.

Road Test One-MD. Beginn der Versuche auf 5 Jahre alter Decke bei leichtem Verkehr am 23.7.1950. Unterbrechung auf der Bahn 4 am 13. Oktober wegen völliger Zerstörung, 23. Dezember Schluß der Versuche. Messung der Rißlängen bei folgenden Gesamtbefahrungen durch LKW. Bahn 1 und 2: 289 000, Bahn 3: 164 000 und Bahn 4: 92 000. Hierbei wurden folgende Gesamtrißlängen je Platte gemessen: Bahn 1: 1,2 m; Bahn 2: 7,5 m; Bahn 3: 4,6 m; Bahn 4: 15,2 m, jeweils bei der gleichen plastischen Bodenart (Definition der Bodenartklassifikation s. E / I-1.). Hierbei pumpende Fugen auf der Bahn 1: 62 %, Bahn 2: 96 %, Bahn 3: 98 % und auf stillgelegter Bahn 4: 98 % der Gesamtfugenlängen.

Die 102 t (22,4 Kip) Einzelachsen verursachen - bezogen auf die Gesamtstrecke - 6,4mal so viele Risse in den Betonplatten wie die 8,1 t (18 Kip) Einzelachsen bei 238 000 Belastungen. Bei gutem Boden verursachten diese Belastungen keine Risse. Die 20 t (44,8 Kip) Doppelachsen verursachten bei 92 166 Belastungen Totalzerstörungen der Straße, so daß die Versuche auf dieser Strecke abgebrochen wurden. Bezogen auf die Gesamtstrecke war bei 92 000 Belastungen die Anzahl der Brüche bei der 20 t-(44,8 Kip) Doppelachse 12,3mal so groß wie bei der 14,4 t (32 Kip) Doppelachse.

Kentucky 01 — Brüche von Betonfahrbahndecken treten am häufigsten in der stark befahrenen Fahrspur auf.

SAE 01 — Die Rißbildungen in Betondecken sind auf der Fahrspur größer als auf der Überholspur. Wenn die Risse auf beiden Spuren gleich groß sind, so ist auch die Fahrbeanspruchung auf beiden Spuren annähernd gleich hoch; d.h. Zerstörungen treten dort auf, wo die Beanspruchungen sich oft wiederholen.

Coons 01 — Beim Michigan-Betonstraßen-Versuch ergaben sich nach 3 Jahren Normalverkehr nur 2 große Querbrüche. Eine Reihe von Platten zeigte überhaupt keine Brüche.

Untersuchungen über die Verformungen der Beton-Fahrbahndecken bei Einzellasten und bis zu 10 000 Lastspielen zeigten, daß bei Betonplatten bereits geringfügige Erhöhungen der üblichen Maximallast zu Bruch führen können.

Straße 22 — Durch die Verkehrslast werden die Beton-Fahrbahnplatten in den Untergrund gedrückt, so daß die Plattenenden, die zunächst nur elastisch verformt werden, infolge von Dauerermüdung brechen.

Sack 01 — Durch schweren Verkehr wurden beträchtliche Bewegungen zwischen benachbarten Betonfahrbahnplatten festgestellt, die schließlich zum Reißen der Platten führten. Infolge des Wegfließens des Untergrundes entstanden beträchtliche Höhenunterschiede.

Schäfer 06 — Betonstraßen sind bei schwerem Verkehr sehr ungünstig, da die Fugen ständige Unterhaltung erfordern und manche Felder wilde Risse aufweisen.

Dittrich 08	Die Rißbildungen einer 1938 hergestellten Betonfahrbahn sind nach 13 Jahren infolge der seit Kriegsende stärker werdenden Verkehrsbeanspruchung noch nicht abgeklungen.
Temme 02	Gegenüberstellung der Rißbildungen in Betonplatten bei verschiedener Achslast. Eine 20,3 t-Tandemachsbelastung verursacht 11mal so viele Risse wie die 14,5 t-Tandemachse, die 10 t-Einzelachse verursacht 6mal so viel Bruchstellen wie die 8,2 t-Einzelachse. Hierzu auch Vergleiche mit dem MD-Test. Hieraus Schlußfolgerung: Die Straßen sollen mit ausreichenden Sicherheitsfaktoren gebaut werden, weil es möglich ist, daß die Achslasten noch auf die in den USA üblichen Werte heraufgesetzt werden.

3. Sonstige Betondecken

Graf 10	Bei Versuchen mit verschiedenen Zementarten (s. C-d) / I-10.) waren die Rißbildungen in der Fahrspur erheblich stärker als in der Überholspur.
Breemen 01	Kontinuierlich bewehrte Betonstrecken von 1,6 km Länge bei schwerem Lastwagenverkehr mit Sattelschleppern 1947. Beobachtungen über die Rißbildungen siehe C-d) / I-6.
Maak 01	Schief zur Straßenachse verlaufende Querfugen verursachen schiefwinklige Fugenkreuzungen und lassen Straßenzwickel entstehen, die zum Abbrechen neigen.
Gestrich 01	Betondecken auf Flugplätzen. 35 cm starker, ausgezeichneter Beton in Gatow zeigte an den Stellen, an denen die Flugmotoren warm gefahren wurden, sehr starke Risse. Die Gummipolsterungen der Luftreifen haben die Schwingungen nicht unschädlich gemacht. Außerdem wirkt an diesen Stellen zusätzlich die ruhende Last während einer längeren Zeitdauer gegenüber den Landestellen, über die nur schnell gefahren wird.
Reinhold 02	Bei Betondecken auf Flugplätzen zeigten sich Querrisse in Abständen von 12 m. Einzelne Einbrüche von 1 bis 2 cm^2 sind wahrscheinlich auf landende Flugzeuge zurückzuführen.

4. Bituminöse Decken

Washo 02	Fahrspuren gingen bis in eine Tiefe von 15 cm (6 "). Ihre Bildung verursachte keine Brüche der Decke.
Crantz 19	Beim Washo Road Test ergab sich, daß durch schwere Kraftwagen verursachte elastische Durchbiegungen von 5 cm bis 10 cm starken Asphaltbetondecken in Höhe von 1,1 mm bei warmem Wetter und von 0,8 mm bei kaltem Wetter noch ohne Schäden überstanden werden. Bei stärkeren Durchbiegungen erfolgt Rißbildung und schließlich Oberflächenschaden.
Schmidt 09	Graphische Darstellung über den Zusammenhang zwischen Straßendicke und Rißbeschädigung der Straßenoberfläche bei verschiedenen Achslasten. Eine geringe Verstärkung der

Asphaltbetondecke erhöht die Lebensdauer bei Belastung durch schwere Kraftfahrzeuge in einem viel größeren Umfang als der Proportionalität entspricht.

Nijboer 10 — Die Risse in Asphaltdecken sind vorwiegend auf Biegungsbeanspruchungen infolge von den schweren Kraftfahrzeugen verursachten dynamischen Belastungen zurückzuführen.

Wildeboer 01 — Gummibituminierte Decken zeigen nach 16 Jahren keinen einzigen Riß bei ca. 9000 Fahrzeugen pro Tag. Im Amsterdamer Hafengebiet war eine Decke mit 15 bis 25 kg Gummibitumen je m^2 nach vielen Jahren völlig standfest.

Kunde 08 — Randstreifenbefestigung: Bituminöse Decke von 5 bis 7 cm auf 10 cm-Magerbeton zeigt bald Risse, da die Verdichtung der Decke durch den Verkehr fehlt.

C Decke d) Rißbildung

II Fahrzeugeigenschaften 4) Statische vertikale Last

Granholm 01 — Jeder Lastanordnung und Lagerung einer Betonplatte ist eine eindeutig festliegende Bruchform zugeordnet. Diese Tatsache wird bei der Anwendung der Bruchlinientheorie ausgenützt. Dabei wird die Vereinfachung getroffen, daß alle auftretenden Formänderungen in der Platte vernachlässigt werden können, außer denen längs der Bruchlinien. Durch Vergleich der äußeren und inneren Arbeit für diese Stellen lassen sich die Bruchlasten bestimmen. Bei genauer Kenntnis der Bettungsziffer ist in schwierigen Fällen auf diese Weise eine Bemessung der Straßendicke möglich.

Freeman 01 — Versuche über die Rißbildung von Betondecken bei statischer Last an verschiedenen Stellen der Platten.
Überladungen verursachen an den Ecken kleine Brüche in einem halbkreisförmigen Bereich oder, wenn das Material an der Ecke besonders gut ist, vollkommene Querbrüche. Bei Tandem-Anordnung der Räder wurde ein Bruch zwischen den Rädern beobachtet. Im Inneren der Platte wurde eine Kombination von radialen Brüchen mit Querbrüchen in einem bestimmten Abstand von der Last beobachtet, während die Querrisse direkt unter der Achslast hindurchgehen.

Graf 03 — Bei einer statischen Last von 22 t tritt bei 22 cm starken Betonplatten von 6 kg/cm^2 Festigkeit bei einer Last-Entfernung von 30 cm vom Plattenrand und der Ecke sofort ein Bruch auf.

Weil 04
Weil 02

Bei einem Vollgummireifen nimmt beim Überfahren eines Hindernisses von der geringsten Geschwindigkeit an (5 km/h) mit der zunehmenden Geschwindigkeit die Spannung in den Betondecken steigend höhere Werte als bei der ruhenden Last an. Bei einem solchen Versuch ist die Betonplatte in der Nähe der Meßstelle gebrochen, obwohl die Einsenkungen und Verlängerungen der Platte nicht größer als bei gleich schweren luftbereiften Wagen waren.

D Unterbau Allgemein

I Fahrzeugverkehr Allgemein

1. Allgemeine Prüfmethoden für Unterbau

AA Straßenbaubeanspruchung 10.1.58	Die Messung der Druckfortpflanzung in den Unterbau mit Druckmeßdosen ist bei flexiblen Decken schwieriger als bei Beton. Es sind noch keine Geräte für flexible Decken vorhanden. Die Messung ist deshalb schwierig, weil die Deformation von der Geschwindigkeit des darüberfahrenden Fahrzeugs abhängt, so daß aus der statischen Belastung nicht auf die tatsächlichen dynamischen Kräfte geschlossen werden kann.
AG Unterbau 01	Meßgeräte und Baustoffuntersuchungen bei der Unterbauversuchsstrecke Lahr.
Allen 01	Dehnungsmessungen bei Unterbauversuchen für Betondecken.
Spencer 02	Meßmethoden bei Unterbauversuchsstrecken für Betonstraßen.
Crantz 02	Messung der Tragfähigkeit des Unterbaues mit Schwingmaschine.
Crantz 24	Meßmethoden bei der Unterbauversuchsstrecke Grunbach.
Washo 01	Messung der Temperatur und Feuchtigkeit im Unterbau in verschiedenen Tiefen beim Washo-Test, während der ganzen Versuchsdauer - auch während der Zeiten ohne Fahrbetrieb - mit täglichen Maximum- und Minimum-Werten durch selbstregistrierende Geräte.
Crantz 24	Die Druckverteilung im Boden kann bei statischer und dynamischer Belastung mit Druckmeßdosen gemessen werden, deren Empfindlichkeit besonders gesteigert wurde. Um die Ergebnisse der verschiedenen Versuchsstrecken miteinander vergleichen zu können, ist als Last ein Lastwagen mit einer Radlast von über 1000 kg zu verwenden.

2. Unterbauversuchsstrecken

Crantz 05	Forderungen an Unterbauversuchsstrecken für schweren Verkehr: Hohe Verkehrsbelastung; ebenes Gelände; frostsicherer Boden; Unterbau aus Naturgestein mit Zementbeton oder bituminösen Bindemitteln sowie Packlage. Feststellung des besten Unterbaues im Hinblick auf Standfestigkeit mit guter gleichmäßiger Druckverteilung.
Crantz 22 Crantz 06	Unterbauversuchsstrecken für schweren Verkehr: Lage der Versuchsstrecke; Beschaffenheit des Untergrundes; angewandte Bauweise und Verkehrsfrequenz.
Crantz 03	Neue Unterbauversuchsstrecken, mit genauer Messung des Verkehrs, zur Feststellung des Einflusses von schichtweisem Aufbau von Asphaltbeton auf Zement und der Bindung von Asphalt auf Zement.

Streit 03	Bei der Versuchsstrecke Braunschweig wurden verschiedene Unterbauarten geprüft; auch mit Beton, der sich besonders gut bewährte.
AG Unterbau 01	Erster Bericht über Planung und Vorarbeiten der Unterbauversuchsstrecke Lahr: Aufbau der Versuchsstrecke; verwendete Meßgeräte für Boden- und Baustoffuntersuchungen.
Crantz 04	Genaue Darstellung des Aufbaues der Versuchsstrecke Lahr: Verwendete Unterbauten und Decken, Herstellungsmethode, Korngrößen, Verfestigungen, Untergrundart, Wassergehalt, Elastizität, spezifisches Gewicht, CBR-Wert der Verkehrsbelastung. Außerdem Baustoffprüfungen usw.
Crantz 02	Erster Bericht über die Unterbauversuchsstrecke Lahr. Beschreibung der Unterbauarten; Vermessung der Ebenheit sowie der Tragfähigkeit der Unterbauten mit der holländischen Schwingungsmaschine von Shell durch Bestimmung der Fortpflanzungsgeschwindigkeiten der eingeleiteten Wellen sowie der Formänderungen. Weitere Unterbauversuche für schwersten Verkehr 1953 geplant.
Lämmlein 02 u.03	Unterbauversuchsstrecke Lahr mit schichtweisem Aufbau auf besonders gutem Untergrund.
Spencer 01	Versuchsstrecke zur Bestimmung des günstigsten Unterbaues für Betonfahrbahnen auf feinkörnigem Untergrund: Bituminierter Unterbau, Bodenverfestigung mit Beton sowie Schotterunterbau verschiedener Stärke und verschiedenen Gefüges. Beobachtung der Feuchtigkeit im Unterbau und der Bewegung der Platten.
Crantz 24	Unterbauversuchsstrecke Grunbach. Gesichtspunkte für die Wahl der Strecke, örtliche Besonderheiten, Decken- und Unterbaukonstruktionen sowie Meßgeräte und -Methoden.
Ramspeck 03	Versuche mit verschiedenen Frostisolierungen auf der Reichsstraße Nr. 11, Ostmark, mit Kiesfilter-Unterbau verschiedener Stärke, Sand sowie Schotter; Baujahr der Straße 1935.
Allen 01	Versuchsstrecke zur Bestimmung des günstigsten Unterbaues für Betonfahrbahnen: Straßenkonstruktion; Versuchsanordnung; Dehnungsmessungen, Verkehrszählungen und Fahrzeuggewichte.

3. Allgemeines über den Einfluß des Kraftfahrzeugverkehrs auf den Unterbau

Crantz 03 Crantz 04	Bei der Versuchsstrecke Lahr ergaben sich im Herbst 1953 nur geringe Veränderungen, da nur mittelschwerer Verkehr mit etwa 3000 bis 4000 Fahrzeugen pro Tag einwirkte. Geringe Veränderungen der Ebenheit trotz des verschiedenen Unterbaues, Nur der schnell abbindende Teer auf Betonunterbau war etwas ungünstiger.
Crantz 19	Beim Washo Road Test mit schweren Kraftfahrzeugen zeigten die Ränder der Decke schwere Schäden, da die Randstreifen nicht befestigt waren.

4. Kosten des Unterbaues

Oberbach 03 — Die meisten Straßen haben kein Fundament im Sinne eines tragfähigen Unterbaues, daher ist der Ausdruck "Substanzerhaltung der Straße" ein Fehlbegriff.

Eberle 01 — Ein Kostenvergleich der Unterbauformen gleicher Qualität gibt nahezu keine Preisunterschiede. Betonunterbau hat viele Vorteile.

Crantz 13 — Eine zementvermörtelte Packlage als Unterbau für Asphaltbetondecken für schweren Verkehr ist sehr teuer. Es ist kontrollierbar, ob der Zementmörtel richtig verdichtet und die Packsteine vollkommen ausfüllt und bindet. Aus diesem Grund ist eine Schüttpacklage mit Beton günstiger.

Crantz 14 — Die von Hand gesetzte Packlage wird auch aus arbeitstechnischen Gründen langsam verschwinden und durch die zementvermörtelte Schüttpacklage bei Vorhandensein entsprechend guter Steine ersetzt werden.

Mittmeyer 02 — Die Packlage ist wegen der erforderlichen Handarbeit sehr teuer. Es besteht die Gefahr ungenügender Verspannung.

Weber 02 — Die Packlage ist außerordentlich teuer, daher Betonunterbau besser.

Kopriwa 01 — Eine mechanische Bodenverfestigung kostete nur 0,6mal so viel wie eine Packlage auf Kiesdecke.

Crantz 13 — In den USA wird billiger und schnell herstellbarer Unterbau unter Verwendung örtlich vorhandenen Materials verwendet, wobei die Steine genügende Festigkeit haben und zerfallfest sein sollen.

Dutron 02 — Eine Bitumenschicht auf dem Unterbeton unter einer Bitumendecke wirkt als Gleitschicht und soll die Stöße dämpfen. Diese Fahrbahnkonstruktion ist höchstens 25 % teurer als normale Betonfahrbahnen.

D Unterbau a) Tragfähigkeit

I Fahrzeugverkehr Allgemein

1. Prüfmethoden für die Tragfähigkeit von Unterbauten

Statische Prüfmethoden

Braunschweig X — Unterbaumeßmethoden bei den Fahrversuchen in Braunschweig. Nur Beschreibungen des Aufbaues.

Siedeck 05 — Beobachtung der Tragfähigkeit des Unterbaues an einer Autobahn und vier Bundesstraßen an 39 Schadensstellen durch vorsichtiges Abtragen, das in gleicher Weise durchgeführt wurde und gute Vergleichsmöglichkeiten gibt.

Crantz 24 — Einbau von Druckmeßdosen verschiedener Bauart an der Unterbauversuchsstrecke Grunbach. Meßtechnische Schwierigkeiten bei der Eichung und im Betrieb.

Mc Leod 01 — Methode zur Bestimmung der Tragfähigkeit des Unterbaues durch drei-dimensionale Druckversuche. Die Auswertung dieser Versuche gibt die Möglichkeit der Bestimmung der Tragfähigkeit jeder gegebenen Stärke von Unterbau und Decke in Abhängigkeit von der Bodentragfähigkeit.

Siedeck 01 — Mit der Philips-Meßdose lassen sich die auf den Untergrund übertragenen Lasten nur bei gleichmäßigem Boden messen, wobei der Unterbau erhebliche Unsicherheit verursacht.
Unter der Packlage ist die Nullpunktsverschiebung größer als die auftretenden Drücke und erst oberhalb 500 kg stellen sich geringe Ausschläge ein.
Im Schotter einwandfreie Messung, wobei aber ebenfalls Unsicherheiten unterhalb 300 kg Last bestehen; erst in 0,5 m Tiefe sind genaue Messungen ab 500 kg möglich. Die Membran zeigt Einbuchtungen von den einzelnen Schottersteinen. Im Kies mit Schotter zeigte z.B. eine tiefer liegende Meßdose höhere Drücke als eine weiter oben liegende, da sich letztere infolge der Verschiebung des Untergrundes bei rollendem Verkehr verdrehte.

Dynamische Prüfmethoden

Nijboer 06, 07, 08 — Messung der Festigkeit von Unterbauten mit einer Schwingmaschine. Die Steifigkeit der Konstruktion ist gleich der wirkenden Kraft (t) geteilt durch die Durchbiegung (cm). Die Steifeziffer des Unterbaues ergibt sich dann aus der Gesamtsteifigkeit der Konstruktion und den Steifeziffern von Untergrund und Decke nach den Formeln und Nomogrammen von Odemark.

Die aus den Werten der Schwingungsmaschine berechneten Steifigkeiten und Dehnungen von Unterbau und Untergrund stimmen sehr gut mit den Werten überein, die unter rollendem Verkehr gemessen wurden (Abweichungen 8 %).

Nijboer 11 — Das Schwingungsgerät Shell kann in kurzer Zeit hohe Lastspielzahlen erreichen, die Aussagen über das Dauerverhalten des gesamten Straßenaufbaues möglich machen. Der Steifigkeitswert der Gesamtkonstruktion einschließlich des Unterbaues kann aus dem Verhältnis der Deckenbelastung zu ihrer Schwingungsamplitude bestimmt werden.

Crantz 02 — Messung der Tragfähigkeit des Unterbaues bei den Unterbauversuchen Lahr mit der holländischen Schwingmaschine.

Crantz 03 — Deutsche Entwicklung einer Schwingungsmaschine ähnlich dem Shell-Vibrator geplant.

Poel 01 — Schwingungsuntersuchungen in den USA durch Messung der Ausbreitungsgeschwindigkeit von Sinuswellen im Straßenkörper. Schwingmasse 2,04 t, Frequenz 5 bis 60 Hz, 2,5 kW-Motor;

elektrischer Schwingungsaufnehmer Philips, Niederfrequenz-Kathodenstrahl-Oszillograph und Elektronen-Voltmeter als Anzeigegeräte.

2. Tragfähigkeiten von Unterbauten

Oberbach 12	Für hochbeanspruchte Straßen mit schwerem Verkehr muß der gesamte Unterbau eine feste Verbundmasse bilden. Magerer und starker Zementunterbau ist für diesen Zweck sehr gut geeignet.
Crantz 03	Bericht über die Unterbauversuchsstrecke Lahr und weitere Erkenntnisse über das Verhalten des Unterbaues unter dem Einfluß schweren Lastwagenverkehrs.
Wehner 05	Die Tragfähigkeit des Unterbaues ist ausschlaggebend für die Bemessung und Dicke der Decke.
Leussink 02	Für die Bemessung der Straßendecken ist die Tragfähigkeit des Unterbaues ausschlaggebend.
Temme 02	Tragfähigkeit von Unterbauten in Abhängigkeit von der Tragfähigkeit des Untergrundes.
Poel 02	Gegenüberstellung der Tragfähigkeit verschiedener Unterbauarten bei verschieden einwirkenden Schwingungs-Frequenzen und -Amplituden. Aus der Fortpflanzungsgeschwindigkeit der Wellen in den verschiedenen Medien ergibt sich das Maß für die Steifheit.
Lämmlein 02	Die in Frankreich 1954 üblichen Straßenunterbauten haben sich bei schwerstem Verkehr einwandfrei gehalten. Diese neueren Straßen sind für 9 t Achslast und 7 at-Reifendruck zugelassen. Der Untergrund wird dabei nach dem CBR-Verfahren gemessen.
Busch 04	Bei Steinpflasterdecken ist die Tragfähigkeit des Unterbaues ausschlaggebend für die Ebenheit der Oberfläche. Die Art des Unterbaues richtet sich nach dem vorhandenen Steinvorkommen, dem Untergrund und der zu erwartenden Verkehrsbelastung.
Lämmlein 01	Schotterunterbau genügt für schweren Verkehr bei entsprechender Stärke und ermöglicht eine gut ebenflächige Straße.
Mc Leod 01	Bituminöse Unterbauschichten haben die 1,5fache Tragfähigkeit der von Schotterunterbau.
Nijboer 03	Die im Verkehr eintretenden Dehnungen der Bitumendecken sind bei Packlage am ungünstigsten, bei 23 cm-Schotterbau und bituminösem Unterbau von 15 cm gleichwertig. Zementverfüllter Kies hat zu geringe Festigkeit.
Lämmlein 01	Bei den Unterbauversuchen Lahr wurden verschiedene Unterbauarten im Vergleich zur Packlage untersucht, da letztere für den heutigen Verkehr infolge ihres losen Aufbaues und

der hierdurch verursachten ungenügenden Ebenflächigkeit der Decke nicht mehr ausreicht.

Die Shell-Vibrator-Maschine zeigt, daß die Tragfähigkeit einer Bitumendecke (8 cm-Tränkeinstreudecke mit Binder und darüber 3 cm Asphaltbeton) auf 15 cm Schotter besser ist als auf 24 cm Packlage.

Schaible 04 — Der heutigen Überbelastung der Straße sucht man durch stärkere Packlagen bis zu 25 und 30 cm zu begegnen. Die ständigen und starken Erschütterungen des Straßenkörpers verlangen aber ein harmonisches Zusammenwirken von Oberbau, Unterbau und Untergrund, das bei der Packlage nicht gegeben ist, selbst wenn die Steine hohe Witterungsbeständigkeit und Stoßfestigkeit haben.

Eberle 03 — Tragfähigkeit von Packlagen. Die Packlage ist kein zusammenhängender Körper. Die sich berührenden Flächen haben ungleiche Größe und Beschaffenheit. Das Eindrücken einzelner oder Gruppen von Steinen in den Untergrund verursacht Wellenbildung der Decke. Die Packlagesteine verschieben sich ständig horizontal und vertikal und zwar im Laufe der Jahre immer stärker. Die angestrebte Gewölbewirkung wird bei der Packlage nicht erreicht.

Busch 04 — Packlage mit Steinen geringer Festigkeit kann durch Einrütteln bei Resonanz eine so gute Verbundwirkung bekommen, daß die Decken dann bei schwerstem Verkehr einwandfrei bleiben.

Leussink 02 — Bodenvermörtelung mit Zement kann als direkte Deckschicht oder als Unterbau ausgenützt werden. Die Festigkeit schwankt zwischen 20 kg/cm^2 und 100 kg/cm^2 je nach Bodenart. Wichtig ist die Vermeidung von Hohlräumen und die Unempfindlichkeit gegen eindringendes Wasser, das die Tragfähigkeit infolge der Frosteinwirkung erheblich vermindern kann.

Feldmann 01 — Die Packlage überträgt den Druck nicht gleichmäßig sondern punktförmig auf den Untergrund. Dies ist besonders ungünstig beim Auftauen nach dem Frost. Der Zementunterbau ist daher wesentlich günstiger. Der Verlauf der Beanspruchungen bei verschiedenen Unterbauarten ist noch nicht genau bekannt.

Kayser 02 — Die Tragfähigkeit des bestehenden Unterbaues einer alten Straße ist entscheidend, ob eine neue Decke aufgelegt werden kann oder die Straße von Grund auf neu aufgebaut werden muß.

3. Berechnung von Unterbauten

Neumann 18 — Die vom Straßenkörper wirkenden äußeren Kräfte müssen vom Unterbau als Tragkörper der Straße aufgenommen werden. Die Dicken der Straßenschichten können in Abhängigkeit von der Tragfähigkeit des Untergrundes auf Grund von Untersuchungen angegeben werden.

Mc Leod 02 — Aus der Tragfähigkeit des Untergrundes, die mit verschieden großen Belastungsplatten gemessen wird, kann die notwendige Dicke des Unterbaues bei den verschiedenen Belastungen errechnet werden.

Wehner 05 — Nomogramm zur Bemessung der Straßenbefestigung, wobei die Tragfähigkeit des Unterbaues und der Decke zunächst ohne Bindemittel eingesetzt sind und hierzu die Kohäsionsmeterwerte des Deckenmaterials bzw. des Unterbau-Bindemittels eingesetzt werden.

Graf 03 — Methode zur Berechnung der Dicke des Unterbaues aus der statischen Last auf der Decke.

Mc Leod 01 — Methode zur Bestimmung der notwendigen Stärke von körnigem Unterbau zur Aufnahme von Belastungen durch Räder beliebiger Größe auf Grund von Belastungen. Kurven hierüber für viele Straßenbauarten und Flugplätze wurden entwickelt, aufbauend auf dem CBR-Verfahren und dreidimensionalen Belastungsversuchen. Hierzu größere Anzahl von Berechnungsbeispielen für Flugplätze, Landstraßen und Autobahnen.

Leussink 02 — Die verschiedenen in den USA üblichen Berechnungsmethoden für den Unterbau und auch die Decken sind unheitlich. Sie berücksichtigen die Eigenschaften des Untergrundes entweder gar nicht oder in verschiedener Weise.

Verfahren Canada für die statische Berechnung der notwendigen Stärke des Unterbaues bei körnigem Material und verschiedenen Lasten unter Berücksichtigung der Tragfähigkeit des Untergrundes (s. E-a) / I-2.), der Tragfähigkeit der Decke in t bei einer Durchbiegung von 5 mm bei dem maximal zulässigen Flächendruck auf die Decke sowie des Kegeleindringungsdruckes, d.h. des Druckes, der notwendig ist, um einen Kegel bestimmter Abmessung um ein bestimmtes Maß in die flexible Decke eindringen zu lassen.

Leussink 02 — Das Colorado-Verfahren zur Bestimmung der Gesamtdicke der Decke mit Unterbau, die als eine Einheit betrachtet werden, berücksichtigt die Verkehrsbelastung, die Bodenfeuchtigkeit und die Frostverhältnisse in ihrer Auswirkung auf die Bodenart und die Tragfähigkeit des Unterbaues, die Tragfähigkeit des Bodens, die nach dem CBR-Verfahren bestimmt wird. Das Cansas-Verfahren berücksichtigt für die Dimensionierung des Unterbaues sowie der Decke den Verkehrswert als Sättigungskoeffizient und den Radius der Reifenberührungsfläche, wobei die zulässige Durchbiegung der Deckenoberfläche bei der statischen Last einer normal doppel-bereiften 8 t-Achse erreicht werden darf. Weitere Formeln für mehrere Schichten. Methode Nordkarolina zur Berechnung der Dicke des Unterbaues aus der Höhe und Art der Lasten und der Druckverteilung bei aufgebrachter Belastung und der Tragfähigkeit der Bauteile der Straße, die in einer Formel zusammengefaßt sind.

CAA-Verfahren aus der unten beschriebenen Klassifizierung der Böden nach ihrer Plastizität zur Dimensionierung der Decken- und Unterbauschichten für verschiedene Radlasten.

Berechnung der Gesamtstärke von Decke und Unterbau von Flugplatzbefestigungen in cm aus dem CBR-Wert. Hieraus Angaben für verschiedene Unterbauarten bei verschiedenen Radlasten.

4. Bemessung von Unterbauten

Kentucky 01

Ein genügend starker Unterbau verhütet Risse in Fahrbahndecken.

AG Betonstraßen 01

Falls die maximale Stärke der Betondecken von 25 cm nicht ausreicht, muß zur Steigerung ihrer Tragfähigkeit die Betonfestigkeit durch bessere Zusammensetzung erhöht und zur Verminderung der Beanspruchung des Untergrundes verfestigt werden. Außerdem kann noch eine 15 cm Unterbaubetondecke eingebaut werden.

Oberbach 05

Bei Autobahnen ist eine Tragkonstruktion von weitgehender Unnachgiebigkeit unter der Bitumendecke notwendig, d.h. entweder Packlage mit Steinschlagbahn oder Betonplatten. Bei gutem Unterbau kann die Fahrbahndecke verhältnismäßig schwach ausgeführt werden, wobei hohe Tragfestigkeit des Untergrundes vorausgesetzt wird.

Crantz 13

Vorschläge für schichtweisen Straßenaufbau für schweren Verkehr: Auf einen Unterbau von 15 cm Kiessand, 20 cm Zementbeton-Unterbau, darauf 7 cm Asphaltbinder und 2 cm Asphaltbeton oder statt Zementbetonunterbau Grobbeton aus großen eingesetzten Steinen genügender Festigkeit.

Crantz 20

Bei Kies als Unterbautragschicht für Bitumenstraßen muß eine Zwischenschicht aus gebrochenem grobkörnigem Gestein, gebunden mit Teer oder Bitumen, eingebaut werden, da der kohäsionslose Kies zu große plastische Verformungen ermöglicht.

Oberbach 11

Bei Bitumendecken ist die druckverteilende Wirkung der Packlage unzureichend. Besser ist eine Schotterdecke von 30 cm bis 50 cm Tränkung mit Bitumen.

Wehner 05

Für die Bemessung bituminöser Decken werden in den USA die Tragfähigkeit des Unterbaues und die Verkehrsbelastung zugrunde gelegt.

In den USA ist bei einer 5 cm-Asphaltbetondecke bei stärkerem Verkehr ein Unterbau von 15 cm bis 20 cm oder 25 cm Stärke mit einem bestimmten Schottergerüst und Bitumeneinguß mit Splittauflage vorgeschrieben.

Kentucky 01

Ein genügend starker Unterbau verhütet das Auftreten von Rissen in Betonplatten.

Crantz 15

Vergleich der deutschen Unterbauarten mit denen in den USA. In den USA erfolgt der Aufbau der bituminösen Decken schichtweise, wobei die oberen Schichten immer kleinere Körper als die darunter liegenden haben. Hierdurch wird ein gleichmäßiger Übergang in den Untergrund erreicht, eine Bauweise, die in Deutschland nicht üblich ist.

Crantz 15	Der Packlagenunterbau hat den Nachteil, einen abrupten Übergang zum Untergrund zu bilden. In den USA wird ein langsamer Übergang erreicht, z.B. bei der New Jersey-Turnpike, indem zunächst auf den Untergrund, der z.B. einen CBR-Wert von 15 hat, eine ausgesuchte Bodenschicht von 13 cm Stärke mit einem CBR-Wert von 20 gebracht wird. Dann kommt abgestufter Kies mit grobem Korn (7 cm) unten und feinerem Korn (16 cm) oben, darüber 19 cm Tränkmakadam und dann erst die Deckenschichten von 11 cm-Asphaltbeton.
Mittmeyer 01	Flexibler Unterbau für Schwerverkehr in den USA bei schlechtem Boden oder Damm. Zunächst 30 cm bis 40 cm guter Boden, hierüber 2 Schichten Asphalttränkmakadam, darüber 3 Schichten Asphaltbetondecke mit insgesamt 24 cm.
Leussink 02	In den USA empfohlener Unterbau für 8 t-Achslast: Bodenaufschüttung aus körnigem verfestigtem Material: Bei bestem Boden 0 cm, bei gutem Boden 12,5 cm, bei mittlerem Boden 15 cm, bei schlechtem Boden 20 cm. Hierauf Druck-Verteilungsschotterschicht von 15 cm bis 35 cm, entsprechend den obigen Böden, hierauf 15 cm zementverfestigte Schicht, hierauf Bitumen-Verschleißdecke von 5 cm.
Temme 09	Straßendicke der amerikanischen Turnpike, bis insgesamt 93 cm, bei hoher Tragfähigkeit des Bitumenunterbaues.
Crantz 20	Die Ergebnisse des Washo-Testes (Asphaltbetondecken auf Kies) sind nur bedingt auf deutsche Verhältnisse übertragbar, da es hier nicht üblich ist, den Kies als Tragschicht, d.h. als vollwertigen Unterbau zu verwenden, auf den direkt die einschichtige Asphaltdecke gelegt wird.
Crantz 19	Der Washo-Test zeigt, daß die Befestigung der Randstreifen, die ein Wegwandern des Untergrundes verhüten, eine geringere Dicke des Kiesunterbaues ermöglicht. Bei der 5 cm-Asphaltbetondecke kann die Höhe des Kies-Unterbaues wie folgt verringert werden: Notwendige Unterbaudicke bei verschiedenen Achslasten:

Achslast	ohne Randstreifen	mit Randstreifen
8 t Einzelachsen	45 cm	35 cm
10 t Einzelachsen	45 cm	35 cm
14 t Doppelachsen	45 cm	35 cm
18 t Doppelachsen	55 cm	35 cm

Haufe 01	Bei Reichsautobahnen sind die Randstreifen aus Gußasphalt auf Betonunterbau.

5. Eigenschaften von Baustoffen für Unterbau

Betonunterbau

Crantz 15 Elastizitätsmodul verschiedener Unterbauarten, gemessen an der Unterbauversuchsstrecke Lahr, sowie Steifheit in Newton/Meter=Kraft/Längeneinheit.

Unterbauart	Elastizitätsmodul kg/cm^2	Steifheit bei 1t schwingende Last Newton/m	Steifheit bei 2t schwingende Last Newton/m
Packlage	8520	83	91
Schotter	18000	149	122
Zementvermörtelter Kies	19170	192	162
Bituminierter Kies	23430	135	107
Zementvermörtelte Packlage	127800	173,5	143
15 cm Zementbeton	85200	263	238
20 cm Zementbeton	85200	232	218

Crantz 04 Die Übertragung von Rißbildungen des Betonunterbaues auf die Asphaltbetondecke wird durch einen fugenlosen Zementbeton von nicht zu hoher Festigkeit vermieden, indem sich viele kleine Risse aber keine einzelnen großen Risse bilden.

Der Unterbaubeton darf nicht unter dem schweren Verkehr völlig zertrümmert werden und damit seine Tragfähigkeit verlieren. Diese Forderung ist sehr schwer zu erfüllen.

Neumann 02 Unterbeton muß eine Biegezugfestigkeit von 35 kg/cm^2 bis 30 kg/cm^2 und eine Druckfestigkeit von 270 kg/cm^2 bis 370 kg/cm^2 haben. Dabei ist die gleiche Festigkeit des Oberbetons anzustreben.

Lämmlein 01 Ein guter Unterbau entsteht durch Zementbeton mit einer Druckfestigkeit von 150 kg/cm^2 und einer Biegezugfestigkeit von 25 kg/cm^2. Dabei entsteht die Frage, ob noch eine Verminderung des Zementverbrauches möglich ist. Starker Schotterunterbau genügt bei schwerem Verkehr

Crantz 15 Der 20 cm-Unterbeton der Unterbauversuchsstrecke Lahr hatte eine Druckfestigkeit von ca. 180 kg/cm^2, eine Biegefestigkeit von 23 kg/cm^2 bis 42 kg/cm^2; bei 15 cm-Unterbeton war die Druckfestigkeit 145 kg/cm^2 und die Biegefestigkeit 23 kg/cm^2 bis 30 kg/cm^2.

Reinhold 03 — Beton-Bodenvermörtelung muß bestimmte durch Untersuchung festzustellende zahlenmäßige Werte der Festigkeit bzw. des Elastizitätsmoduls, des Schwindmaßes, der Struktureigenschaften und der Frostbeständigkeit haben.

Packlage

Crantz 13 — Die Packlage ist der am weitesten verbreitete Unterbau und in Gebirgsgegenden besonders billig, wenn gesundes witterungsfestes Naturgestein vorhanden ist. Sie ist bei feinkörnigem Untergrund ungünstig. Die punktförmige Druckübertragung und die Kosten für die notwendige sorgfältige fachkundige Ausführung sind nachteilig.

Lämmlein 01 — Die Packlage reicht für den heutigen Verkehr nicht aus, da der erforderliche Zusammenhang mit dem Untergrund fehlt und keine genügende Ebenflächigkeit erreichbar ist.

Casagrande 07 — Bei schwerem und mittlerem Verkehr genügt die Packlage als Unterbau nicht mehr, weil nicht nur Brüche der Steine, sondern auch Straßenunebenheiten vermieden werden müssen. Die Packlage kann nur verwendet werden, wenn sie auf eine Flachschicht aus großflächigen Steinen gesetzt wird.

Weber 02 — Eine Packlage auf 15 cm starker Bodenvermörtelung gibt zwar gute Auflage, kann aber zum Zerplatzen der Packsteine führen, wie eine Ausführung bei einer Unterbauversuchsstrecke zeigte.

6. Forderungen an die Tragfähigkeit von Unterbauten

Oberbach 17 — Die wichtigste Forderung an den Unterbau ist Tragfähigkeit, die durch entsprechende Dicke oder Konstruktion erreicht werden muß.

Oberbach 05 — Erste Forderung an Straßenunterbau:
Unnachgiebigkeit, z.B. Packlage mit Steinschlagbahn oder Betonplatten. Bei gutem Unterbau kann die Fahrbahndecke verhältnismäßig schwach werden.

Crantz 03 — Forderungen an Unterbau:
Genügende Stärke zur Aufnahme der Verkehrslasten, feste Lagerung, einwandfreie Entwässerung.

Leussink 02 — Forderungen an den Unterbau:
Genügende Stabilität, Haltbarkeit und Dicke, um den senkrechten Kräften ohne Setzung und ohne Volumenänderungen zu widerstehen. Bei ungünstigen Feuchtigkeitsbedingungen genügende Korngröße über 0,4 mm.

Crantz 13 — Forderungen an Unterbau:
Gleichmäßige Kornzusammensetzung, geringe Hohlräume, so daß nach der Herstellung keine oder nur geringe Volumenänderungen

durch den Verkehr eintreten. Steine genügender Festigkeit und guter Beständigkeit.

Eberle 03 — Im Hinblick auf die unzureichende Tragfähigkeit der Packlage ergeben sich folgende Forderungen an einen guten Straßenunterbau:
Gleichmäßige Druckverteilung, kleine Beanspruchung des Untergrundes, starres homogenes Konstruktionselement, gute Überbrückung zum Untergrund und dichter Abschluß nach unten.

Dutron 02 — Der Unterbau ist ausschlaggebend für die Lebensdauer der Fahrbahndecke. Der Zementzusatz des Unterbaubetons soll geringer als bei der Decke sein bei sorgfältiger Auswahl der Zementsorte und der Kornzusammensetzung.

Crantz 06 — Forderungen an Unterbau für bituminöse Decken:
Druckverteilende Wirkung, hohe Standfestigkeit in vertikaler Richtung, damit keine Unebenheiten der Decke entstehen können; gute Standfestigkeit auch in horizontaler Richtung, damit sich keine Risse bilden können. Die Oberfläche des Unterbaues muß gute Bindung mit der Decke gewährleisten. Schließlich muß der Unterbau wasserdurchlässig sein (da die Bitumendecken nicht immer dicht sind), damit das Wasser unter der Decke abfließen kann.

Macht 02 — Zur Vermeidung der harten Rückfederung von Stößen der Bitumendecke auf einen Betonunterbau ist eine Erhöhung der Elastizität des Unterbaues günstig, was unter Umständen durch Beimengung von Bitumen zum Betongefüge erreicht werden kann.

Erlenbach 07 — Ältere Straßen, die noch keinen frostsicheren Unterbau haben, können nur durch rechtzeitige Geschwindigkeits- und Gewichtsbeschränkung vor einer Zerstörung geschützt werden. Der Unterbau der Straßen muß daher unbedingt frostsicher verlegt werden.

D Unterbau a) Tragfähigkeit

II Fahrzeugeigenschaften 4) Statische vertikale Last

Herrmann 05 — Versuche unter statischer Last zur Bestimmung des quantitativen Zusammenhanges zwischen der Lastverteilung in flexiblen Decken und dem Unterbau zur Feststellung der Schubfestigkeit der einzelnen Materialien.

Mc Leod 01 — Druckverteilungslinien in der Decke und im Unterbau sowie dem Untergrund. Hieraus Kurven der Deformation in Abhängigkeit vom Gesamtgewicht und der notwendigen Gesamtstärke bei bestimmter Deckenstärke unter Berücksichtigung der zulässigen Deformation. Ableitung der zulässigen Belastung aus der zulässigen Deformation des Unterbaues in Abhängigkeit von der Tragfähigkeit des Untergrundes.

Schenck 04 Die Verteilung des Druckes durch die Fahrbahndecke über den Unterbau nach dem Untergrund wird allgemein unter einem Winkel von 45° angenommen. Der Winkel beträgt für Schotterbau 30° bis 45° und für bituminösen Unterbau 45° bis 55°.

Aichhorn 01 Tiefe der Einwirkung des von Reifen eingeleiteten Druckes in den Untergrund.

Herner 01 Die starre Betonplatte ermöglicht eine sehr gute Übertragung der Verkehrslast auf eine große Untergrundfläche infolge ihrer hohen Eigenfestigkeit.

D Unterbau a) Tragfähigkeit

II Fahrzeugeigenschaften 5) Dynamische vertikale Last

Crantz 15 Je größer die Steifheit des Unterbaues, desto größer ist die Widerstandsfähigkeit der Befestigung gegen Schwingungen.

Risch 02 Bei Asphaltstraßen mit 5 cm starkem Asphaltbelag und Betonplattenunterbau nehmen die Beschleunigungen, die die Straßendecke infolge dynamischer Beanspruchung erfährt mit abnehmender Betonstärke zu. Diese Zunahme ist erheblich größer beim Übergang von 25 cm-Betonplatten auf 20 cm-Betonplatten als bei dem von 30 cm-Betonplatten auf 25 cm Betonplatten. Eine Verstärkung des Betonunterbaues von 20 auf 25 cm wäre deshalb sehr zu empfehlen. Eine weitere Verstärkung auf 30 cm ist aus wirtschaftlichen Gründen wegen der verhältnismäßig geringen Erniedrigung der Beanspruchungen nicht notwendig.

Nijboer 06, 07, 08 Feststellung der Steifigkeit von Straßenunterbauten und Böden mit Schwingungsmaschinen. Die Steifigkeit des Unterbaues hängt wesentlich von der obersten Schicht des Untergrundes ab. Das Verhältnis der Steifigkeiten von Unterbau zu Untergrund ist durchschnittlich bei bituminösem Unterbau 2 : 1, bei bituminiertem Makadamunterbau 5 : 1, bei Betonunterbau 10 : 1.

Steifeziffern von Unterbauten:
Packlage ca. 400 kg/cm², Makadam 600 kg/cm², bitumgebundenes Makadam 10 000 kg/cm² bis 30 000 kg/cm², je nach Untergrund.

Nijboer 08 Bei den Versuchsstrecken Lahr und Roßhaupten ergab die Packlage geringe Gesamtsteifigkeit, so daß sich unter dem Verkehr große Dehnungen der Bitumendecken einstellten.

Waldhausen 03 Verkehrserschütterungen bei verschiedenen Unterbauten (1933) für einen LKW bei 22 km/h mit 7,5 t-Hinterachse und 3,5 t-Vorderachse mit Elastikbereifung. Die Verkehrserschütterungen waren bei Betonunterbau 2 bis 3mal so hoch wie bei beweglichem Unterbau (gemessen im Boden neben der Straße).

Nijboer 03 Bei Messungen über die Ausbreitungsgeschwindigkeit dynamischer Wellen in Straßen mit Betonplattenunterbau ergab sich an einer Stelle ein plötzliches Anschwellen der Schwingungsamplituden, was auf eine Verringerung der Steifigkeit auf ungefähr die Hälfte schließen läßt. Die Ursache dürfte ein Bruch im Betonplattenunterbau sein.

Schwien 01 — Ausbereitung von dynamischen Erschütterungen in Gräben. Untersuchung der Bodenverhältnisse und des Grundwasserstandes als Grundlage für die Gestaltung der Straßenunterbettung.

D Unterbau b) Elastische Verformung

I Fahrzeugverkehr Allgemein

Mc Leod 01 — Die elastische Deformation der Decke ist von der des Unterbaues, die maximal 0,26 " betragen darf, abhängig.

Mc Leod 02 — Beziehungen zwischen den elastischen und plastischen Deformationen der Unterbauten bei flexiblen Decken, festgestellt durch Belastungsversuche.

Waldhausen 02 — Aus den Erfahrungen im Eisenbahnoberbau wird abgeleitet, daß ein nachgiebiger Unterbau günstiger als ein starrer ist.

D Unterbau c) Plastische Verformung

I Fahrzeugverkehr Allgemein

Washo 01 — Messung der seitlichen Bewegung des Unterbaues beim Washo Test durch im Unterbau oder in der Decke senkrecht eingesetzte kleine Platten, gegen die ein in einem Rohr frei beweglicher Stab, der auf der anderen Seite sich gegen eine Meßuhr anlegt, drückt. Auf der anderen Seite der Meßuhr liegt der in große Tiefen gehende Bezugsstab, gegen den die Veränderung der Lage der Platte gemessen wird.

Washo 02 — Beim Washo Test war die Radbelastung auf der Innen- und Außenseite trotz der Querneigung der Straße nahezu gleich hoch. Die größeren Zerstörungen der Decke an den Außenseiten sind daher nicht auf höhere Radbelastungen infolge der Neigung der Fahrzeuge, sondern nur auf das seitliche Wegwandern des Unterbaues zurückzuführen.

Die Befestigung der Randstreifen war ungenügend, denn die Zerstörungen an den Außenseiten der Decke sind erheblich größer als auf der Innenfahrspur, obwohl die Fahrzeuge die ganze Breite der Straße ziemlich gleichmäßig befahren haben. Wahrscheinlich wanderte die lose Kiesschicht unter der dünnen Decke nach außen in die lose aufgelegte Kiesschicht der Seitenbefestigung ab. Der Befestigung der Randstreifen ist daher ganz besondere Bedeutung beizumessen. Es sind tiefgehende Seitenbefestigungen evtl. Befestigungsrandsteine notwendig, die am besten quer zu verankern sind, um die Außenteile den inneren Straßenteilen gleichwertig zu machen.

Die Erhebungen der Straße senkten sich während der kurzen Fahrdauer im November 1952 gegenüber dem Anfangszustand, und zwar durch Verfestigung vor allem des Kiesunterbaues.

Sodann erfolgte innerhalb der ersten Fahrperiode eine kleine Zunahme der Erhebungen, die im Februar 1953 am größten war. Mitte März 1953 wurde wieder nahezu die alte Höhe erreicht. Im Winter scheint also durch den Einfluß des Frostes eine Hochwölbung der Straße eingetreten zu sein. Deutlicher wurde dies noch im Januar 1954, während im Februar 1954 wieder nahezu der vorhergehende Wert erreicht wurde. Eine geringe Erhöhung dürfte ebenfalls auf das Nichtbefahren zurückzuführen sein. Daß in dieser Zeit tatsächlich Bodenfrost geherrscht hat, ergibt sich auch aus den Messungen der elastischen Deformation des Bodens, wobei die Frostwirkung als Ursache der außerordentlichen Erhöhung der Bodenfestigkeit bezeichnet wurde. Diese Einwirkung war aber Mitte Februar beendet, und die innere und äußere Fahrspur zeigten deutlich, daß auch keine Frosterhöhungen vom Februar an mehr vorhanden waren.

Wilson 01 — Bei wiederholten Belastungen eines Bitumen-Straßenkörpers sinkt die Zusammendrückbarkeit der Straße erheblich, während die durch die seitliche Verdrängung des Bodens verursachte Verformung eines Kiesunterbaues, wenn keine genügende Randbefestigung vorhanden ist, dauernd zunimmt. Beim Washo-Test war an den Stellen, die keine Randbefestigung hatten, die obige Erscheinung die Hauptursache für die Zerstörungen der Straße.

Casagrande 06 — Setzung und Verdichtung des Unterbaues und des Untergrundes von Straßen unter besonderer Berücksichtigung der Packlage.

Coons 01 — Bei den Fahrversuchen auf Betonstraßen in Michigan wurden Setzungen von 1 cm (0,4 ") bis 2 cm (0,8 ") bei Höchsterhebungen von 2,5 cm (1 ") an den Platten gemessen. Die Hauptveränderungen im Beton erfolgten während des ersten Jahres nach der Herstellung.

Rusell 01 — Das Pumpen läßt sich auch durch kontinuierliche Bewehrung nicht beseitigen, sondern nur verringern. Eine Kiesschicht unter der Betonstraße wirkt sich dabei günstig aus.

Siedeck 05 — Dammaufschüttung mit Schlacke verschiedener Körnung führte infolge der Verdichtung der Schlacke zu ungleichmäßigen Setzungen. Durch Zumischen von Sand konnten hohe Elastizitätswerte erreicht werden, so daß der Fehler nicht mehr auftritt.

D Unterbau d) Rißbildung

I Fahrzeugverkehr

Oberbach 18 — Die Straße der Zukunft wird eine Schwarzdecke auf Betonunterbau sein, wobei die Betontragschicht mager sein muß, um die Rißbildungen zu verringern, d.h. möglichst viel kleine Risse zu bilden. Viele kleinere Risse haben eine nur geringe Wirksamkeit auf die Deckschicht.

Crantz 13 Zementunterbeton unter Asphaltbeton bekommt auf ungenügendem Untergrund Risse trotz der durchgehenden Deckschicht infolge des Flatterns der Plattenenden des Unterbetons. Daher sind zu grobe Fugenabstände nachteilig. Die Einlage von Stahldrahtgeweben in der Nähe der Fugen ist auch beim Unterbeton sehr vorteilhaft. Bei alter Betondecke als Unterbau ist die Rißgefahr geringer als bei neuer.

Vorschläge zur Vermeidung der Rißbildung in Asphaltbeton bei Betonunterbau auf Grund der Erfahrungen in Lahr.

Crantz 04 Der Unterbaubeton zeigte nach 1 1/4 Jahr Risse im Abstand von 15 bis 30 m, wobei angenommen wird, daß der Beton zu mager war. Die vertikalen Bewegungen infolge des Verkehrs sind aber nicht die Ursache des Auftretens von Rissen bei Asphaltbeton auf dem gerissenen Zementunterbau.

Streit 01 Die von Crantz 13 u.a. vorgeschlagene Art des Unterbetons bei Bitumendecken (s. auch Oberbach 18), der in kleine Bruchstücke zerbricht, ist nicht günstig, da dies im Lauf der Zeit zur völligen Zertrümmerung des Unterbetons führt.

Dutron 02 Im Zementunterbau sind Risse durch Schwinden unbedingt zu vermeiden, da sich die Bewegungen des Unterbaues auf die Decke übertragen und damit in den bituminösen Deckschichten Risse verursachen. Ein Ausgleich kann durch bituminöse Zwischenschichten erreicht werden.

Herrmann 04 Rißbildungen auf dem Gußasphalt der Berliner Ost-West-Achse. Der Unterbaubeton hatte Querfugen in 10 m bis 11 m Abstand. Durch die vertikale Bewegung der Betonfelder an den Fugen unter schwerer Verkehrsbeanspruchung haben sich die Fugen und Risse im Gußasphalt des Unterbetons nach oben übertragen. Die Längsfugen waren nur in einzelnen Fällen sichtbar.

Gegenmaßnahmen: Verdübelung des Unterbetons und Fugenausbildung im Gußasphalt.

Kayser 01 Auf sehr schlechtem Untergrund hat sich eine Kleinpflasterdecke auf einem Zementbetonunterbau von 10 cm bis 20 cm Dicke (180 kg Zement/Kies) sehr gut gehalten. Der Unterbau hatte bei einer Druckfestigkeit von ca. 140 kg/cm^2 nur einzelne Risse.

KM 01 Erste Unterbauversuchsstrecke im Remstal bei Stuttgart mit verschiedenen Unterbauformen.

D Unterbau e) Verschiebung und Sonstiges

I Fahrzeugverkehr Allgemein

Eberle 03 Packlagenunterbau ist wegen der ungleichen Größe und Beschaffenheit der Fußflächen der Packsteine kein zusammenhängender Körper. Die Packsteine verschieben sich ständig horizontal und vertikal und zwar im Laufe der Jahre immer stärker. Die Packlage hat keine Gewölbewirkung.

Crantz 04 Die Horizontalverschiebungen des Zementunterbaues und des Asphaltbetons gegeneinander sind so groß, daß der Asphaltbeton an den Fugen die auftretenden Zugspannungen aus den Horizontalbewegungen nicht mehr aufnehmen kann.

E Untergrund Allgemein

I Fahrzeugverkehr Allgemein

1. Klassifikation des Untergrundes

Road Test 01 — Bodenbezeichnungen beim Road Test One-MD:

Boden A-1
Gut abgestufter Kies mit grobem und feinem Sand = ausgezeichneter Untergrund,

Boden A-2-4
Gut abgestufter Kies mit Sand mit mittelmäßig plastischen Anteilen = sehr guter Untergrund,

Boden A-4
Mittelmäßig plastisch, lehmig = gerade noch als Untergrund brauchbar,

Boden A-6
Plastischer Lehmboden, ähnliches Gefüge wie Mehl = nur schlecht als Untergrund zu verwenden,

Boden A-6-7
Sehr plastisch in feuchtem Zustand, äußerst starke Volumenänderungen = sehr schlechtes Untergrundmaterial.

Leussink 02 — Beschreibung der in den USA üblichen Bodengruppen A-1 bis A-7-5. Der Gruppenindex errechnet sich aus den Korngrößen nach einer angegebenen Formel. Die Tragfähigkeit des Untergrundes ist umgekehrt proportional dem Gruppenindex.

Peltier 03 — Errechnung des Gruppenindexes des Bodens, der die Korngröße, Fließgrenze und Plastizitätszahl berücksichtigt. Graf'sche Berechnungsmethode und Formeln.

Aichhorn 01 — Klassifikation des Bodens nach Steele 1945, die zu einem Gruppenindex führt. Bestimmungen der Gütezahl des Bodens nach Ruckli mit 20 cm^2-Lastplatte durch Messung der Einsenkung in cm.

2. Allgemeine Meßmethoden für den Untergrund

Loos 03 — Übersicht über den Stand des Arbeitsprogramms Untergrundforschung. Weiterbildung der Untersuchungsverfahren der Untergrundverhältnisse: Setzung, Rutschung, Frost.

Meister 06 — Allgemeine Meßmethoden für die Übertragung von Erschütterungen im Untergrund.

Casagrande 10 — Zur Bestimmung der Scherfestigkeit und des Setzungsverhaltens von Böden sind mindestens zwei Untersuchungsmethoden heranzuziehen, weil jede Methode nur bereichsweise richtige Ergebnisse liefert.

Road Test 01 — Beim Road Test One-MD wurde nach dem Versuch der Boden neben der Straße freigegraben und Erdproben entnommen. In der

Mitte der Straße und in der Nähe der pumpenden Ecken wurde die Betonplatte durchbohrt und ebenfalls Bodenproben entnommen.

Siedeck 05 — Die elastischen Eigenschaften des Untergrundes werden mit druckbelasteten starren Platten festgestellt und damit die Bettungsziffern. Zusätzlich sind dynamische Bodenuntersuchungen und Druckversuche mit elastischer Platte notwendig.

Beschreibung der einschlägigen Prüfmethoden zur Bestimmung der Tragfähigkeit von Straßenuntergrund. Schürfungen und Bohrungen sind zeitraubend und von Unregelmäßigkeiten des Untergrundes abhängig. Günstiger sind seismische Geräte und Refraktions- und Reflektionsverfahren, die mit dem Echolot verglichen werden können.

Washo 01 — Messung der Untergrundfeuchtigkeit und Ermittlung des zugehörigen Plastizitätsindexes sowie dessen Veränderung bei den verschiedenen Bodensorten.

Crantz 15 — Meßmethoden zur Feststellung des Einflusses der Schwingungsverdichtung auf den Untergrund als Maß für den Verdichtungsgrad:

1. Einfache Höhenmessung,
2. Porenvolumenbestimmung bei ungestörter Entnahme von Proben. Hieraus Porenvolumenanteil im Verhältnis zu der maximal erreichbaren Verdichtung.
3. Eindringungswiderstand von Stab oder Nadel, wobei die Kraft, die für konstante Eindringungsgeschwindigkeit notwendig ist, festgestellt wird.
4. CBR-Verfahren. Plattenbelastungstestversuch mit Druckplatte von 30 oder 75 cm ∅ unter festgelegten Bedingungen.
5. Dichteprüfung nach Freiberg.
6. Shell-Schwingungsgerät und Dehnungsmeßstreifen auf der Oberfläche.

A.G. Untergrund 03 — Die oben unter Crantz 15 angegebenen Meßverfahren für die Wirkung der Schwingungsverdichtung geben Auskunft über den oberen Teil des Untergrundes. Für größere Tiefen ergibt die Messung der Fortpflanzungsgeschwindigkeit von Transversalwellen ein Maß für die Festigkeit des Untergrundes. Die Tiefenwirkung dieser Welle ist etwa gleich der Länge der Transversalwelle. Unter der Decke soll die Fortpflanzungsgeschwindigkeit nach der Schwingungsverdichtung mindestens 200 m/s betragen. Höchstwerte sind 500 m/s.

3. Untergrund-Versuchsstrecken

Loos 03 — Zusammenstellung der Untergrund-Versuchsstrecken.

Nijboer 02 — Untergrund-Versuchsstrecke Roßhaupten zur Klärung des Einflusses unterschiedlichen Untergrundes bei unterschiedlicher Straßenbauweise. In Lahr werden bei gleichmäßigem Untergrund verschiedene Unterbauformen untersucht.

Leonhardt 02 — Versuchsstrecken an der Autobahn über Möglichkeiten der Verringerung der Risse bei Betonplatten auf nachgiebigem Untergrund. Auf den ebenen Untergrund wurde Papier aufgelegt, die Plattendicke wurde abhängig von der Verkehrslast, der Betonfestigkeit und der Nachgiebigkeit des Untergrundes gewählt. Auf besonders nachgiebigem Untergrund erfolgt eine Bewehrung der Platte an den Rändern und den Enden. Querfugen wurden als Raumfugen mit Überbrückung durch Dübel, Längsfugen als Preßfugen ausgebildet.

E Untergrund a) Tragfähigkeit

I Fahrzeugverkehr Allgemein

1. Meßmethoden für die Tragfähigkeit des Untergrundes

Statische Verfahren

Neumann 03 c — Die Tragfähigkeit des Bodens in kg/cm^3, als Bettungsziffer gekennzeichnet, wird nach dem CBR-Verfahren gemessen.

Siedeck 05 — Messung der Tragfähigkeit des Untergrundes und der elastischen Untergrundeigenschaften nach dem CBR-Verfahren an bindigen Böden.

Erlenbach 04 — Methode zur Messung der Tragfähigkeit von Unterbau und Untergrund mit Platten von 30 cm bis 60 cm Durchmesser und einer Belastung von 10 t bis 12 t durch die Hinterachse eines LKW. Hieraus Bestimmung der Bettungsziffer C = cm Einsenkung in kg/cm^3, bei Belastungen gemessen in kg/cm^2. Die größere Platte gibt die kleinere relative Einsenkung, wahrscheinlich infolge seitlichen Hochquetschens des Erdreiches. Messung der Einsenkung mit Meßuhr gegenüber festen Punkten.

Leussink 02 — CBR-Verfahren Californien zur Messung der Tragfähigkeit von Böden. Es wird die Stempellast in kg/cm^2 in Abhängigkeit von der Eindringtiefe in Zentimetern aufgetragen.

Canada-Verfahren: Die Tragfähigkeit des Untergrundes wird festgestellt durch die notwendige Belastung für 1,2 cm^2 Fläche, die bei mehrfacher Aufeinanderfolge eine Eindringungsrate von weniger als 0,02 mm/m erzielt. Dies gibt ein Maß für die innere Reibung.

Minnesota-Verfahren zur Feststellung der Tragfähigkeit des Untergrundes, ähnlich CBR. Notwendige Belastung in kg/cm^2 für eine Eindringtiefe von 5 mm. Hieraus Dimensionierung der Straßendecke.

Road Test 01 — Der CBR-Wert des Untergrundes wurde beim Road Test One-MD nach der AASHO-Methode gemessen, wobei ein Lastwagen als Belastung diente.

Mc Leod 01	Penetrometer - ein neues Bodentragfähigkeitsmeßgerät von Housel, bestehend aus einer Stange mit Belastungsgewicht, die in einem Ständer geführt wird. Eichkurven gegenüber CBR-System sind angegeben.
	Eingehender Vergleich der Meßmethoden CBR und Housel-Penetrometer.
Mc Leod 02	Die Werte der CBR-Meßmethode streuen erheblich mehr als die mit Housel-Penetrometer festgestellten im Vergleich zu den dreidimensionalen Messungen.
Mercier 01	Methode zur Bestimmung der Tragfähigkeiten des Bodens durch Druckversuche mit Platten verschiedenen Durchmessers bei einmaligen und wiederholten Belastungen in regelmäßigen und unregelmäßigen Abständen. Hieraus Ermittlung der elastischen und plastischen Verformung.
Mc Leod 02	Die Meßwerte der Tragfähigkeit des Untergrundes hängen von der Größe der Belastungsplatten ab. Es ist daher notwendig, für die verschiedenen Räder der Fahrzeuge bzw. Flugzeuge entsprechende Plattenabmessungen zu verwenden.
Mc Leod 01	Die Bodentragfähigkeit muß mit derselben Belastungsplatte und derselben Anzahl der Wiederholungen der Belastungen sowie für dieselben Deformationen, die für die Belastungen zugelassen sind, gemessen werden, um den tatsächlichen Verhältnissen entsprechende Werte zu erhalten.
Ruckli 04	Universalgerät zur Bestimmung der Tragfähigkeit des Bodens mit Platten von 200 cm^2 und 700 mm^2 Fläche, sowie dem CBR-Stempel.
Ruckli 05	Bei Belastungsversuchen mit Platten zur Bestimmung der Tragfähigkeit des Untergrundes ist es zweckmäßig, rechts und links je 2 Meßuhren einzubauen, die auf dem festen Untergrund sitzen, um die Kippung der Platten zu erfassen. Der Zusammendrückungsmodul ergibt sich dann aus: Plattenfläche x Belastung / Einsinktiefe.
Wilson 01	Kritik am CBR-Verfahren: Zu niedrige Werte, da die Proben mit Wasser gesättigt sein müssen. Gegenvorschlag: Nur bei dem Wassergehalt prüfen, der in der Natur unter ungünstigsten Bedingungen erreicht werden kann.
Siedeck 02	Zur Untersuchung der Tragfähigkeit des Untergrundes bei Betonplatten dürfen keine starren Platten verwendet werden, da sich dann zu geringe Bettungsziffern ergeben (weil der Untergrund anders als bei Betonplatten seitlich ausweicht), sondern elastische Platten, die die gleiche Druckverteilung wie die Betonplatten ergeben. Die CBR-Methode, die in den USA vor allem zur Untersuchung der Bodenfestigkeit verwendet wird, ist in Deutschland weniger geeignet, da bei Frosteinwirkung auf bindigen Boden der Feuchtigkeitsgehalt wesentlich größer als beim Versuch ist. Bei Einschnitten in das Erdreich läßt sich die Tragfähigkeit von Sand nicht gut erfassen, weil im Versuch ganz andere

Verhältnisse vorliegen als auf der Baustelle. In letzterem Fall ist der CBR-Versuch wegen der Auflockerung der oberen Schichten auch nicht brauchbar.

Valerga 01 — Prüfmethoden für die Tragfähigkeit von Böden: Smith triaxial test, Hveem stabilometer und BPR triaxial test. Vergleich der Ergebnisse der Stabilitätsmessungen mit den verschiedenen Geräten und Meßmethoden.

Dynamische Verfahren

Ramspeck 09 — Es ist bekannt, daß die Ausbreitungsgeschwindigkeit der periodisch-sinusförmigen stationären Schwingungen von den elastischen Konstanten des Bodens abhängt. Man kann daher umgekehrt diese Ausbreitungsgeschwindigkeit als eine Kennziffer für das elastische Verhalten des Bodens ansehen. Erfahrungsgemäß entspricht einer hohen Ausbreitungsgeschwindigkeit ein Boden von hoher Festigkeit und einer niedrigen Ausbreitungsgeschwindigkeit einer von geringer Festigkeit.

Ramspeck 04 — Meßmethode zur Bestimmung der Tragfähigkeit des Untergrundes mit der Losenhausen-Schwingmaschine mit 2,7 t Schwinggewicht. Messung der Zeit bis zum Eintreffen der Wellen in verschiedenen Entfernungen von der Maschine zur Feststellung der Ausbreitungsgeschwindigkeit in verschiedenen Richtungen. Diese gibt ein eindeutiges Maß für die Tragfähigkeit des Bodens.

Gemessen werden bei verschiedenen Schwingungszahlen:

1. Die Ausbreitungsgeschwindigkeit der Belastungswellen
2. Die Schwingungsamplitude der Belastungswellen
3. Die Längen der Belastungswellen
4. Die Wellenform der Decke in 1/1000 mm.

Bei niedrigen Schwingungszahlen schwingt die Decke mit dem Boden, bei höheren Schwingungszahlen werden Biegungsschwingungen von der Decke ausgeführt, wenn der Untergrund schlecht ist. Je schlechter der Untergrund, desto niedriger sind die Schwingungszahlen, bei denen die Schwingungen der Decke beginnen. Bei gutem Boden hängen die Biegungsschwingungen der Decke nur von den Abmessungen der Decke ab.

Nijboer 11 — Das Schwingungsgerät Shell hat drei Anwendungsgebiete:

1. Trotz der Annäherung an die dynamische Belastung aus dem Verkehr lassen sich in verhältnismäßig kurzer Zeit hohe Lastspielzahlen erreichen, die eine Aussage über das Dauerverhalten des Straßen-Untergrundes und -Unterbaus möglich machen.
2. Die Bodeneigenschaften lassen sich durch stroboskopische Messungen bestimmen.
3. Der Steifigkeitswert der Gesamtkonstruktion kann aus dem Verhältnis der Deckenbelastung zu ihrer Schwingungsamplitude bestimmt werden.

Nijboer 06, 07, 08 — Die Steifeziffer des Untergrundes wird mit einer Schwingungsmaschine gemessen und läßt sich aus der Wellenlänge bei verschiedenen Frequenzen errechnen. Die aus den Meßwerten der

Schwingungsmaschine berechneten Steifeziffern und Dehnungen von Untergrund und Unterbau stimmen sehr gut (mit einer Abweichung von ca. ± 8 %) mit den unter rollendem Verkehr mit Dehnungsmeßstreifen gemessenen Werten überein.

Riedig 03 — Zur Untersuchung der Tragfähigkeit von Baugrund wird das Siemens & Halske-Refraktionsgerät verwendet, das die Fortpflanzungsgeschwindigkeit von Erschütterungswellen mißt. Die seismischen Messungen werden durch Widerstandsmessungen ergänzt.

2. Tragfähigkeit des Untergrundes

Crantz 17 — Die Tragfähigkeit des Untergrundes wird bestimmt durch: Seine Kornzusammensetzung und Homogenität, sein Verhalten bei Durchfeuchtung, seine Kompressionsfähigkeit durch Walzen oder Rütteln und seine Wasserdurchlässigkeit.

Keil 06 — Tragfähigkeitseigenschaften des Untergrundes von Straßen.

Campen 01 — Tragfähigkeitswerte verschiedener Böden unter Berücksichtigung ihrer Dichte und Feuchtigkeit.

Streck 01 — Die relative Lagerungsdichte ist ein Maß für die Tragfähigkeit des Untergrundes.

Neumann 03 c — Die Bettungsziffer als Maß für die Tragfähigkeit des Bodens ist bei nachgiebigem Boden ca. 0,3 kg/cm^2, bei Kies ca. 1,5 kg/cm^2.

Mc Leod 01 — Die Tragfähigkeit des Untergrundes scheint weniger von der Zusammensetzung, d.h. der Körnigkeit des Materials, als vor allem von seiner Dichte abzuhängen.

Highway Research Board 01 — Bei dem Betonstraßen-Versuch in Kansas ergab sich, daß Böden, die mehr als 50 % Rückstände auf dem 270-Maschensieb haben, nicht mehr pumpen, d.h. genügend grobkörnig sind.

SAE 01 — Die Tragfähigkeit des Untergrundes ist bei aufgeschütteten Dammstrecken höher als bei Einschnittstrecken, so daß die Betonplatten bei ersteren weniger Risse infolge ungenügender Tragfähigkeit des Untergrundes aufweisen als bei letzteren.

Ramspeck 04 — Tragfähigkeit des Untergrundes bei Damm auf Moorunterlage. Die Tragfähigkeit von moorigem Untergrund ist ca. ein Viertel der von tonigem Sand. Eine Zwischenlage von 30 cm bis 40 cm Sand erhöht die Spannungen in der Decke, während diese durch eine Schotter-Zwischenlage erniedrigt werden.

Mc Leod 02 — Zusammenfassung von Untersuchungen an vielen Flugplätzen Kanadas. Die Tragfähigkeit nach AASHO ist bei auf 95 % verdichtetem Boden erheblich höher als bei 85 %iger Verdichtung.

Nijboer 03	Ausbreitungsgeschwindigkeiten von Sinusschwingungen als Maß für die Tragfähigkeit des Bodens bei Roßhaupten. Moräne 374 m/s bis 400 m/s, Ton 150 m/s bis 200 m/s, Kieskoffer 225 m/s bis 245 m/s, Kies 250 m/s. (Der letzte Wert wurde bei der Unterbauversuchsstrecke Lahr bei Kehl gemessen.)
Ramspeck 05	Wellenausbreitungsgeschwindigkeit bei dynamischen Untersuchungen auf Dämmen als Maß für die Tragfähigkeit des Untergrundes: Gewachsener Boden 230 m/s, 12 Jahre alter Damm, unbefahren 180 m/s, befahren 340 m/s, geschwämmter Boden, aufgeschüttet 135 m/s, zusätzlich gestampft 160 m/s. Die oben angegebenen Ausbreitungsgeschwindigkeiten sind direkt proportional der Tragfähigkeit des Bodens.
Mitteilungen d. FG 01	Für die Tragfähigkeit der Erdstraßen ist deren Scherfestigkeit maßgebend, die sich aus dem Reibungs- und Kohäsionswiderstand zusammensetzt. Der Scherwiderstand muß verhüten, daß die Masse einer Erdverfestigung unter der Einwirkung der Radlast seitlich herausgequetscht wird. Tragfähigkeit verschiedener Bodenarten: Kohäsionsloser Sand 0,15 kg/cm^2; steifer Ton 2,4 kg/cm^2; fast flüssiger Ton 0,065 kg/cm^2. Kohäsionsloser Sand kann durch Beimengungen von Kies auf 1,2 kg/cm^2 gebracht werden; gute Böden tragen bis 18 kg/cm^2. Alte Verkehrsstraßen geben einen guten Unterbau für später zu verlegende hochwertige Decken.
Ramspeck 03	Die Ausbreitungsgeschwindigkeit von Schwingungen, die ein Maß für die Tragfähigkeit des Untergrundes gibt, ist bei den Sandarten sehr unterschiedlich, z.B. 3 m Sand auf Torfgrund 80 m/s; Mittelsand 150 m/s; lehmiger Feinsand 230 m/s und Sandstein 650 m/s.
Mitteilungen d. FG 01	Die Tragfähigkeit von Brechsand für Erdstraßen ist höher als die von Natursand. Quarzsand ist günstiger als Kalksand.

3. Tragfähigkeit des Untergrundes als Berechnungsgrundlage

Wehner 05	Bei der Bemessung der Decke ist die Tragfähigkeit des Untergrundes ausschlaggebend. Bei der Bemessung bituminöser Decken in den USA wird außer der Anzahl der Verkehrslasten je Zeiteinheit sowie der Tragfähigkeit des Unterbaus vor allem die des Untergrundes zugrunde gelegt.
Mc Leod 01	Die Kenntnis der Tragfähigkeit eines gut komprimierten Untergrundes bildet eine wichtige Grundlage für die Berechnung des Unterbaus.
Peltier 03	Aus dem Gruppenindex des Untergrundes und der Verkehrsstärke ergibt sich die gesamte Straßendicke. Die nach dieser Methode bestimmten Straßendicken sind etwas größer als die nach CBR-Diagrammen ermittelten.

Wilson 01 — Die Kenntnis von Kohäsion, Raumgewicht und Winkel der inneren Reibung des Untergrundes bildet eine Grundlage für die Bemessung der Betonplatten. Angabe der Bodenklassifikationen, die in den USA üblich sind.

Leussink 02 — Das New Mexiko-Verfahren berücksichtigt für die Dimensionierung der Decke und des Unterbaus die Scherfestigkeit bzw. Tragfähigkeit des Bodens, die nach der CBR-Methode festgestellt wird, und legt eine kegelförmige Lastverteilung bei kreisförmiger Belastungsfläche zugrunde.

Oberbach 18 — Als Straße der Zukunft wird eine Schwarzdecke auf Betonunterbau bezeichnet, die besonders bei Dammschüttungen auf genügend festem Untergrund aufgebaut sein muß. Auch die Ausgleichsschichten müssen aus genügend standfestem Material sein und nicht, wie häufig im Ruhrgebiet, aus federndem und nachverdichtetem altem Material.

Ramspeck 04 — Berechnung der Tragfähigkeit des Untergrundes auf Grund der Meßergebnisse mit einer Losenhausen-Schwingungsmaschine, z.B. bei geschüttetem Damm auf Moorunterlage.

Ruckli 02 — Möglichkeiten, um den baumechanischen statischen Problemen im Straßenbau empirisch oder analytisch näher zu kommen, wobei die Einwirkung des Verkehrs nur statisch berücksichtigt wird.

Ramspeck 03 und 04 — Bei den durch eine Schwingeinrichtung verursachten Schwingungen wird die Schwingweite gemessen, die die Art des Untergrundes kennzeichnet. Bei niedrigen Schwingungszahlen schwingt die Decke in derselben Weise wie der Untergrund, bei höheren führt sie Biegeschwingungen aus. Zwischenlagen zwischen Decke und Untergrund beeinflussen das dynamische Verhalten der Decke. Die Auswertung der Versuchsergebnisse zur Feststellung der Tragfähigkeit des Untergrundes erfolgt graphisch und rechnerisch.

Ramspeck 08 — Die Fortpflanzungsgeschwindigkeit von auf die Decke aufgebrachten Schwingungen ist ein Maß für die Widerstandsfähigkeit des gesamten Straßenkörpers. Sie hängt ab von der Deckenstärke und von der Tragfähigkeit des Untergrundes. Diese Geschwindigkeit kann für die Berechnung des Zustandes der Straße benützt werden.

4. Einfluß der Tragfähigkeit des Untergrundes auf das Verhalten der Decken

Neumann 18 — Die Bemessung des Tragkörpers der Straße hängt von der Tragfähigkeit des Untergrundes ab.

Neumann 02 — Die Lebensdauer der Betonbeläge hängt von der Tragfähigkeit des Untergrundes und der Ausbildung der Fugen ab.

Road Test 01 — Beim Road Test One-MD verhalten sich nebeneinanderliegende Betonplatten bei gleichen Achslasten bemerkenswert gleichmäßig, da der Boden bei quer zur Fahrtrichtung gesehen nebeneinanderliegenden Platten gleiche Tragfähigkeit hat.

Hillenbrand 02 — Gleichkörnig sandiger Untergrund neigt als Unterbau von Unterbetonplatten zum Fließen, so daß die Betonplatten hohl liegen. Dies wird durch Auswaschungen verstärkt.

Weber 05 — Das Pumpen von Betonplatten-Enden auf Feinsand kann durch einen Unterbau aus Magerbeton vermieden werden, wobei auch die Verdübelung und die Verankerung fortfallen können. Hierdurch wird der Übergang von der starren Decke auf den elastischen Untergrund bewerkstelligt. In den Unterbeton sind Betonrandsteine einzulassen, die seitliches Ausweichen des Bodens verhindern.

Schönberg 04 — Bei unverdübelten Autobahn-Betonplatten erfolgt auch bei sehr gut verdichtetem Untergrund eine große elastische Verformung der Platten-Enden. Verdübelung ist daher notwendig.

Siedeck 05 — Auf der Bitumen-Autobahn Köln-Hannover erschienen kurz nach der Herstellung Risse und Abblätterungen, die auf zu geringe Standfestigkeit des feinkörnigen Dammschüttmaterials, das außerdem noch im kapillaren Einzugsbereich des Grundwassers liegt, zurückzuführen sind. Hierdurch wurden Hohlräume in der Packlage verursacht.

Freeman 01 — Bei den Flugplatzversuchen mit Asphaltbeton-Decken in Kalifornien zeigte sich, daß deren Deformation bei schlechtem Untergrund erheblich größer als bei starrem Untergrund war.

5. Veränderung der Tragfähigkeit des Untergrundes

Washo 02 — Der Feuchtigkeitsgrad des Untergrundes hat größten Einfluß auf die Tragfähigkeit des Bodens.

Ramspeck 09 — Die Ausbreitungsgeschwindigkeit von stationären Schwingungen wird im allgemeinen durch das Aufbringen einer Betondecke erhöht, und zwar um so mehr, je dicker die Betonplatte ist; d.h. das Erdreich erhält infolge der Belastung eine höhere Tragfähigkeit.

AG Untergrund 03 — Bei der Schwingungsverdichtung von körnigen Böden zeigt sich, daß ein Optimum der Bodendichte nach ca. 10 s erreicht wird; nach 20 s Einwirkungsdauer ist die Tragfähigkeit des Untergrundes nicht mehr so gut. Die günstigste Frequenz der Verdichtung hängt von der Beschaffenheit und Zusammensetzung des Bodens ab.

Bei bindigen Beimengungen - auch nur in geringem Ausmaß - besteht eine deutliche Abhängigkeit der Verdichtung von der Rüttelzeit, die in diesem Fall, um optimale Verhältnisse zu erreichen, bis zu 10 Minuten gesteigert werden konnte.

Ramspeck 10 — Die Messung der Ausbreitungsgeschwindigkeit von Wellen, die proportional der durch Verdichtung erreichten Tragfähigkeit ist, sowie Probeentnahmen zeigten, daß bei einem 12 Jahre alten Damm der unbenützte Teil noch nicht die Festigkeit des gewachsenen Bodens erreichte. Der Teil jedoch, der mehrmals täglich befahren wird, erreichte höhere Festigkeit als der gewachsene Boden. Die Ausbreitungsgeschwindigkeit im gewachsenen Boden war 230 m/s, beim unbefahrenen Damm nach

12 Jahren 240 m/s. Die regelmäßigen Verkehrserschütterungen verursachen daher eine beachtliche Nachverdichtung. Lange Liegezeit gibt keine Gewähr für große Verdichtung.

Mc Leod 01 — Die Messung der Setzung des Bodens bei verschiedenen Drücken nach dem CBR-Verfahren zeigt einen Anstieg der Tragfähigkeit bis zu einem gewissen maximalen Wert (bei einer Setzung von ca. 6 mm (0,25")); dann fließt der Boden bei geringeren Drücken weg.

6. Forderungen an die Tragfähigkeit des Untergrundes

Crantz 03 — Forderungen an Untergrund von Straßen: Genügende Verfestigung, gute Tragfähigkeit auch bei stärkerer Durchfeuchtung, nicht frostgefährdete Bodenarten.

Oberbach 05 — Forderungen an den Untergrund von allgemeinen Straßen: Hohe Tragfähigkeit, Trockenhaltung durch Isolierschichten bis in Frosttiefe durch gute Entwässerungsanlagen.

Die Forderungen des Autobahnbaus beziehen sich vor allem auf den Untergrund, dessen Tragfestigkeit durch Trockenhaltung erhöht werden muß. Hierzu sind Isolierschichten in Frosttiefe einzubauen und für gute Entwässerung ist zu sorgen. Als Unterbau muß darüber eine Tragkonstruktion von genügender Tragfähigkeit verwendet werden.

E Untergrund a) Tragfähigkeit

I Fahrzeugverkehr 3) Verkehr schwerer Radfahrzeuge

Loos 03 — Allgemeine Feststellungen über die Wechselwirkung von Fahrbahndecke, Unterbau und Untergrund bei einwirkenden Stößen.

Thein 01 — Ursachen der Erschütterungsschäden an Hoch- und Tiefbauten im Stadtinnern sind Stoßwirkungen, aber auch Luftschall. Verschiedenartigkeit der Auswirkungen je nach den Eigenschaften des Untergrundes.

Sack 01 — Bei schwerem Verkehr wird ein Hohlliegen der Betonplatten-Enden durch starke Untergrundsetzung beobachtet, so daß an diesen Stellen besondere Maßnahmen, z.B. Unterpressen von Zementmörtel, notwendig werden.

Ruckli 03 — Forderungen aus dem Road Test One-MD. Das Pumpen der Betondecken ist nur durch den schlechten schluffigen Untergrund verursacht worden. Gut fundierte Betondecken, wie sie in der Schweiz üblich sind, zeigen weder Pumpen noch Risse, so daß auch bei zunehmendem Verkehr keine allzugroße Gefahr für schwere Schäden besteht.

Road Test 01 — Beim Road Test One-MD zeigte sich bei gleichem Untergrund auf Bahn 4 unter den hinteren Zwillingsachsen stärkeres Pumpen als unter den leichteren Vorderachsen.

Crantz 20 Die Ergebnisse des Washo-Testes über den Einfluß von schweren Lastzügen sind auf deutsche Verhältnisse nur bedingt übertragbar, da es in Deutschland nicht üblich ist

1. den bindigen Boden als Untergrund in frostgefährdeten Zonen zu belassen,
2. Kies als Tragschicht zu verwenden,
3. Einschichtige Asphaltdecke direkt auf den Kies zu legen.

Washo 02 Im Bericht über den Washo-Test werden Zerstörungen, die durch die ungenügende Befestigung des Untergrundes verursacht wurden, nicht erwähnt. Typische Fälle sind zu ersehen aus dem Diagramm auf Seite 21 für den 4"-Asphalt-Beton auf der 8"-Untergrundstrecke und auf Seite 23 für die 2"-Decke auf der 16"-Untergrundstrecke, wo von Anfang an eine Senkung festgestellt wurde. Für die 2"-Decke, Seite 19, ist bei dem 12"-Untergrund der deutliche Einfluß einer schlechten Bodenverfestigung zu erkennen. Auch der plötzliche Einbruch der Decke bei der 3. Darstellung für die 4"-Decke zeigt, daß die Zerstörung der Decken oft auf ungenügende Bodenverfestigung zurückzuführen ist, die sich bei der 2"-Decke naturgemäß stärker bemerkbar machte als bei der 4"-Decke.

E Untergrund a) Tragfähigkeit

II Fahrzeugeigenschaften 4) Statische vertikale Last

1. Meßmethoden für das Verhalten des Untergrundes bei statischen Lasten

Feeters 01 Die Anwendung des CBR-Verfahrens, bei dem das Einsinken einer Platte unter statischer Last gemessen wird, ist bei grobem steinigem Untergrund unzulässig, da die Steine die wirksame Plattenfläche vergrößern.

Kerkhoven 01 Bestimmung der Vertikalspannung in flexiblem Boden nach dem CBR-Verfahren. Aus den mittleren spezifischen Flächendrücken auf Decke und Unterbau ergibt sich die Befestigungsstärke, die notwendig ist, um die Tragfähigkeit des Bodens nicht zu überschreiten.

Herner 01 Messung der Tragfähigkeit des Untergrundes in verschiedener Bohrtiefe durch Belastung mit einer Druckplatte von 16 cm Durchmesser. Feststellung der maximal möglichen Belastung ohne dauernde plastische Deformation des Untergrundes.

Fröhlich 01 Unter der Annahme elastischen Materials und gleichmäßig belasteter Kreisfläche läßt sich nach Kerkhoven aus dem Konzentrationsfaktor die lotrechte Normalspannung in der Tiefe und der Sohldruck errechnen. Der Sohldruck ist spezifischer Flächendruck / CBR-Wert. Der Druck in jeder Tiefe läßt sich aus den obigen Werten errechnen und der Punkt feststellen, an dem dieser Normaldruck gleich der Bettungsziffer ist. An dieser Stelle hört dann das Fließen des Untergrundes auf.

Hierbei wird auch die Anzahl der Lastwechsel berücksichtigt, ferner die notwendige Tragfähigkeit des Unterbaus und der Decke. Als einzusetzende Maximal-Lastwechsel-Zahl wird vorgeschlagen 2×10^6, da bei Stahlfedern nach 2×10^6 Wechseln Lastwechselimmunität eintritt.

Temme 05 — Amerikanische Versuche in Mineapolis nach Herner 1955. Der naturgegebene Untergrund wird ersetzt durch nachgiebige Platten, wobei 60 x 60 = 3600 Platten zusammengesetzt werden. Diese bilden den mechanischen Untergrund für eine Meßeinrichtung. Hierüber beliebige Unterbauschichten und beliebiger Versuchs-Deckenbelag. Der Druck erfolgt durch einen großen Flugzeugreifen in vertikaler Richtung.

2. Spannungen im Untergrund unter statischer Last

Casagrande 10 — Anwendung der spannungstheoretischen Grundlagen von Mohr auf die Spannungs- und Beanspruchungsverhältnisse in Böden. Unterscheidung zwischen wirksamem und neutralem Spannungszustand. Das Porenwasser nimmt einen beachtlichen Teil der Spannungen auf, ohne einen Scherwiderstand hervorzurufen.

Burmister 01 — Die Theorie von Pressungen und Verschiebungen unter statischer Last in einfachgeschichteten Bodensystemen wird auf den allgemeineren Fall dreier Lagerungsschichten ausgedehnt. Aufstellung der hierfür geltenden Gleichungen; Auswertungsdiagramme.

Steinbrenner 01 — Ermittlung der Spannungen in belasteten, relativ wasserdurchlässigen Bodenarten und Berechnung der Setzungen während des Aufbringens und anschließenden Ruhens von Lasten.

3. Druckverteilung im Untergrund unter statischer Last

Temme 015 — Möglichkeiten der Druckverteilung von Verkehrslasten im Untergrund unter Berücksichtigung der Tragfähigkeit des Unterbaus.

Peltier 03 — Von der Decke kommt die Kraft in einem Kegel auf den Untergrund und geht von dort aus in einem flachen Winkel in größere Tiefen. Für diese Druckfortpflanzung sind Formeln für verschiedene Böden angegeben.

Mc Leod 01 — Aus den nach dem CBR-Verfahren bzw. mit dem Housel-Penetrometer festgestellten Tragfähigkeiten des Untergrundes ergeben sich Druckverteilungslinien in Decke, Unterbau und Untergrund, die weitere Werte für die Bemessung des Straßenkörpers geben.

E. Untergrund b) Elastische Verformung

I Fahrzeugverkehr Allgemein

1. Meßmethoden für die elastische Verformung von Böden

Peltier 02 — Bestimmung der Tragfähigkeit des Bodens nach der Methode von Westergaard durch Bestimmung der vollelastischen Druckaufnahme.

Mercier 01 — Aus der Messung der Tragfähigkeit des Bodens mit Platten verschiedenen Durchmessers bei Einzellast und wiederholter Belastung in regelmäßigen und unregelmäßigen Abständen werden die elastische Deformation und der Elastizitätsmodul des Untergrundes bestimmt.

Shepard 01 — Messung der elastischen Deformation des Untergrundes durch seismographische Untergrundmessungen. Ein Stoß wird durch eine Dynamitexplosion in das Erdreich eingeleitet und elektrische Detektoren messen als Empfänger. Messung der Ankunft der direkten Wellen und der Grundwelle, die durch Reflektion am Grundfelsen entsteht.

Riedig 03 — Bestimmung der Elastizitätseigenschaften von Baugrund durch Baustellenversuche.

2. Elastische Verformung von Böden

Ramspeck 03 — Die Ausbreitungsgeschwindigkeit von Wellen ist proportional den elastischen Konstanten des Bodens. Sie ist nicht allein abhängig von der Art des Boden-Materials, sondern auch von der Tragfähigkeit der darunter liegenden Schichten. Beim Aufbringen einer Betondecke von 25 cm auf festen Untergrund ändert sich die Ausbreitungsgeschwindigkeit nicht.

Schaible 04 — Trotz der günstigen Lastverteilung der Betondecken und somit relativ geringer Untergrundbelastung sind die elastischen Verformungen der Betonplatten infolge des elastischen Nachgebens des Untergrundes verhältnismäßig groß.

Wilson 01 — Messung der elastischen Bodendeformation auf Flugplätzen bei überschweren Lasten in Kanada. Die Bodendeformation ist proportional der Belastung.

E Untergrund c) Plastische Verformung

I Fahrzeugverkehr Allgemein

1. Meßmethoden für die plastische Verformung des Untergrundes

Ramspeck 10 — Die Dichte des Untergrundes läßt sich mittels Sonden bestimmen.

Kerkhoven 01	CBR-Verfahren (USA) zur Messung der plastischen Verformbarkeit von flexiblen Böden im Laboratorium: In eine zylindrische Stahlform von 15,2 cm Durchmesser wird das Erdreich 12,7 cm hoch eingefüllt. In ihrer Mitte wird ein zylindrischer Stempel von 19,35 cm^2 mit konstanter Geschwindigkeit von 1,27 mm/Min. in das Material hineingepreßt. Um den Stempel herum ist eine Belastung entsprechend dem Gewicht, welches auf der Decke ruht. Der CBR-Wert ist die Last, die erforderlich ist, um eine Eindringtiefe von 2,5 mm (0,1") zu erreichen.
Peltier 02	Messung der Zusammendrückbarkeit des Bodens durch Be- und Entlasten, wobei die Differenz zwischen beiden Werten die plastische Deformation ist.
Ruckli 04	Messung der Verdichtbarkeit des Untergrundes mit Platten verschiedener Größe, ähnlich dem CBR-Verfahren.
Mercier 01	Durch die Messungen der Tragfähigkeit des Bodens nach verschiedenen Verfahren durch Druckversuche mit Platten unterschiedlichen Durchmessers bei einzelnen oder wiederholten Belastungen in regelmäßigen oder unregelmäßigen Abständen wird die Kompressibilität des Bodens als Maß für die plastische Verformung ermittelt. Die Meßwerte und Versuchsergebnisse werden nach verschiedenen Gesichtspunkten ausgewertet und die Abhängigkeiten von Scheibendurchmesser, Korngröße, Dichte und Feuchtigkeitsgehalt festgestellt. Rechenverfahren und Diagramme. Darstellung der verschiedenen bis jetzt entwickelten Methoden zur Bestimmung der Deformation des Bodens.
Mc Leod 03	Die Messung der Tragfähigkeit des Untergrundes bei einer Deformation von 12,5 mm (0,5") in Abhängigkeit von der Belastung gibt Mohr'sche Diagramme.
Leussink 02	Mit dem Stabilometer wird der Querdruck, der bei bestimmter Vertikalbelastung entsteht, gemessen. Die Differenz zwischen beiden Werten ergibt Widerstandsfähigkeit des Bodens gegen seitliches Wegwandern, d.h. die Scherfestigkeit. Hieraus Feststellung der Dicke der Schicht, die notwendig ist, um plastisches Fließen des Untergrundes bei verschiedener Wasserfestigkeit zu verhindern. Es ist weiter möglich, auf diese Weise die Belastungen festzustellen, die notwendig sind, um den Boden daran zu hindern, bei Wasseraufnahme zu schwellen bzw. sich zu setzen.
Nijboer 06, 07, 08	Aus den Messungen mit der Schwingungsmaschine wurde der dynamische Gleitmodul einiger Bodenarten bestimmt: Ton ca. 200 kg/cm^2, Sand 300 bis 400 kg/cm^2, sandiger Schotter 1000 kg/cm^2, toniger Schotter 1700 kg/cm^2. Der dynamische Gleitmodul ist ca. 5 bis 10mal so groß wie der statische.
Calderón 01	Methode zur Bestimmung der Schubfestigkeit von bindigen Böden und bituminösen Strukturen. Ein quadratischer Rahmen mit Scharnieren an allen vier Ecken übt auf eine darin befindliche Probe infolge Winkelverschiebung eine meßbare Schubspannung aus, wenn auf eine Ecke eine Kraft einwirkt.

Die Anordnung ist der üblichen dreiaxialen Schubprüfung an Genauigkeit nur wenig unterlegen, liefert jedoch die gewünschten Festigkeitswerte erheblich schneller.

Erlenbach 04	Bei wiederholten Messungen der Tragfähigkeit des Untergrundes werden um 15 % bis 45 % höhere Werte gemessen infolge der durch die Belastung eintretenden Verdichtungen.
Dücker 02	Verfahren zur Gewinnung ungestörter Frostkerne aus dem Boden mit Stahlbohrkrone von ringförmigem Querschnitt, wobei der Bohrstaub mit Druckluft entfernt wird. Doppelkernrohr, damit der Bohrkern durch die drehende Bewegung des Bohrrohres nicht beeinflußt wird.

2. Plastische Verformung von Böden

Peltier 02	Bei wasserempfindlichen Böden schrumpft unter einer Betonplatte der Boden an den Rändern durch Wasserabgabe zusammen, so daß die Ränder hohl liegen. Wird der Boden danach von außen durchfeuchtet, dann schwillt er an den Rändern der Platte an, so daß diese schließlich in der Mitte hohl liegt.
Ramspeck 03	Bei festem Untergrund ändert sich die Ausbreitungsgeschwindigkeit von Wellen, die ein Maß für die Dichte ist, beim Aufbringen einer Betondecke von 25 cm nicht. Bei Böden geringerer Tragfähigkeit verursacht das Aufbringen der Betondecke eine erhebliche Verfestigung. Bei gleich weichem Boden stieg beim Aufbringen einer Betonplatte von 15 cm Stärke die Ausbreitungsgeschwindigkeit auf 207 m/s und von einer 25 cm starken Platte auf 275 m/s.
Sparkes 01	Als Ursache von Rissen in Betonplatten wurde in vielen Fällen ungenügende Tragfähigkeit des Untergrundes, die zu plastischen Verformungen führt, festgestellt.
Hirche 01	Aus einer Zusammenstellung über die Ursachen von Rissen an Betonstrecken aus dem Jahre 1942 ergibt sich, daß 39 % auf plastische Verformungen des Baugrundes zurückzuführen sind.
Casagrande 06	Probleme der Setzung und Verdichtung des Untergrundes von Straßen unter Berücksichtigung des Unterbaus, jedoch nicht der Decke.
Straße 22	Infolge des Wegwanderns des Untergrundes unter den Betonplatten-Enden und an den Fugen brechen die Betonplatten.

E Untergrund c) Plastische Verformung

I Fahrzeugverkehr 3) Verkehr schwerer Radfahrzeuge

1. Untergrund Allgemein

Fröhlich 01	Die Setzung des Bodens wächst mit dem Logarithmus der Lastwechsel-Zahl linear an, wobei die Neigung der Linie von den

Eigenarten des Bodens abhängt. Hieraus Feststellung der Gesamtsetzung evtl. durch Extrapolation bei der für die Gesamtsetzung anzusetzenden Lastwechsel-Zahl von 2×10^6, wonach z.B. bei elastischer Verformung von Stahl Immunität gegen Dauerbruch eintritt.

Weil 04 — Die Erhöhung der Raddrücke verursacht eine stärkere Verformung des nachgiebigen Untergrundes, so daß dessen Tragfähigkeit ausschlaggebend ist.

Sill 02 — Bei Überschreitung der Tragfähigkeit des Untergrundes weicht der Boden seitlich aus. Je schlechter der Untergrund ist und je schwerer der Verkehr, desto dicker muß die Fahrbahnbefestigung sein. Bei Erdstraßen führt die Überschreitung der Tragfähigkeit des Untergrundes zu Vertiefungen und Rissen in der Fahrspur. Der Untergrund läßt sich nicht so einwandfrei aufbereiten, daß keine Setzungen mehr eintreten. Für die Tragfähigkeit der Straße ist daher der Untergrund ausschlaggebend.

Crantz 19 — Die beim Washo-Test festgestellten Schäden an der äußeren Fahrspur sind bei unbefestigten Randstreifen auf das seitliche Ausweichen des Untergrundes zurückzuführen. Nachdem die Randstreifen befestigt waren, traten die Schäden nicht mehr in diesem Maße ein. Der befestigte Randstreifen hält außerdem die Feuchtigkeit vom Untergrund fern und erhöht damit die Festigkeit des bindigen Bodens.

2. Untergrund unter Betondecken

Sack 01 — Bei Betonfahrbahnplatten ist der Untergrund an den Fugen infolge der Hebelwirkung des Plattenendes bei dynamischen Verkehrsbelastungen stärkeren Kompressionsdrücken ausgesetzt als in der Plattenmitte. Dies führt zu schweren Schäden der Fahrbahn, wenn durch die zerstörten Fugenverschlüsse Wasser eindringt. Sorgfältige Verdichtung und eventuelle Verstärkung des Untergrundes an den Fugen kann diese Fehler verhindern.

Seywald 02 — Bei schwerem Verkehr biegen sich die Betonplatten-Enden an den Querfugen etwas nach unten, so daß die nächstfolgende Platte den Sprung abfangen muß. Dadurch erfolgt eine stärkere Belastung des Untergrundes, der an dieser Stelle zusammengedrückt wird. Die sich dann bildende kleine Stufe erhöht die obige Wirkung.

Schaible 04 — Die elastischen Verformungen der Betondecken infolge schweren Verkehrs führen zu plastischen Verformungen des Untergrundes, was wieder zu Setzungen der Platten führen kann. Der Zustand des Untergrundes ist daher ausschlaggebend für den Zustand der Betondecken.

Road Test 01 — Beim Road Test One-MD wurde nach den Fahrversuchen festgestellt, daß folgende Betondecken-Fugenlängen offen waren: Bahn 1: 62 %; Bahn 2: 96 %; Bahn 3: 98 %; stillgelegte Bahn 4: 98 %. Der Untergrund war hauptsächlich plastischer

Ton. Die Ursache der plastischen Verformung des feinkörnigen glatten Untergrundes bei schwerer Verkehrsbelastung beim Road Test One-MD war das Eindringen von Regen in die Fugen.

Sparkes 01	Die Schäden an den Fugen von Betonstraßen werden vielfach durch das Hochpumpen von Schlamm verursacht, da an den Fugen bei ungenügender Dichtigkeit Wasser eindringen kann.
Schaible 01	Auch der beste Untergrund (Rheinkies) ist bei Autobahn-Betonplatten nicht genügend tragfähig, da auch hier durch die Verkehrsstöße eine nachträgliche Verdichtung erfolgt. Wenn keine Verdübelung vorhanden ist, führt dies zu Stufen an den Fugen von 10 mm bis 35 mm.
Schönberg 05	Die im Betonstraßenbau übliche sandige "Sauberkeitsschicht" unter der Betondecke, die auch für das Gleiten der Decke wertvoll ist, wird durch den schweren Verkehr zusätzlich verdichtet.
Schaible 01	Bei 1 m Kiesaufschüttung auf moorigem Untergrund zeigten sich bei schwerer Verkehrsbelastung bei Betonstraßen mit 12 m bis 14 m langen Platten in Talmulden Setzungen von 15 cm bis 30 cm Tiefe und 30 m bis 80 m Länge.

Literaturverzeichnis

A

A.A. Straßenbeanspruchung 11.1.57 — Sitzung des Arbeitsausschusses "Straßenbeanspruchung" am 11. Januar 1957 der F.G.f.d.Straßenwesen
59; 65; 73; 144; 184

A.A. Straßenbeanspruchung 14.6.57 — Anlage zum Sitzungsbericht des Arbeitsausschusses "Straßenbeanspruchung" vom 14. Juni 1957 der F.G.f.d.Straßenwesen
68; 69; 69; 73; 78; 78; 82; 88

A.A. Straßenbeanspruchung 10.1.58 — Sitzung des Arbeitsausschusses "Straßenbeanspruchung" am 10. Januar 1958 der F.G.f.d.Straßenwesen
62; 57; 69; 70; 78; 83; 84; 161; 201

A.A. Straßenebenheit 01 — Sitzung des Arbeitsausschusses "Straßenebenheit" am 13.12.1955 in Frankfurt/Main. F.G.f.d.Straßenwesen
47

A.A. Verkehrserschütterungen 01 — Arbeitsausschuß Verkehrserschütterungen. Vorläufige Richtlinien über die Maßnahmen zur Einschränkung von Verkehrserschütterungen. Die Betonstraße 1931 Nr. 6, Seite 132-135
70

A.G. Betonstraßen 01 — Arbeitsgruppe Betonstraßen. Merkblatt für den Bau von Betonfahrbahndecken. Richtlinien und Merkblätter I, 2. unveränderte Ausgabe 1953. F.G.f.d.Straßenwesen
45; 65; 123; 149; 208

A.G. Betonstraßen 05 — Arbeitsgruppe Betonstraßen. Bericht Straßenbauforschung 1953/54 S. 83. F.G.f.d. Straßenwesen
145; 185

A.G. Beton 07 — A.G. "Betonstraßen". Aus der Tätigkeit der Arbeitsgruppe "Betonstraßen". Mitt.Forsch. G. Str. 2 (1936) H. 8, S. 68-69
154; 184

A.G. F + F 01 — Tagung der Arbeitsgruppe "Fahrzeug und Fahrbahn" am 10. und 11. Oktober 1955 in München. F.G.f.d.Straßenwesen
57; 70; 78

A.G. F + F 03 — Arbeitsgruppe "Fahrzeug und Fahrbahn". Veröffentlichungen aus der A.G. F + F Straßenbauforschung 1953/54 S. 50
47

A.G. F + F 04	Arbeitsgruppe "Fahrzeug und Fahrbahn". Jahresbericht Straßenbauforschung 1937-1952 50/51, Seite 37. F.G.f.d.Straßenwesen 103
A.G. F + F 05	Vorschau auf Vorträge der F.G. "Fahrzeug und Fahrbahn" am 10. und 11. Oktober 1955. Vortrag Dr. Croce über die Bereifung. F.G.f.d.Straßenwesen 20; 39; 78
A.G. Flugplatz-befestigung 01	Arbeitsgruppe "Flugplatzbefestigung". Merkblatt über Belastungen von Flughafen und Zusammenstellung der Lasten 1953. F.G.f.d.Straßenwesen 160
A.G.P. + V. 01	A.G. Planung Straßengestaltung und -verkehr-01. Bericht über die Tätigkeit der A.G. "Straßengestaltung und -verkehr" Straßenbauforschung 1953/54, Seite 42. F.G.f.d.Straßenwesen 21; 23
A.G. Teer-straßen 02	Arbeitsgruppe "Teerstraßen". Gerät zur Nachahmung der Verkehrskompression durch Gummiverkehr auf Teerstraßen. Mitteilung d.F.G.f.d. Straßenwesen 1937 Nr. 9, Seite 81 180
A.G. Unterbau 01	Arbeitsausschuß Unterbauversuche der F.G. f.d.Straßenwesen. Unterbau-Versuchsstrecke Grunbach. Forschungsarbeiten aus dem Straßenwesen Neue Folge, Heft 30 201; 202
A.G. Untergrund 03	Arbeitsgruppe Untergrund. Richtlinien für Schwingungsverdichtung von Untergrund und Unterbau. Richtlinien und Merkblätter I Ausgabe 1953. F.G.f.d.Straßenwesen 220; 227
Ahrens 01	Bereifungsgrundlagen für die Achsen der Fahrzeuganhänger. ATZ Mai 1947 Nr. 3, Seite 35 96
Aichhorn 01	Dr. Aichhorn: Über den Entwurf der Oberbaudicke bei Straßen mit verschiedenen Verkehrslasten. Bitumen 1954, Seite 197. 144; 145; 213; 219
Albrecht 01	Albrecht R.: Bau der Reichsstraßenüberführung in Freising bei München. Die Bautechnik 1938, Nr. 35, Seite 445-448. 100; 102

Alix 01 — Alix: Ursachen der Rißschäden beim km 154-160,8 im Deckenlos 2 und 3 der Autobahn bei Frankfurt. Aus: Versuche und Erfahrungen im Betonstraßenbau. F.G.f.d.Straßenwesen, Schriftenreihe der A.G. "Betonstraßen" Heft 6, Kirschbaumverlag Bielefeld 1955
191

Allen 01 — Allen C.W.: Report on Pavement Research Project in Ohio Edited by Highway Research Board, Bulletin 116 Washington D.C. 1956.
201; 202

Ammann 01 — Ammann: Prüfung von Schotterdecken mit Oberflächenbehandlung in der Straßenprüfmaschine der T.H. Karlsruhe. Bitumen 1934/2, Seite 33.
115

ATZ 04 — ohne Angabe des Verfassers. Dynamische Stoßdämpfer. (Aus Automobile Engineer Nr. 568, Seite 295-300). ATZ 1954 Heft 4, Seite 114.
94

ATZ 28 — ohne Angabe des Verfassers. Über die Abnützung von Luftreifen. ATZ 1935/21, Seite 542.
119; 120

Auberlen 01 — Auberlen: Vom Schwung der Fahrt zur Form der Straße. Forschungsarbeit aus dem Straßenwesen, Neue Folge, Heft 25.
27

Automarkt 01 — ohne Angabe des Verfassers. Progressive Federung nur ein Schlagwort? Der Automarkt, 42. Jahrgang, Nr. 21/22, Mai 1952, Seite 10-11.
88

B

Barth 01 — Barth R.: Wünsche des Straßenpflegers an den Kraftfahrer. Die Straße 1935, Nr. 5, Seite 163-164. EAa BIII1
133

Baud 01 — Baud: Betonprüfung mit akustischen Methoden. Schweiz.Bauzeitung 71 1953, Nr. 38 Seite 554-555

Baumeister 01 | Baumeister L.: Diskussionsbeitrag zu Dittrich: Erfahrungen mit Betonstraßen, Schriftenreihe Heft 5, A.G. Betonstraßen 1954, Seite 37
194

Bechtel 01 | Bechtel K.: Erschütterungsmessungen an Beton- und Pflasterdecken in Sonderhausen i.Thür. Betonstraße 5 (1930) Heft I, Seite 11-15
176

Becker 01 | Becker G.: Automobilreifen, Verlag M.Krage, Berlin W, 1927
74; 75; 77; 77; 81

Beckermann 01 | Beckermann:"Zur Entwicklung des Straßenverkehrs und des Straßenbaues", ADAC Motorwelt 10 (1957), Heft 7, Seite 348
21

Beér 01 | Beér F.: Ungarische Versuchsstraßen mit Bodenvermörtelung durch Zement, VDI-Zeitschrift Band 99 Nr. 24, Seite 1172-1173, Düsseldorf 1957
109; 130; 133; 187

Behrmann 01 | Behrmann H.: Bericht über Messungen dynamischer Radlasten Vortrag beim A.G. "Straßenbeanspruchung" 14.12.1955
56; 56; 58; 59; 61; 65; 87; 95

Behrmann 02 | Behrmann H.: Ein schreibender Schwingungsmesser für die Beurteilung der Sicherheit und Leistungsfähigkeit von Kraftfahrzeugen, ATZ 1953, Heft 6, Seite 151
95

Benz 01 | Benz F.: Über Fahrbahnreibung. Die Autobahn 1934, Seite 309
103; 112

Bester 01 | Bester W.G.: Widening and Resurfacing Highways with Concrete Highway Research Board thirty-fourth annual meeting Washington D.C. 1955
109

Bierhalter 01 | Bierhalter: Neuere Untersuchungen über Bitumenstraßen Bitumen 1933/5, Seite 90
106

Bierhalter 05 | Bierhalter: Mechanische Prüfverfahren zur Bewertung von Asphaltmassen für Straßenbeläge. Bitumen 1935/5, Seite 102
139; 141

Bierhalter 06 — Bierhalter: Mechanische Prüfverfahren zur Bewertung von Asphaltmassen für Straßenbeläge. Bitumen 1935/6, Seite 128
106; 139; 141

Bierhalter 07 — Bierhalter: Die praktische Bedeutung der mechanischen Prüfverfahren. Bitumen 1935/8, Seite 171
139; 171

Bierhalter 10 — Bierhalter: DIN 1995, Prüfverfahren für Bitumenemulsionen. Bitumen 1953, Seite 12
140

Billstein 01 — Billstein A.: "Der neue pneumatisch-hydraulische BILLSTEIN Sicherheits-Stoßdämpfer". Werbeschrift August Billstein GmbH, Ennepetal-Altenvoerde, September 1955
94

Bitumen 02 — ohne Angabe des Verfassers. X. Intern. Straßenkongreß Istanbul 1955. Bitumen, Teere, Asphalte, Peche 1955, Heft 7, Seite 230
124; 126

Bitumen 03 — The Asphalt Institute: Specifications for Asphalt Cements for Undersealing. Portland Cement Concrete Pavements (aus Construction Series No. 90/1950). Bitumen 1951, Seite 67
168

Bode 05 — Bode: Welche obere Grenze der Achslast ist im Hinblick auf die gegenwärtige und künftige Beschaffenheit der deutschen Straßen zu empfehlen? Sonderdruck für das BVM.
18; 24; 28; 29; 43; 51; 63; 68; 87; 112; 134; 153; 154

Bode 06 — Bode: Vortrag beim A.A. Straßenbeanspruchung am 14.12.55. Wieweit kann aus den Vibrometermessungen von Chassis und Achse auf die Beanspruchung der Straßen geschlossen werden?
54; 57; 68; 73; 82; 83; 87; 96

Bode 07 — Bode: Ermittlung der senkrechten und waagerechten dynamischen Raddrücke im Verhältnis zum statischen Raddruck bei verschiedenen Straßen- und Brückendecken. Arbeitsgruppe "Fahrzeug und Fahrbahn". Bericht über die Tätigkeit der Arbeitsgruppen und Arbeitsausschüsse der F.G.f.d.Straßenwesen. Straßenbauforschung 1950/1951
61; 72

Bode 08 — Bode: Bremsgeräte für Kraftfahrzeuge und Anhänger. Deutsche Kraftfahrtforschung, Heft 89, VDI-Verlag GmbH, Düsseldorf 1955
103

Böhringer 01 — Böhringer: Erfahrungen mit dünnen Asphaltbelägen. Straße und Autobahn Jahrgang 1, September 1950, Heft 9, Seite 5
136

Bomhard I — Bomhard: Messung der Kräfte zwischen Rad und Fahrbahn (Dissertation bei der T.H. München)
57; 58; 59; 62; 65; 71; 72; 75; 76; 77; 82; 83; 84; 93;

Bomhard 01 — Bomhard: Messung der Kräfte zwischen Rad und Fahrbahn. ATZ 1954, Heft 11, Seite 300
50; 56; 57; 83; 89; 90; 92; 93; 94; 94; 96; 97

Bösenberg 01 — Bösenberg H.: Die Versuchsstraße des Deutschen Straßenbauverbandes in Braunschweig. Straßenbau und Bitumen (1934) Seite 106-114
125

Bostick 01 — Bostick: Motor-Vehicle-Use Studies in Six States Public Roads, Vol. 28, No. 5, December 1954, Seite 99-126
22

Bradbury 01 — Bradbury R.D.: Design of Joints in Concrete Pavements. Highway Research Board Washington D.C. 1933
159

Brandt 01 — Brandt H.: Die Eignung der Betondecke für Kraftfahrbahnen. Forschung des Mailänder Straßeninstituts. Verkehrstechnik Straßenbau und Unterhaltung (1934) Heft 19, Seite 534-536
118

Braunschweig I u. II	Deutscher Straßenbauverband: Denkschrift I u. II über die Versuchsstraße des Deutschen Straßenbauverbandes bei Braunschweig: Anlage der Versuchsstraße und erste Versuchsreihe bis Ende Januar 1926 17; 89; 114; 115; 125; 136
Braunschweig III	Deutscher Straßenbauverband: Denkschrift III über die Versuchsstraße des Deutschen Straßenbauverbandes bei Braunschweig: Fortsetzung und Beendigung der Versuche (erste Versuchsreihe) März 1927 45; 72; 78; 79; 88; 114; 115; 116; 138; 152;
Braunschweig IV	Deutscher Straßenbauverband: Denkschrift IV über die Versuchsstraße des Deutschen Straßenbauverbandes bei Braunschweig: Fortsetzung der Versuche Februar 1928 17; 52; 114; 115; 125
Braunschweig V	Deutscher Straßenbauverband: Denkschrift V über die Versuchsstraße des Deutschen Straßenbauverbandes bei Braunschweig: Straßenbeanspruchung durch die Wagengewichte. Dezember 1928 39; 40; 42; 45; 58; 114; 115
Braunschweig VI	Deutscher Straßenbauverband: Denkschrift VI über die Versuchsstraße des Deutschen Straßenbauverbandes bei Braunschweig: Einfluß von schwerem, gummibereiftem Lastkraftwagenverkehr und von eisenbereiftem Pferdefuhrwerksverkehr auf die Fahrbahn. März 1930 24; 25; 26; 109; 110; 111; 114; 115; 116
Braunschweig VII	Deutscher Straßenbauverband: Denkschrift VII über die Versuchsstraße des Deutschen Straßenbauverbandes bei Braunschweig: Einfluß von gemischtem Verkehr auf die Fahrbahn; Wirtschaftlichkeitsberechnungen. August 1930 45; 109; 109; 114; 115
Braunschweig VIII	Deutscher Straßenbauverband: Denkschrift VIII über die Versuchsstraße des Deutschen Straßenbauverbandes bei Braunschweig: Der Fahrwiderstand von Kraftfahrzeugen auf verschiedenen Straßendecken, Temperaturmessungen in Teer- und Asphaltdecken. Oktober 1931 26; 40; 80; 81; 114; 115; 123

Braunschweig IX
Deutscher Straßenbauverband: Denkschrift IX über die Versuchsstraße des Deutschen Straßenbauverbandes bei Braunschweig: Umbau der Versuchsstraße im Jahre 1932-33 zur Klärung der Anhängerfrage Ergebnisse der Versuche seit 1925. Mai 1934
25; 26; 32; 33; 111; 114; 115

Braunschweig X
Deutscher Straßenbauverband: Versuchsstraße Braunschweig Denkschrift X: Fahrversuche 1933 - 1934 - 1935 mit Luft- und hochelastischen Vollgummireifen zur Feststellung ihrer Federungseigenschaften, Einwirkung auf die Fahrbahn und Wirtschaftlichkeit. April 1936
33; 41; 42; 55; 69; 75; 75; 77; 79; 81; 114; 115; 117; 120; 203

Braunschweig XI
Deutscher Straßenbauverband: Denkschrift XI über die Versuchsstraße des Deutschen Straßenbauverbandes bei Braunschweig: Fahrversuche 1935 - 1936 mit pferdebespannten bzw. traktorbespannten Fahrzeugen mit eisen- bzw. luftbespannten Reifen.
72; 112; 114; 115; 117

Breemen 01
Breemen: Bericht über einen Versuch mit kontinuierlicher Bewehrung in einer Betonfahrbahn - New Jersey. Proceedings Highway Research Board 1950, Bd. 30 Seite 61-80, F.G.f.d.Straßenwesen Übersetzung Nr. 19c (Mönning)
128; 132; 180; 190; 197

Breyer 02
Breyer H.: Zur Verkehrssicherheit und zur Einschränkung der Verkehrsgeschwindigkeiten auf den Landstraßen. Straßen- und Tiefbau 1951 Heft 7, Seite 175-176
32

Brunner 06
Brunner W.: Erwärmung der Reifen von Personenkraftwagen bei hohen Fahrgeschwindigkeiten. Deutsche Kraftfahrtforschung Heft 2
121

Buck 01
Buck W.:Schrägfederung. ATZ, Jahrgang 52, Nr. 5, September/Oktober 1950, Seite 154-155
73; 90

Burmister 01
Burmister D.M.: Die allgemeine Theorie der Pressungen und Verschiebungen in geschichteten Boden-Systemen (The General Theory of Stresses and Displacements in Layered Systems)Journ.of Appl.Physics 16(1945) Nr. 5 Seite 296-302
169; 170; 174; 230.

Busch 01 — Busch M.: Das Verfahren zum Messen von Deckenverschleiß unter besonderer Berücksichtigung des Verdichtens des Belages und des Setzens des Untergrundes. Die Straße 1938, Seite 145
107; 108; 114

Busch 03 — Busch M.: Ergebnisse von Verschleißmessungen an Straßendecken. Bitumen 1933/8, Seite 154
108; 150

Busch 04 — Busch M.: Die Steinpflasterdecken im neuzeitlichen Verkehr. Straßenbaujahrbuch 1937/38, Seite 95-126
48; 101; 136; 205

Busch 06 — Busch M.: Arbeitsgruppe "Fahrzeug und Fahrbahn". Mitteilg. d.F.G.f.d.Straßenwesen 1937, Seite 13-17
107

C

Calderón 01 — Calderón M.: A possible new approach to develop a mohr diagram. Proceedings of the Association of Asphalt Paving Technologists, Volume 22 1953
232

Campen 01 — Campen and Smith: Bearing index of soil as a criterion for the maximum density requirement. Highway Research Board 1945, Seite 96
224

Casagrande 06 — Casagrande L.: Bodenmechanik und neuzeitlicher Straßenbau (zweite Folge). Volk und Reich, Verlag Berlin, Berlin 1939
215; 233

Casagrande 07 — Casagrande L.: Die Packlagedecke im neuzeitlichen Verkehr entnommen aus Bodenmechanik und neuzeitlicher Straßenbau (zweite Folge), Volk und Reich, Verlag Berlin, Berlin 1939
211

Casagrande 10 — Casagrande L.: Bodenmechanik und neuzeitlicher Straßenbau (zweite Folge) unter Mitwirkung von 9 Fachleuten. Schriftenreihe "Straße" Bd. 16, Verlag Volk und Reich, Berlin 1939, Heft 16
219; 230

Cashell 02

Cashell D.: Continuous Reinforcement in Concrete Pavements entnommen aus Highway Research Board Washington, D.C. 1955
127; 189; 191

Cooke 01

Cooke: Der Einfluß der Straße auf den Entwurf von Kraftfahrzeugen. Straße und Autobahn, Jahrgang 1, November 1950, Heft 11, Seite 15
28

Coons 01

Coons: Investigational Concrete Pavement in Michigan. Highway Research Board Nr. 3 B 1945, Seite 35
102; 127; 184; 196; 215

Cot 01

Cot D.: Etude de l'influence du trafic sur les déformations des revêtements. (Untersuchung des Einflusses des Verkehrs auf die Verformungen der (Rollbahn-) Decken). Travaux 39e Année No. 254, Décembre 1955
177

Crantz 02

Crantz: Bericht über die Versuchsstrecke Lahr der Straßenbauforschung 1952/53, Seite 64. F.G.f.d.Straßenwesen
201; 202; 204

Crantz 03

Crantz W.: Bericht der Kommission "Unterbauversuche" auf Straßen mit schwerem Verkehr bei Lahr. Straßenbauforschung 1953/54, Seite 70
46; 48; 136; 138; 201; 202; 204; 205; 211; 228

Crantz 04

Crantz W.: 1. Bericht Unterbau-Versuchsstrecke Lahr. Neue Folge, Heft 18. F.G. f.d.Straßenwesen.
34; 46; 182; 188; 193; 193; 202; 202; 205; 210; 216; 217

Crantz 05

Crantz W.: Unterbauversuche für schweren Verkehr. Forschung, Wirtschaft und neuzeitliche Bauausführungen im bit. Straßenbau 1952, Kirschbaum-Verlag, Seite 124.
201

Crantz 06

Crantz W.: Unterbauversuche auf Straßen mit schwerem Verkehr. Forschung und Praxis im Betonstraßenbau. A. Heft 3, 1953, Seite 18.
201; 212;

Crantz 07

Crantz W.: Die Bedeutung des Untergrundes und des Unterbaues für die Haltbarkeit der bituminösen Fahrbahnbeläge. Straße und Autobahn, 3. Jahrgang, März 1952, Heft 3, Seite 92.
110; 144; 181

Crantz 13

Crantz W.: Forschung und Praxis im Blickfeld aktueller Probleme 1954. Schichtweiser Aufbau oder Zementbeton als Unterlage für bituminöse Decken auf Straßen mit schwerem Verkehr. F.G.f.d.Straßenwesen. A.G. Asphalt und Teerstraßen, Heft 11, Seite 15.
18; 188; 190; 192; 194; 203; 203; 208; 211; 211; 216

Crantz 14

Crantz W.: Forschung und Praxis im Blickfeld aktueller Probleme 1954. Schlußwort zu den Diskussionsbeiträgen von CRANTZ und STREIT. F.G.f.d.Straßenwesen. A.G. Asphalt und Teerstraßen, Heft 11, Seite 40.
203

Crantz 15

Crantz W.: Ergebnis der Unterbauversuche in Lahr. Schriftenreihe der A.G. Asphalt und Teerstraßen, Heft 10, Seite 64. Bituminöser Straßenbau und Straßenbaumaschinen. Straßenbauwirtschaft 1953.
17; 162; 208; 209; 210; 210; 213; 220

Crantz 16

Crantz W.: Zur Frage der Wirtschaftlichkeit im Straßenbau und eine Methode zu ihrer Entwicklung. Straße und Autobahn, 5/1951, Seite 149.
18; 19; 23; 39; 98; 133

Crantz 17

Crantz W.: Die Bedeutung des Untergrundes und des Unterbaues. Straße und Autobahn, 1/1952, Seite 20.
224

Crantz 19

Crantz W.: Der WASHO-Road-Test. Sonderdruck für die Sitzung der Arbeitsgruppe Asphalt- und Teerstraßen auf der Straßenbautagung am 21. September 1956 in München. F.G.f.d.Straßenwesen.
22; 30; 135; 137; 152; 174; 177; 181; 183; 197; 202; 209; 234

Crantz 20 — Crantz W.: Lehren aus dem WASHO-Test. Straßenbau und Straßenbauforschung. Schriftenreihe der Arbeitsgruppe Asphalt und Teerstraßen, Heft 13, Kirschbaumverlag Bielefeld 1957. F.G.f.d.Straßenwesen.
129; 133; 182; 208; 209; 229;

Crantz 22 — Crantz W.: Bericht über die Tagung der Arbeitsgruppe Asphalt- und Teerstraßen vom 28. - 30.4.1952. Bitumen, Teere, Asphalte, Peche und verwandte Stoffe 3 (1952), Heft 6, Seite 141-143
98; 100; 201;

Crantz 24 — Crantz W.: Unterbau-Versuchsstrecke Grunbach. Forsch.-Arb. Straßenwesen, Heft 30, Kirschbaumverlag Bielefeld 1957
201; 201: 202; 204

Croce 04 — Croce: Unebenheitsmessungen bei den Unterbauversuchen in Lahr und Rosshaupten. Teilbericht über die Unterbauversuchsstrecke Lahr. Forschungsarbeiten aus dem Straßenwesen, Neue Folge, Heft 18, Kirschbaumverlag Bielefeld 1955.
50; 138

Chrysler 01 — Chrysler Corp., Detroit, 31, Michigan: Antwort auf einen Fragebogen des Battelle-Institutes, Ffm.
49; 65; 80; 89; 94; 96; 97

D

Deichmüller 01 — Deichmüller: Straßendeckenausbildung mit Rücksicht auf die Verkehrsdichte, das Verkehrsgewicht und die Verkehrsgeschwindigkeit. Teer und Bitumen 38 (1940), Heft 19, Seite 186-187.
105

Dempwolff 02 — Dempwolff: Bemessung von Asphaltdecken im Flugplatzbau. Bitumen 1952, Seite 133.
44; 159

Deussing 01 — Deussing P.: Neuere Messungen zur Ermittlung der Kraftschlußbeiwerte zwischen Reifen und Fahrbahn. Straße und Autobahn 5 (1954), Heft 4, Seite 115-121.
99; 102; 103; 104

Dieckmann 01 — Dieckmann und Scheffler H.: Untersuchungen von Schwingungen in einem Omnibus und ihre Einwirkung auf den Menschen. ATZ Jahrgang 58, Nr. 8 August 1956, Seite 209-212.
49

Dimmick 01 — Dimmick: Trends in Traffic Volumes, Vehicle Types and Weights. Public Roads Februar 1953, Nr. 1, Seite 111 und Seite 235.
21

Dimmick 03 — Dimmick: Traffic and Travel Trends, 1954. Public Roads, Volumes 28, Nr. 11, Dezember 1955, Seite 231-251
21

Dietz 01 — Dietz: Die Fahrlage des Kraftwagens in der Kurve (von Prof. KAMM). Deutsche Kraftfahrtforschung, Heft 44, Seite 1.
101

Dietz 02 — Dietz: Pendelerscheinungen an Straßenanhängerzügen. Deutsche Kraftfahrtforschung, Heft 16.
37

Dietz 04 — Dietz und Huber: Bremsung des Lastzuges. Deutsche Kraftfahrtforschung, Heft 32, VDI-Verlag GmbH, Berlin NW 7 /1939.
104

Dietz 05 — Dietz und Huber: Reifenverschleiß bei Zwei- und Dreiachslastwagenanhängern. Deutsche Kraftfahrtforschung, Heft 22, VDI-Verlag GmbH, Berlin NW 7 / 1939.
115; 120

DIN 1996 01 — DIN-Norm 1996 Teil 1 1955: Vorschriften für die Probenahme Bitumen und Teer enthaltender Massen für Straßenbau und ähnliche Zwecke. A.G. Asphalt- und Teerstraßen. F.G.f.d.Straßenwesen.
125

DIN D.V.M. 2108 01 — DIN-Norm D.V.M. 2108 Oktober 1939: Prüfung von Naturstein.
107

Dittrich 01 — Dittrich R.: Neue Ziele im Betonstraßenbau. Die Straße 1937, Seite 634.
168; 170; 184

Dittrich 03 — Dittrich R.: Betonstraßen in der Bewährung. Betonstraßen Jahrbuch 1955, Seite 79.
137

Dittrich 04 — Dittrich R.: Betrachtungen an Betonfahrbahndecken. Elastikbeton. A.G. Betonstraßen, Heft 2, 1952, Seite 76.
130; 135; 193

Dittrich 07 | Dittrich R.: Diskussionsbeitrag zum Referat von Dr. OBERBACH "Begegnung zwischen Praxis und Forschung in den aktuellen Erfordernissen der Straße". Forschung und Praxis im Blickfeld aktueller Probleme 1954. F.G.f.d.Straßenwesen, Asphalt- und Teerstraßen, Heft 11, Seite 74.
29; 147

Dittrich 08 | Dittrich R.: Betongefüge und Rissebildung in Betonfahrdecken. Ein Untersuchungsbericht. Bundesanstalt für Straßenbau, Wissenschaftliche Berichte, Verlag W. Ernst und Sohn, Berlin (1952), Heft 1.
160; 197

Dittrich 09 | Dittrich R.: Die Wirksamkeit der Fahrzeugreifen. Straße und Autobahn 1956, Heft 6, Seite 199-203.
72; 74; 78; 99; 103; 104; 162

Dittrich 11 | Dittrich R.: Straßendecken aus Weichbeton. Fortschr. a.d.Str. u. Tiefbau Bd. 6 (1950)
128; 135; 187; 193; 194

Dittrich 13 | Dittrich R.: Laufende und geplante Untersuchungen der Bundesanstalt für Straßenbau. Forschung und Praxis im Betonstraßenbau 1953.
171

Dittrich 14 | Dittrich R.: Die Entwicklung des Betonfahrbahndeckenbaues auf den Reichsautobahnen. Betonstraßenbau, Schriftenreihe der "Straße", Heft 4 (1936), Seite 8-11.
152

Dittrich 17 | Dittrich R.: Kritische Betrachtung zum Bau der Betonfahrbahndecken auf den Reichsautobahnen. Bericht über die Straßenbautagung vom 11.-13.11.1953, Seite 47.
168

Dittrich 18 | Dittrich R.: Stellungnahme zu der Frage der verhältnismäßigen Anteile der verschiedenen Kraftfahrzeugarten vom straßenbautechnischen Standpunkt. Der Bundesminister für Verkehr, Bonn, den 8. Oktober 1954. Materialsammlung Nr. 13 (StB).
153

Dittrich 19 | Dittrich R.: Erfahrungen mit Betonstraßen im Jahre 1953. Verlag Ernst und Sohn, Berlin.
186; 194

Dobberack 01 — **Dobberack A.:** Verfahren zur meßtechnischen Bestimmung der Federungseigenschaften von Kraftfahrzeugen. (Dissertation) gedruckt von A. Bonz Erben-Stuttgart 1933.
82; 85

Drechsler 01 — **Drechsler:** Der Kreisel als Mittel zur Ergänzung der Federung. ATZ 1930/15, Seite 367.
97

Dücker 01 — **Dücker:** Über Moorsprengversuche auf der Blocklandstrecke. Die Straße, Jahrgang Nr. 10, 2. März-Heft 36, Seite 306.
160

Dücker 02 — **Dücker:** Untersuchungen an Frostschäden durch die Entnahme ungestörter Frostkerne. Straße und Autobahn 9/1953, Seite 287.
233

Dutron 01 — **Dutron M.:** Die Betonstraße in Belgien. Entwicklung des Betonstraßenbaues im Inland und Ausland 1953 Schriftenreihe der A.G. Betonstraßen, Heft 4, Seite 35.
127; 128; 191

Dutron 02 — **Dutron M.:** Straßenkongreß Brüssel 1935. Denkschrift Nr. 27: "Mitteilungen über die Biegungsfestigkeit von Straßenbeton". Betonstraße 11 (1936), Heft 1, Seite 16.
141; 187; 203; 212; 216

E

Eberle 01 — **Eberle:** Über deutsche Straßen im zweckmäßigen Straßenbau. Betonstraßenbau. Vorträge vom 8./9.10.53, Seite 3, F.G.f.d. Straßenwesen.
20; 22; 203

Eberle 02 — **Eberle:** Flicken von Betonstraßen. Entwicklung des Betonstraßenbaues im In- und Ausland. Schriftenreihe A.G. Betonstraßen, Heft 4, Seite 142. F.G.f.d.Straßenwesen.
182; 186; 186

Eberle 03 — **Eberle:** Über Betonunterbau für Straßen. Entwicklung des Betonstraßenbaues im In- und Ausland. Schriftenreihe A.G. Betonstraßen, Heft 4, Seite 145. F.G.f.d.Straßenwesen.
206; 212; 216

Ebner 01

Ebner: Einfluß der Verkehrslasten auf Fahrbahnbeanspruchung und Schwingung von Straßendecken. Straßenbauforschung 1950/51, Seite 47. F.G.f.d.Straßenwesen.
166

Elsners 02

Elsners: Taschen-Jahrbuch für den Straßenbau, Nr. 59: Beton, Seite 239.
131; 140; 148; 149

Emschermann 01

Emschermann, H.: Meßdose zum Ermitteln der Sohlreibung bei Fundamenten. VDI-Zeitschrift Band 99, Nr. 10, Seite 423, 1957.
179

Erlenbach 04

Erlenbach L.: Die Tragfähigkeit vorhandener Straßen bei verschiedenem Unterbau und Untergrund. Bitumen, 1952, Seite 3.
221; 233;

Erlenbach 07

Erlenbach L.: Was lehren die Frostaufbrüche im Frühjahr 1953. Straße und Autobahn, 5. Jahrgang, Februar 1954, Heft 2.
153; 212

Ernst 01

Ernst W.: Stahleinlagen in Betonfahrbahndecken. Entwicklung des Betonstraßenbaues im In- und Ausland, A.G. Betonstraßen, Heft 4, Schriftenreihe, Seite 100. F.G.f.d. Straßenwesen.
157

Ernst 02

Ernst W.: Die Bewehrung in den Versuchsstrecken an der Autobahn Kaiserslautern - Viernheim. Forschung und Praxis im Betonstraßenbau. A.G. Betonstraßen, Heft 3, 1953, Seite 84.
126

Erz 02

Erz K.: Über die durch Unebenheiten der Fahrbahn hervorgerufene Verdrehung von Straßenfahrzeugen. ATZ 59 (1957), Heft 4, Seite 89-96.
51; 62; 95

Essers 01

Essers E.: Herstellung eines zweirädrigen Normmeßanhängers mit eingebautem Beschleunigungsmesser nach LANGER-THOMÉ zur Kennzeichnung der Ebenheit (Stoßhaftigkeit) von Straßen. II. Berichte über den Stand einzelner Forschungsarbeiten. Straßenbauforschung 1937-1952,Seite 39, F.G.f.d. Straßenwesen.
64

Essers-02 Essers E.: Ermittlungen über die Höhe der Straßenverkehrslasten insbesondere der dynamischen Zusatzlasten zu den Rad- bzw. Achsdrücken von Schwer-LKW beim Befahren von Straßen verschiedener Ebenheit. A.G. Fahrzeug und Fahrbahn. Straßenbauforschung 1950-1951, Seite 41. F.G.f.d.Straßenwesen.
55; 93

Essers-03 Essers E.: Bericht über die Ermittlung der dynamischen Raddrücke von Lastkraftfahrzeugen (Auftrag des Bundesverkehrsministeriums StB 7. L.Bed. 316/815/51 vom 29.2.1952). Institut für Kraftfahrwesen der T.H. Aachen.
55; 58; 59; 61; 63; 65; 68; 82; 85

Essers-04 Essers E. und Kotitschke: Meßtechnische Bestimmung der dynamischen Radkräfte von Kraftfahrzeugen. Sonderdruck Straße und Autobahn 1955, Heft 2, Seite 52-56
55; 61; 61; 77

Essers-07 Essers E. und Marquard E.: Stoßmessungen an einem Einachsanhänger auf dem Trommelprüfstand. ATZ 1952, Seite 129.
54; 57; 84; 91

Essers-08 Essers E.: Fahrzeuggewichte-Bahnkräfte-Straßenschädigung (Teil 2). ATZ Jahrgang 58, Nr. 2 Februar 1956, Seite 47-52.
55; 57

Essers-09 Essers E. und Marquard E.: Stoß- und Schwingungsdämpfung durch Luftreifen. Jahrbuch der Rheinisch-Westfälischen Technischen Hochschule Aachen, vierter Jahrgang 1951, Seite 101-109, Verlag W. Girardet, Essen
77

Essers-10 Essers E.: Fahrzeuggewichte-Bahnkräfte-Straßenschädigung ATZ 1956, Heft 1, Seite 1-7 und Heft 2, Seite 47-52.
50; 62; 63; 64; 111; 137

Essers-12 Essers E. und Kotitschke: Über Verfahren zur Bestimmung der dynamischen Radlasten von Kraftfahrzeugen. Kurz-Zusammenfassung: Straße und Verkehr, Nr. 4, 1956, Seite 152. Originalvortrag: Tagung der Arbeitsgruppe "Fahrzeug und Fahrbahn" der Deutschen Forschungsgesellschaft für das Straßenwesen am 11.11.1955. F.G.f.d.Straßenwesen.
51; 52; 61; 63; 64; 68; 75

Ewers 01

Ewers N.: Neue Methode zur Prüfung bituminöser Mischungen. Forschungsarbeiten aus dem Straßenwesen. Band 24. F.G.f.d. Straßenwesen.
114; 141; 180; 181

Ewers 02

Ewers N.: Die Eignungsprüfung für bituminöse Mischungen. Straßenbau-Jahrbuch 1939-1940, Verlag Volk und Reich, Berlin (1940), Seite 127-137 und F.G.Straßenwesen Band 24, Seite 9-22.
140

Eymann 01

Eymann: Das Merkblatt für die Unterhaltung der Betonstraßen. Beobachtungen an Betonfahrbahndecken. A.G. Betonstraßen, Heft 2, 1952, Seite 63. F.G.f.d.Straßenwesen.
135

Eymann 02

Eymann: Über die Abnahmebedingungen von Betonfahrbahndecken. Forschung und Praxis im Betonstraßenbau. A.G. Betonstraßen, Heft 3, 1953, Seite 7. F.G.f.d.Straßenwesen.
147

F

Federn 01

Federn: Frequenz-selektive Schwingungsmessung mittels Wattmeter. A.T.M. V 171-3.
34

Feecher 01

Feecher H.: Die Versuchsstraße Braunschweig. Die Straße, 1927, Heft 5, Seite 77.
132

Feeters 01

Feeters und Docker: Grundlagen der Betonstartbahnmessung, aus Bd. II Proceedings of the second international conference on soil mechanics and foundation engineering, Rotterdam, June 1948. F.G.f.d.Straßenwesen, Übersetzung 4a.
229

Feeters 02

Feeters und Docker: Beispiel einer Betonstartbahnmessung mit kritischen Betrachtungen, aus Bd. II Proceedings of the second international conference on soil mechanics and foundation. F.G.f.d.Straßenwesen, Übersetzung 4b.
63; 132; 147; 156; 160; 162; 167; 170

Feldmann 01

Feldmann: Einwirkung der Verkehrskräfte auf den Straßenkörper. Vortrag bei der Sitzung des AA "Straßenbeanspruchung" der F.G.f.d.Straßenwesen am 14.12.1955. F.G. f.d.Straßenwesen.
18; 30; 41; 51; 72; 132; 142; 206

Feuchtinger 01

Feuchtinger M.E.: Die künftigen technischen Daten der Lastkraftwagen.Internat.Archiv für Verkehrswesen, 1955,Nr.19, Seite 433-444
22; 25

Feuchtinger 03

Feuchtinger M.E.: Die Auswirkungen des künftigen Kraftverkehrs auf die deutschen Landstraßen. Straße und Autobahn, Jahrgang 1950, Heft 1, Januar, Seite 9.
21

Feuchtinger 04

Feuchtinger M.E.: Verzögerungs- und Beschleunigungsspuren auf Schnellverkehrsstraßen. Straße und Autobahn, Jahrgang V, August 1954, Heft 8, Seite 243.
27

Finney 01

Finney E.A.: Research Engineer, Michigan State Highway Department. Antwort April 1956 auf den Fragebogen des Battelle-Instituts, Ffm.
105; 125; 182; 182; 188; 193

Finsterwalder 01

Finsterwalder U.: Vorschlag für eine Fahrbahndecke aus Spannbeton n.d.Verfahren: Dyckerhoff und Widmann. Fortschritte im Betonstraßenbau. Schriftenreihe der A.G. Betonstraßen 1954, Heft 5. F.G.f.d.Straßenwesen.
131; 148

Finsterwalder 02

Finsterwalder U.: Spannbetonversuchsstrecke auf der Autobahn bei Montabaur. Versuche und Erfahrungen im Betonstraßenbau. Schriftenreihe der Arbeitsgruppe Betonstraßen, Heft 6. F.G.f.d.Straßenwesen.
128

Fischer 01

Fischer H.K.: Entwicklung und Anwendung von Kautschuk in Straßendecken aus Bitumen (Hinweis auf India Rubber. 1952, Seite 220). Kautschuk und Gummi, 6. Jahrgang 1953, Nr. 7, Seite 141 WT.
130

Fleming 01

Fleming W.: Resurfacing with Portland Cement Concrete. Highway Research Board, twelfth annual meeting, Washington D.C. 1932.
131; 146

Fleming 02 — Fleming W.: Anpassung der Stadtstraßen an den Verkehr. Wasser- und Wegebau-Zeitschrift 1939, Heft 4, Seite 43-44.
98; 101; 134; 137; 138

Franz 01 — Franz G.: Versuchsstrecke einer vorgespannten Betonstraße in Frankreich. Der Bauingenieur 30 (1955), Heft 3, Seite 100-103.
129

Freeman 01 — Freeman und Porter: Flexible pavement test section for 300 000 lb airplanes Stockton, California. Highway Research Board Proceedings 1945, Seite 13.
155; 175; 198; 227

Fröhlich 01 — Fröhlich O.K.: Druckverteilung im Baugrund. Diss. T.H. Wien 1934.
229; 233;

Frotta 01 — Frotta I.: Messungen von Dehnungen in Luftreifen. ATZ, Sondernummer April 1951, Seite 118-119.
76

G

Gardegass 01 — Gardegass J. und Dringenberg H.: Erläuterungen zur Entschließung des Deutschen Städtetages zur Verbesserung des Straßenverkehrs. Verkehr und Technik, Heft 4, 1955, Seite 103-104.
29

Gassmann 01 — Gassmann F.: Verkehrserschütterungen durch Straßenfahrzeuge. Schweiz. Zeitschrift für das Straßenwesen 19 (1933), Heft 24, Seite 243-244.
35; 66; 85

Gassner 02 — Gassner E.: Beanspruchungsmessungen und Betriebsfestigkeitsversuche an Fahrzeugbauteilen. ATZ, Jahrgang 1953, Nr. 11, November 1951, Seite 286-287.
72; 86; 92

Gerlach 01 — Gerlach E.: Fahrversuche mit Lastkraftzügen auf der umgebauten Versuchsstraße in Braunschweig. Z. VDI 79 (1935), Heft 18, Seite 559-561.
25

Gerlach 02 — Gerlach E.: Messen der Beanspruchung von Straßendecken unter Verkehr. Z. VDI Bd.78 (1934), Nr. 10, Seite 328.
134

Gerlach 03

Gerlach E.: Schwere oder leichte Decken? Asphalt- und Teerstraßenbautechnik 1935, Nr. 35, Seite 695-705, Qa AI.
148

Gerlach 04

Gerlach E.: Von der Braunschweiger Versuchsstraße. Wasser- und Wegebau, Z. 33 (1935), Heft 13, Seite 165-168.
25

Gestrich 01

Gestrich und Rabe: Zur Herstellung von Betondecken über 25 cm Dicke. Forschung und Praxis im Betonstraßenbau. A.G. Betonstraßen, Heft 3, 1953, Seite 99. F.G. f.d.Straßenwesen.
123; 197

Gölz 03

Gölz K.: Tätigkeitsbericht der Arbeitsgruppe Fahrzeug und Fahrbahn für die Zeit vom 21. Juni 1949 bis 22. Juni 1950. Straßenbauforschung 1937-1952, Seite 21. F.G. f.d.Straßenwesen.
49

Gölz 04

Gölz K.: Bedeutung von Oberflächenmessungen an Straßendecken. Asphalt und Teer 38 (1938), Heft 32, Seite 508-513, Heft 31, Seite 497-499.
35; 102

Gölz 05

Gölz K.: Straßendecke und Kraftwagen, Beziehungen zwischen Rauhigkeit und Reibung sowie Unebenheit und Stoßbeeinflussung. Die Betonstraße, Juni 1937, 12. Jahrgang, Nr. 6. F.G.f.d.Straßenwesen.
101

Goerner 01

Goerner E.: Bericht über die Tätigkeit der F.G. Straßenwesen. "Straßenbauforschung 1955/56". F.G.f.d.Straßenwesen.
62; 63; 65

Goerner 03

Goerner E. und Leussing H.: Statische Betrachtungen zur Querfugenverdübelung. Die Bautechnik 1936, Nr. 1, Seite 10-14.
160

Goslar 01

Goslar M.: Beitrag zur Frage des Einflusses der Grobzuschläge auf das elastische Verhalten von Beton. Zement 27 (1938) Heft 34, Seite 517-520, Heft 35, Seite 533-536, Heft 36, Seite 546-549, Heft 38, Seite 596-598. F.G.f.d.Straßenwesen.
174

Graf 03 — Graf O.: Aus Versuchen mit Betondecken der Reichskraftfahrbahnen 1934/35. F.G.f. d.Straßenwesen. 1. Folge 1936-37, Heft 5.
149; 150; 152; 157; 159; 165; 171; 172; 172; 198; 207

Graf 04 — Graf O. und Weise: Über die Prüfung des Betons in Betonstraßen durch Ermittlung der Druckfestigkeit von Würfeln und Bohrproben. Forschungsarbeiten aus dem Straßenwesen. Band 6. F.G.f.d.Straßenwesen.
124

Graf 07 — Graf O.: Betonstraßenbau und Materialprüfung. Die Straße,3. Jahrgang Nr. 1, 1. Jan., Heft 36, Seite 52.
149

Graf 08 — Graf O.: Erfahrungen von den deutschen Autobahnen. Entwicklung des Betonstraßenbaues im In- und Ausland. Schriftenreihe der A.G. Betonstraßen 1953, Heft 4, Seite 5. F.G.f.d.Straßenwesen.
147; 147; 149; 189

Graf 09 — Graf O.: Diskussionsbeitrag zu Dittrich: Erfahrungen mit Betonstraßen. Schriftenreihe Heft 5, A.G. Betonstraßen 1954, Seite 28, F.G.f.d.Straßenwesen.
145; 147; 150

Graf 10 — Graf O.: Ergebnisse der Prüfung von Straßenbau-Zementen in der Straße. Forschung und Praxis im Betonstraßenbau. A.G. Betonstraßen Heft 3, 1953, Seite 26. F.G.f. d.Straßenwesen.
193; 195; 197

Graf 12 — Graf O.: Über die Entwicklung der Risse in den Betonfahrbahndecken der Versuchsstrecke II d.Autobahn Stuttgart-Ulm bei Echterdingen. Straße und Autobahn, 4.Jahrgang, Dezember 53, Heft 12, Seite 403.
126; 152; 184; 185; 187; 187; 192; 195

Graf 14 — Graf O.: Aus Versuchen mit Betondecken der Reichskraftfahrbahnen, durchgeführt in den Jahren 1934 und 1935. Schriftenreihe der F.G.f.d.Straßenwesen. Arbeitsgruppe Betonstraßen, Heft 5, September 1936.
149; 175

Graf 15 — Graf O.: Aus neueren Versuchen für den Betonstraßenbau. Straßenbautagung 1938, Seite 157-158. F.G.f.d.Straßenwesen.
174

Graf 16

Graf O.: Beobachtungen über das Verhalten von Reichsautobahnstrecken, Ermittlungen an der Versuchsstrecke II der RAB Stuttgart-Ulm. Auszug aus einem Forschungsbericht. Straße 7 (1940), Heft 13/14, Seite 299-301.
185; 185

Graf 22

Graf O.: Aus Untersuchungen über die Reibung von Wagenreifen auf Straßen und die Abnutzung der Straßendecken. Beton und Eisen 33 (1934), Heft 1, Seite 7 - 8.
99; 101; 108

Graf 23

Graf O.: Betonstraßenbau und Materialprüfung. Die Straße 1936, Nr. 2, Seite 52-56.
114; 149

Granholm 01

Granholm H.: Über die Bruchlinientheorie und ihre Anwendung. Deutscher Beton-Verein (E.V.) Hauptversammlung 1952, Vorträge Seite 179-193.
144; 198

Grimm 01

Grimm: Zur Frage der Übergangsbögen im Straßenbau. Straßen- und Tiefbau 1951, Heft 9, Seite 264-266.
28

Gross 01

Gross S.: Die Berechnung gestufter Blattfedern. Technische Mitteilungen Krupp, 5. Jahrgang, Heft 7, Oktober 1937, Seite 214-221.
88; 124; 127

Großjohann 04

Großjohann C.: Baugestaltung bituminöser Decken. Straßenbautagung 1938, Vorträge (1938), Seite 109-124.
98

H

Hallberg 01

Hallberg: Schwedische Erfahrungen mit Haftmitteln im bituminösen Deckenbau. Schriftenreihe Asphalt- und Teerstraßen, Heft 10. Bituminöser Straßenbau, Straßenbaumaschinen, Straßenbauwirtschaft 1953, Seite 45. F.G.f.d.Straßenwesen.
81; 114; 115; 115

Haller 01

Haller K.: Das Verhalten der Betonbeläge auf körnigem Unterbau. (Nach "Performance of Concrete Pavement on Granular Subbase" in Bulletin 52 des Highway Research Board Washington 1952,36 Seiten). Brücke und Straße 5 (1953), Heft 4, Seite 78-80.
168

Haller 02

Haller K.: Beziehungen zwischen Kraftfahrzeugbetriebskosten und der Oberflächenbeschaffenheit der Straße. Bau I (1948), Heft 20, Seite 14-15.
121

Haller 03

Haller K.: Anwendung der Untersuchungsergebnisse auf die Ausbildung von Betonpflasterplatten. Wasser- und Wegebau-Zeitschrift 1939, Heft 21 und 22-23, Seite 224-225 und 231-232.
69; 78

Haufe 01

Haufe: Der Gußasphalt auf den Randstreifen der Reichsautobahnen. Zusammensetzung und Nachprüfung. Bitumen 1938/1, Seite 6 und 1938/2, Seite 34.
209

Heimbüchel 01

Heimbüchel H.: Die Wirtschaftlichkeit der Fahrbahndecken. Verkehr und Technik Beilage: Der Straßenbau I (1948), Heft 10, Seite 37-38 und Heft 12, Seite 47 bis 50.
134

Heinrich 01

Heinrich A.: Lastkraftwagen-Erschütterungen. Verkehrstechnik 1932, Heft 17, Seite 331-334.
34, 35

Heller 01

Heller: Rechnungsgang zur Ermittlung der Jahreskosten des Straßenbaues je Fahrkilometer, bezogen auf die Kraftfahrzeugart. Schrift des Bundesministers für Verkehr - StB 4.
19

Henke 01

Henke J.: Aus der Prüfung von Fugenvergußmassen. Straße und Autobahn 3 (1952), Heft 2, Seite 46-49.
171

Hentrich 01

Hentrich: Die Teerstraßendecken der Braunschweiger Versuchsbahn unter schwerem und schnellem Lastverkehr. Die Straße Nr. 16/20, Jahrgang August 1930, Seite 270-272.
19

Hentrich 02

Hentrich: Der Teerstraßenbau in den abschließenden Versuchen auf der Braunschweiger Versuchsstraße. Die Straße Nr. 23, 20. Jahrgang, Seite 383-385.
18

Hentrich 03

Hentrich: Braunschweiger Versuchsstraße. Die Straße 1927, Heft 23, Seite 468-472
19

Herion 02
Herion: Neue Prüfmethoden für bituminöse Straßenbeläge. Straße und Autbahn, 12, 1951, Seite 401
125

Herner 01
Herner C.: Effect of Base-Course Quality on Load Transmission Through Flexible Pavements. Highway Research Board, thirty-fourth annual meeting Washington D.C. 1955.
177; 213; 229

Herrmann 02
Herrmann: Zusammensetzung und Bewehrung der Asphaltgrobbetondecken für Autobahnen. Bitumen 1934/7, Seite 172.
100; 102

Herrmann 04
Herrmann: Über Risse und Blasen im Hartgußasphalt der Ost-West-Achse (Berlin). Bitumen 1952, Seite 86.
189; 216

Herrmann 05
Herrmann: Untersuchungen über bituminöse Straßenbaustoffe. Forschungsarbeiten aus dem Straßenwesen, Band 5. F.G.f.d.Straßenwesen.
118

Herrmann 07
Herrmann: Untersuchungen von alten Teerbetondecken auf Veränderungen von Teer- und Mineralkörnung in den schwach dem Verkehr ausgesetzten Zonen gegenüber den Zonen mit starkem Verkehr (Fahrspur). Die Straße 1938, Seite 522.
111; 181

Hettlage 01
Hettlage K.M.: Straßenverwaltung und Straßenbau - Gedanken zur Neuordnung des deutschen Straßenwesens. Ein Gutachten 1956 aus Straßenverwaltung - Straßenbau - Straßenbaufinanzierung, Drucksache Nr. 38 des Bundesverbands der Deutschen Industrie.
19

Highway Research Board 01
Ohne Angabe des Verfassers. Pumping of concrete pavements in Kansas. Highway Research Board 1949, Seite 185.
127; 224

Hillenbrand 02
Hillenbrand: Ursachen der Rißbildung bei km 166, 6+20 - 170, 2+70 der Autobahn bei Frankfurt. Schriftenreihe der Arbeitsgruppe Betonstraßen, Heft 6, 1955. F.G. f.d.Straßenwesen.
186; 191; 195; 227

Hirche 01
Hirche L.: Schäden in Betonfahrbahndecken der Reichsautobahnen. Straßenbau 33 (1942), Heft 13/14, Seite 69-73.
185; 233

Hoffmann 02
Hoffmann D.: Neuzeitliches Wuchten von Rädern, Reifen und Felgen der Kraftfahrzeuge. ATZ, Jahrgang 53, Nr. 3, März 1951, Seite 56-60
40

Hofmeister 01
Hofmeister O. und Kamm W.: Schwingungsmeßgeräte, ein Beitrag zu ihrer Theorie, Anordnung und Weiterentwicklung. Deutsche Kraftfahrtforschung, Technischer Fortschrittsbericht, Zwischenbericht Nr. 39.
56; 60

Huber 01
Huber L., Schmid P. und Kamm W.: Fahrzeuggewicht und Schnellfahrt. Die Autobahn 1934, Seite 699.
27

Hundt 01
Hundt E.: Straßentechnische Erfahrungen auf internationalen Rennstrecken. Die Straße 1936, Nr. 3, Seite 90-91.
27

I

Idussroy 01
Idussroy G.: Note sur la tôle ondulée. Aus VIA Routes Terrestres Tourisme Aériennes.
60

Ippach 01
Ippach: Erfahrungen mit Weichbeton beim Straßenbau. Straße und Autobahn 1950, Heft 1, Januar, Seite 18-19.
152

J

Jante 01
Jante A.: Der Einfluß horizontaler Zugkräfte auf Achsdruck, Federbelastung und Fahrzeugneigung. ATZ 1944, Heft 7/8, Seite 166.
31

Jelinek 02
Jelinek R.: Berechnung der Stärke von Betondecken für Straßen und Flugplätze. Richtlinien und Merkblätter, Sonderdruck 1953. A.G. Untergrund. F.G.f.d.Straßenwesen sowie Forschung und Praxis im Betonstraßenbau. Betonstraßen, Heft 3, 1953. F.G.f.d.Straßenwesen.
144; 145; 158

Jelinek 04 Jelinek R.: Berechnung der Stärke von Betondecken für Straßen und Flugplätze. Straße und Autobahn, Jahrgang IV., Januar 53, Heft 1, Seite 1-7.
30; 88; 153; 157; 159

Joedicke 02 Joedicke F.: Meßgeräte zur Bestimmung des Reibungsbeiwertes von Straßendecken - das Ergebnis eines Preisausschreibens. Straßen und Tiefbau 2 (1948), Heft 11, Seite 290-292 und 290 a und b.
99

Joedicke 04 Joedicke F.: Fahrsichere Straßen mit Bitumen. Technisches Gemeindeblatt 40 (1937), Heft 9, Seite 204-208.
100

K

Kamm 12 Kamm W.: Luft- und Rollwiderstandsuntersuchungen an Omnibussen und Lastzügen. Deutsche Kraftfahrtforschung. Zwischenbericht Nr. 106.
81

Kamm 15 Kamm W. und Goll H.: Einfluß der Reichsautobahnen auf die Gestaltung der Kraftfahrzeuge. Die Straße 1936, Nr. 3, Seite 67-75.
29; 120

Kamm 16 Kamm W.: Einfluß der Autobahnen auf das Kraftfahrzeug. Die Autobahn 1934, Seite 387.
27; 120

Kamm 17 Kamm W.: Erprobung eines Reifens mit verkürzter Seitenwand. Deutsche Kraftfahrtforschung. Zwischenbericht Nr. 115, 1943.
76; 81

Kamm 18 Kamm W.: Gesamtfahrwiderstandsgleichung für die Fahrwiderstände von Personenkraftfahrzeugen. Deutsche Kraftfahrtforschung. Zwischenbericht Nr. 24, 1938.
82

Kamm 19 Kamm W.: Luft- und Rollwiderstandsuntersuchungen an Omnibussen und Lastzügen. Deutsche Kraftfahrtforschung. Zwischenbericht Nr. 106, 1942.
81

Kammüller 01	Kammüller: KW Hartbetonsteine und -platten. Bericht aus dem Institut Prof. Kammüller T.H. Karlsruhe. 108
Kampmann 01	Kampmann G.: Messung und Beurteilung von Reibungsbeiwerten auf bituminösen Decken, insbesondere Rauhbelägen. Bitumen 1955, Heft 4, Seite 86. 101; 106
Kautschuk 01	Ohne Angabe des Verfassers. Moderne Entwicklung von KFZ.-Reifen (nach India Rubber Journal 1950, Seite 156-160). Kautschuk und Gummi, 3. Jahrgang 1950, Nr. 11, Seite 405. 76
Kautschuk 03	Ohne Angabe des Verfassers. Messung der Rutschfestigkeit von Reifen. Kautschuk und Gummi, 6. Jahrgang 1953, Nr. 12, Seite 280. 105
Kayser 01	Kayser I.: Zur Frage des Straßenunterbaues aus Zementbeton. Straße und Autobahn 12, 1954, Seite 406. 216
Kayser 02	Kayser J.: Straßenbauprobleme im Lande Nordrhein-Westfalen. Straße und Autobahn 3 (1952), Heft 10, Seite 311-318. 23; 206
Kayser 03	Kayser J.: Gegenwartsfragen des Straßenbaues. Straßen- und Tiefbau 1951, Heft 8, Seite 203-206. 18
Keil 06	Keil K.: Baugrund und Straße. Fortschr. a.d.Straßen- und Tiefbau, Band 1, 1950. 224
Kelly 01	Kelly E.F.: Folgerung aus der Forschung über die zweckmäßige Ausbildung von Betonfahrbahndecken. Die Betonstraße 1939, Nr. 8, (Aus Journal of American Concrete Institute, Vol. Nr. 6, June 1939) Seite 163-164 44; 144; 175; 178
Kentucky 01	Antwort auf einen Fragebogen des Battelle-Institutes Columbus von April 1956. Highway Material Research Laboratory, 132 Graham Avenue, Lexington 29, USA. 49; 51; 66; 175; 196; 208; 208

Kerekes 01

Kerekes G.: Der Beton-Straßenbau in Ungarn. Betonstraße 7 (1932), Heft 8, Seite 93-98.
132; 135

Kerkhoven 01

Kerkhoven R.: Einige Betrachtungen über das CBR-Verfahren für den Entwurf flexibler Decken. Bitumen 1953, Seite 73.
143; 229; 232

Kern 01

Kern W.: Eine Methode zur Bestimmung des Reibungskoeffizienten und des Abriebs von Reifen. Kautschuk und Gummi, 5. Jahrgang, 1952, Seite 88 WT.
90; 105

Kern 02

Kern W.: Über den Abrieb von Kraftfahrzeugreifen. Kautschuk und Gummi, 6. Jahrgang, 1953, Nr. 9, Seite 178.
114; 121

Kern 03

Kern W.: Arbeiten zur Beurteilung des dynamischen Ermüdungsverhaltens von Kraftfahrzeugreifen. Kautschuk und Gummi, 8. Jahrgang, 1955, Nr. 8, Seite 195 WT und Fortsetzung Nr. 9, 1955, Seite 233 WT.
121

Kind 01

Kind: Die Bewährung der Umgehungsstraße Frankfurt am Main-Höchst. Straße und Autobahn, Jahrgang 1, April 1950, Heft 4, Seite 12.
110; 135; 137; 138

Kirchhoff 01

Kirchhoff F.: Die Unterlassungssünden an den Straßen rächen sich. Stuttgarter Zeitung Nr. 90, Seite 9, 20. April 1955.
132

Kirschmer 01

Kirschmer O.: Erfahrungen und Ergebnisse bei bituminösen Brückenbelägen. A.G. Asphalt und Teerstraßen. Bituminöser Straßenbau - Straßenbaumaschinen - Straßenbauwirtschaft, Heft 10, 1953, Seite 79. F.G.f.d.Straßenwesen.
140; 161; 166; 168

Klaue 01

Klaue H.: Bremswertuntersuchungen am Kraftfahrzeug. Deutsche Kraftfahrtforschung, Heft 13, VDI-Verlag Berlin NW 7, 1938.
104

Kleinlogel 01

Kleinlogel A.: Neues von der Avusbahn. Autobahn 7 (1934), Heft 13, Seite 566-567.
126

Klinkmann 01 | Klinkmann G.H.: Über eine Versuchsstrecke mit dünnen Teppichbelägen. Asphalt und Teerstraßenbautechnik 1939, Nr. 50, Seite 672-674 und Nr. 51, Seite 681-684.
111; 181

Klöppel 01 | Klöppel K. und Moppert H.: Zur Größe der dynamischen Raddrücke luftbereifter Kraftfahrzeuge beim Überfahren von Bodenunebenheiten. Z. VDI Band 92 (1950), Nr. 28, Seite 785.
59; 60; 66

Kluge 01 | Kluge H.: Rollwiderstand von Luftreifen. Deutsche Kraftfahrtforschung, Heft 26.
81

K.M. 01 | Verfasser K.M.: Erste Unterbauversuchsstrecken im Straßenbau. VDI-Nachrichten, Nr. 2, 19. Januar 1957, Seite 2.
216

Knipping 01 | Knipping F., Gölz K., Mittmeyer H.: Straßenfahrbahn und Fahrzeug. Autobahn 7 (1934), Heft 2, Seite 41-46.
28; 99

Knipping 02 | Knipping F.: Die Zementschotterstraße. Die Betonstraße 1933, Heft 11, Seite 123-127.
109; 125

Koessler 03 | Koessler P.: Neuregelung der Abmessungen, Gewichte und Achslasten. Gutachtliche Stellungnahme für den Bundesminister für Verkehr.
32; 63; 65; 110

Koessler 04 | Koessler P.: Der Kraftschluß zwischen Rad und Fahrbahn. Mitteilungen der F.G.f.d. Straßenwesen 1937, Heft 3, Seite 25-31.
76; 102; 103

Koessler 05 | Koessler P.: Messung der dynamischen Radlast. Straße und Verkehr, Nr. 4, 1956, Seite 152-153. Kurzfassung eines Vortrages auf der Tagung der A.G. Fahrzeug und Fahrbahn, F.G.f.d.Straßenwesen am 11.10. 1955.
56; 60; 61; 64; 87

Koessler 06 | Koessler P. und Beermann H.J.: Reihenuntersuchungen über die dynamischen Lasten von Straßenfahrzeugen. ATZ Nr. 1, Januar 1958, Jahrgang 60, Seite 1-6.
46; 62; 80

Koessler 07

Koessler P.: Referat bei der Sitzung (ATG) Ausschuß für Berechnungsunterlagen am 10.5.1957.
48; 51; 63; 64; 68; 73; 78

König 01

König A.: Zur Erhaltung der Autobahnen. Die Autobahn 1934, Seite 533.
107

König 02

König A.: Gleitschutzfragen. ATZ, Jahrgang 53, Nr. 9, September 1951, Seite 240-243.
104

Kopriwa 01

Kopriwa: Mechanische Bodenverfestigung als Fahrbahndeckenunterbau auf einem Kiesdamm. Straße und Autobahn, 4. Jahrgang, Mai 1953, Heft 5, Seite 149.
203

Kother 01

Kother H.: Der Einfluß der Fahrbahn auf den Leistungsbedarf der Kraftfahrzeuge. Straßen- und Tiefbau 1951, Heft 4, Seite 87-90.
26

Kottischke 02

Kottischke: Über Verfahren zur Bestimmung der dynamischen Radlasten von Kraftfahrzeugen. Vortrag bei der Sitzung der A.G. Fahrzeug und Fahrbahn am 11.11.1955. F.G. f.d.Straßenwesen.
52

Krah 02

Krah: Neuartige Verdübelung von Querfugen in Betonfahrbahndecken. Straßen- und Tiefbau 4 (1950), Heft 10, Seite 286-287.
171

Kunde 07

Kunde H.: Ein Überblick über das Straßenbauprogramm des Bundes für das Jahr 1950 und vordringliche Wünsche des Bundes an die Forschungsgesellschaft für das Straßenwesen. Straße und Autobahn, Jahrgang 1, Mai 1950, Heft 5, Seite 5.
125; 132; 183; 186

Kunde 08

Kunde H.: Die Randstreifen der Reichsautobahnen. Die Straße, 3. Jahrgang, Nr.6, 2. Märzheft 36, Seite 185.
123; 134; 153; 198

Kunde 10

Kunde H.: Ausbildung und Ausführung der Randstreifen auf den Reichsautobahnen. Straßenbautagung 1936, Vorträge (1936) Seite 156-171 gekürzt in Bitumen 6 (1936) Heft 9, Seite 201-206.
131

Kurz 01 — Kurz H.: Die Wirtschaftlichkeit der Betonstraße im Vergleich mit anderen Straßendecken. Betonstraße 9 (1934), Heft 4, Seite 55-58.
135

L

Lämmlein 01 — Lämmlein A.: Straßenunterbau und bituminöse Decken. Bitumen 1953, Seite 121.
205; 205; 210; 211

Lämmlein 02 — Lämmlein A.: Neuzeitlicher Straßenunterbau in Frankreich. Bitumen 1954, Seite 207.
202; 205

Lämmlein 03 — Lämmlein A.: Versuchsstrecken mit verschiedenem Unterbau. Straße und Autobahn 3 (1952), Heft 11, Seite 387-393.
202

Lampe 01 — Lampe K.: Der Einfluß der Dämpfung auf die Bodenhaftung von Kraftfahrzeugrädern. Z. VDI 1953, Seite 1151.
56; 74; 87; 95

Lang 01 — Lang F.C.: Investigational Concrete Pavement in Minnesota. Highway Research Board Nr. 3, B. 1945, Seite 58.
49; 127; 166; 169; 170; 180

Langer 01 — Langer P. und Thomé W.: Stoßhaftigkeit von Straßen und Verkehrserschütterungen durch Straßenfahrzeuge. Z. VDI Band 72, 3. Nov. 1928, Nr. 44, Seite 1561-1568.
38; 61; 95

Langer 02 — Langer P. und Thomé W.: Dynamische Straßenwertung und ihre Ergebnisse. Die Betonstraße 1928, Nr. 8, Seite 199-208.
61

Langer 04 — Langer P. und Thomé W.: Messung der Stoßhaftigkeit von Fahrzeugen. Z. VDI Band 78 (1934), Seite 1269.
59

Langer 05 — Langer P.: Wertung der Vollgummireifen von LKW. ATZ 1930/17, Seite 434.
89

Langer 06 — Langer P., Baum J., Hahn H.: Wertung der Federung von Kraftomnibussen. Deutsche Kraftfahrtforschung 1938, Heft 9. VDI-Verlag Berlin NW 7.
55; 87; 88; 93

Lebelle 01 — Lebelle: Das Verhalten der vorgespannten Fahrbahndecken der Flugplätze Orly und Maison-Blanche. Betondecken auf Autobahnen und Flugplätzen. Schriftenreihe der Arbeitsgruppe Betonstraßen 1957, Heft 7, F.G.f.d.Straßenwesen.
131; 146

Lehr 02 — Lehr H.: Progressive Federung von Kraftwagen. Deutsche Kraftfahrtforschung 1941, Heft 58. VDI-Verlag Berlin NW 7.
85; 86; 86; 88; 90; 97

Lehr 03 — Lehr H.: Die schwingungstechnischen Eigenschaften des Kraftwagens und ihre meßtechnische Ermittlung. Z. VDI Band 78 (1934), Nr. 10, Seite 329.
49; 65; 66; 67; 67; 84; 86; 92; 96

Leins 01 — Leins W.: Die Verdübelung von Betonfahrbahndecken. Entwicklung des Betonstraßenbaues im In- und Ausland. A.G. Betonstraßen. Schriftenreihe Heft 4, Seite 130. F.G.f.d.Straßenwesen.
170

Leins 02 — Leins W.: Rißbildung auf Betonfahrbahndecken. Beobachtungen an Betonfahrbahndecken. A.G. Betonstraßen, Heft 2, 1952, Seite 46.
185

Leins 04 — Leins W.: Der Bau der Autobahnstrecke Karlsruhe - Baden-Baden. Betonstraßenjahrbuch 1956, Fachverband Zement, Köln.
135

Leins 05 — Leins W.: Die Verdübelung von Betonfahrbahnplatten. Straße und Autobahn 4 (1953), Heft 5, Seite 167-169.
171

Leonhardt 01 — Leonhardt F.: Bisherige Folgerungen an der Versuchsstrecke Mergelstetten. Schriftenreihe Heft 5, A.G. Betonstraßen 1954, Seite 85. F.G.f.d.Straßenwesen.
128

Leonhardt 02 — Leonhardt F.: Vorgespannte Platten. Forschung und Praxis im Betonstraßenbau. A.G. Betonstraßen, Heft 3, 1953, Seite 116.
131; 148; 221

Leussink 02 — Leussink: Bemessung nicht starrer Straßenbefestigung. Übersetzung Nr. 1 d.F.G.f.d. Straßenwesen.
123; 143; 148; 154; 159; 205; 206; 207; 207; 209; 211; 219; 221; 226; 232

Liese 01

Liese A.: Wirtschaftlichkeit im Straßenbau. Die Betonstraße 1933, Heft 5, Seite 31-35.
27

Lindblom 01

Lindblom T.A.: Advance Engineering. International Harvester Co. Motor Truck Division, Indiana. Beantwortung eines Fragebogens des Battelle-Institutes 1956.
50; 68; 80; 89; 93; 97

Loos 03

Loos W.: Tätigkeitsbericht der A.G. Untergrundforschung für das Jahr 1935. Mitteilung d.F.G.f.d.Straßenwesen, Heft 6, Seite 41-44.
219; 220; 228;

Lowag 01

Lowag: Kraftfahrzeuge und Straßenbeanspruchung. Sonderdruck aus Schiene und Straße 1955.
28; 44; 89; 90; 92

Lüer 01

Lüer: Auswertung von Teerbetonuntersuchungen. Schriftenreihe der F.G.f.d.Straßenwesen, 1. Folge, Januar 1937, Heft 7.
161

Lütze 01

Lütze: Vorgespannte Fahrbahnplatten nach Vorschlag Wayss & Freitag. Versuchsstrecke Mergelstetten. Schriftenreihe Heft 5, A.G. Betonstraßen 1954, Seite 96. F.G.f.d.Straßenwesen.
128

Lütze 02

Lütze: Zu vorgespannten Platten. Forschung und Praxis im Betonstraßenbau. A.G. Betonstraßen, Heft 3 1953, Seite 119.
131; 131; 147

M

Maak 01

Maak: Die Entwicklung der Fugenfrage im Betonstraßenbau. Die Betonstraße 1939, Nr. 8, Seite 175-179.
119; 197

Macht 01

Macht F.: Über einen Walzasphaltaufbau. Bitumen 1934/5, Seite 123.
188

Macht 02

Macht F.: Die Ausbildung des Betons als Unterbau für bituminöse Decken. Die Betonstraße 1939, Nr. 2, Seite 21-29.
182; 212

Mayer 01 — Mayer A.: Wellenbildung bei Musterstraßen. Proceedings 27. annual meeting HRB. Übersetzung der F.G.f.d.Straßenwesen Nr. 126.
45; 45; 66

Manteuffel 01 — Manteuffel von R.Z.: Dauerhaltbarkeit von Kraftfahrzeugfedern und Möglichkeiten zu ihrer Beeinflussung. Deutsche Kraftfahrtforschung, Heft 49, 1941. VDI-Verlag.
87

Marquard 01 — Marquard E.: Geräte und Verfahren zur Messung von Bewegungsvorgängen an Kraftfahrzeugen. ATZ 1953, Heft 11, Seite 295.
31; 80; 89

Marquard 03 — Marquard E.: Betrachtungen zur Beurteilung von Stoßdämpfern. ATZ, Jahrgang 53, Nr. 2, Februar 1951, Seite 33-37.
63; 84; 91; 93; 96; 97

Marquard 04 — Marquard E.: Zur Theorie der Stoßdämpfung. ATZ Jahrgang 54, Nr. 3, März 1952, Seite 61-63.
91; 93

Marquard 06 — Marquard E.: Federung; Stoßdämpfung und dynamische Bodenkräfte. ATZ Jahrgang 58, Teil 1 Nr. 5, Mai, Teil 2 Nr. 6, Juni 1956, Seite 134-138 und Seite 155-161.
60

Martin 03 — Martin H.: Praktische Erfahrungen über Herstellung und Verlegung von Gußasphalt sowie über seine Wirtschaftlichkeit. Bitumen 1951, Seite 88.
136

Martin 04 — Martin H.: Druckverteilung in der Berührungsfläche zwischen Kraftfahrzeugreifen und Fahrbahn. Z. VDI Band 80 (1936), Nr. 44, Seite 1333.
40

Martin 05 — Martin H.: Druckverteilung in der Berührungsfläche zwischen Reifen und Fahrbahn. Kraftfahrtechnische Forschungsarbeiten, 1936, Heft 2, Seite 6-15. VDI-Verlag.
40; 42; 43; 66

Maruhn 01 — Maruhn: Grundlagen der Federung von Automobilen. (Daimler Benz A.G. Stuttgart/ Untertürkheim)
89

Maruhn 03 — Maruhn: Schwingachsen und starre Achsen. ATZ 1932/20, Seite 486.
31; 85

Marx 01

Marx P.: Zur Ebenflächigkeit der bituminösen Decken. Asphalt und Teerstraßenbautechnik 1939, Nr. 26, Seite 383-388.
69

McLeod 01

N.W. Norman McLeod: Highway Research Board, Research Report Oct 1947, Airport Runway Evaluation P. 111.
154; 159; 167; 175; 183; 204; 212; 214; 222; 225; 228; 230

McLeod 02

N.W. Norman McLeod: Highway Research Board, Research Report No. 4 B - 1948 Supplement Dec 1948; Airport Runway Evaluation in Canada Part II, P. 111.
155; 179; 182; 207; 214; 222; 224

McLeod 03

Norman W. McLeod: The Design of Bituminous Mixtures with Curved Mohr Envelopes, entnommen aus Proceedings of the Association of Asphalt Paving Technologists Volume 22, 1953.
231

Meister 01

Meister F.: Schwingungsmessung. ATM V 170-1.
34

Meister 02

Meister F.: Unterfrequenz-Geräte der Schwingungsmessung (Schwingweg- und Schwingungsgeschwindigkeitsmesser). ATM V 171-1.
34

Meister 03

Meister F.: Überfrequenz-Geräte der Schwingungsmessung (Beschleunigungsmesser, Ruckmesser). ATM V 172-1.
71

Meister 04

Meister F.: Messung von mechanischen Stoßwellen. ATM V 172-2.
34

Meister 05

Meister F.: Eichen und Prüfen von Schwingungsmeßgeräten. ATM V 170-3.
34

Meister 06

Meister F.: Die dynamischen Eigenschaften von Straßen mit Rücksicht auf ihre Beanspruchung durch Lastkraftwagen. Abhandlung der T.H. München. Straßenbau-Verlag M. Boerner, Halle/Saale 1935.
163; 178; 219

Meng 02

Meng von W.: Erfahrungen mit Betondecken auf stark befahrenen Straßen. Hafraba 4 (1931), Heft 9, Seite 4-5.
48; 101

Mercier 01 — Mercier N.: Die Bestimmung der Dicke der Straßen und starren Pisten. Methoden zur Bestimmung der Tragkraft des Bodens und der Unterlagen. Centre de Recherches Routières, Bruxelles de 15 décembre 1955.
222; 231; 232

Metzeler 01 — Metzeler, Gummiwerke AG: Die Durchschnittswerte des statischen, spezifischen Bodendruckes. Schreiben der Metzeler Gummiwerke AG an Battelle Institut vom 3. Dezember 1955.
42

Metzner 01 — Metzner: Meßverfahren zur Ermittlung von Bewegungen und Deformationen an Betonfahrbahnplatten infolge der Verkehrslast. A.G. Betonstraßen. Forschung und Praxis im Betonstraßenbau 1953, Heft 3, Seite 110.
165; 166

Meyer 2-01 — Meyer J.: Zur Frage der Fahreigenschaft und des Schwingungsverhaltens des Kraftfahrzeuges. ATZ 1954, Heft 4, Seite 94.
50; 67; 84; 87; 96; 103; 105

Meyer 3-01 — Meyer J.: Untersuchung der Achsdrücke im Fahrbetrieb. ATZ 1934/21, Seite 558.
31

Meyer 4-01 — Meyer H.: Betonstraßen auf unzuverlässigem Untergrund. Straßenbau 1957, Heft 8, Seite 112-113.
135; 192

Misset 01 — Misset H.: Onderzoekingen om trent het gedrag von Autobanden op een effen weg, 1931.
39; 43; 106

Mitschke 01 — Mitschke: Kennzeichnung von Straßenunebenheiten. Anlage zur Niederschrift über die 5. Sitzung des Arbeitsausschusses "Straßenebenheit" d.F.G.f.d.Straßenwesen.
60; 80

Mitteilungen 01 — Mitteilungen der F.G.f.d.Straßenwesen E.V. Die Straße 1942, Nr. 23/24, Seite 233-237.
225; 225

Mitterlehner 01 — Mitterlehner G.: Schwingungsverhalten und Fahrwiderstand eines Straßenfahrzeuges bei periodischer Erregung durch Fahrbahnwellen. ATZ 59 (1957), Heft 4, Seite 96-100.
48; 67; 80; 83; 84; 86; 95; 96; 96

Mittmeyer 01 — Mittmeyer: Flexibler Unterbau bei Asphaltstraßen für Schwerverkehr. Bitumen 1954, Seite 84.
209

Mittmeyer 02 — Mittmeyer: Die New Jersey Turnpike und die Entwicklung des Fahrbahndeckenbaues in USA. Bitumen 1951, Seite 40.
136; 203

Mönning 02 — Mönning: Schwarzdecken auf Autobahnen im rheinisch-westfälischen Industriegebiet. Fortschrittsberichte über Straßenbauforschung und Straßenbaufinanzierung 1953, Seite 5. A.G. Asphalt- und Teerstraßen und Bitumen 1952, Seite 181.
130; 134; 136; 187

Mönning 03 — Mönning: Kontinuierlich bewehrte Betonstraßen in den USA. Straße und Autobahn 10/1952.
128; 189; 189; 190; 192

Monteil 01 — Monteil E.: Die schweizerischen Untersuchungen der Bereifung von Motorlastwagen. Selbstverlag des Verbandes schweizerischer Motorlastwagenbesitzer 1927.
79

Mühlfeld 01 — Mühlfeld: Ein hochfrequenztechnisches Verfahren zur Messung der dynamischen Radlast. ATZ 1953, Heft 6, Seite 147
56

Müller 01 — Müller H.: Die Eigenschaften der Fugenvergußmassen unter Berücksichtigung der Prüfung auf ihre Widerstandsfähigkeit gegen die Einwirkung von Treibstoffen. Bitumen, Teere, Asphalte, Peche 1955, Heft 7, Seite 240.
171

Müller 06 — Müller H.E.: Die Bemessung der Deckenstärken von Betonstraßen in England (gekürzte Wiedergabe von The design thickness of concrete roads, Road Note No.19).
147

Müller 07 — Müller H.E.: Die Bemessungsgrundlagen für den Bau von Betonstraßen in England in Gegenüberstellung zu den deutschen Richtlinien. Straßen und Tiefbau Heft 1, 1955.
131; 147

Müller 09 — Müller G.: Objektive Bremsprüfungen. ATZ Jahrgang 54, Nr. 3, März 1952, Seite 68-70.
103; 104

Neidthart 01	Neidthart: Das Neidthart-Federungselement. ATZ 1949, Heft 5, Seite 128. 90; 93
Nellensteyn 01	Nellensteyn: Griffigkeit und Rauheit von Asphalt- und Teerstraßen. Asphalt und Teerstraßenbautechnik 1939, Nr. 5, Seite 66-68. 100; 106
Neumann 01	Neumann E.: Der neuzeitliche Straßenbau. Abschnitt Fahrzeug und Straße in ihrer Wechselwirkung u.a. Meßtechnik, Rauhigkeit, Griffigkeit. Springer-Verlag 1951, 3. Auflage, Seite 16-40. 40; 45; 152
Neumann 02	Neumann E.: Wie Neumann 01. Abschnitt Lebensdauer der Betonbeläge. Seite 284. 141; 150; 167; 177; 191; 210; 226
Neumann 02a	Neumann E.: Wie Neumann 01. Abschnitt Betonverformung. Seite 240-241. 174
Neumann 03a	Neumann E.: Wie Neumann 01. Abschnitt Verkehrsbeanspruchung und Deckenaufbau. Seite 336-337. 31; 39; 42; 42; 68; 77; 81; 106; 163
Neumann 03c	Neumann E.: Wie Neumann 01. Abschnitt Verkehrsbeanspruchung und Deckenaufbau. Seite 334-335. 19; 22; 108; 110; 119; 144; 145; 150; 155; 221; 224;
Neumann 06	Neumann E.: Mechanische Prüfung von Straßenbaustoffen, die unter Verwendung von Asphalt oder Bitumen hergestellt werden. Bitumen 1935, Januar, Seite 11. 115; 139; 180;
Neumann 07	Neumann E.: Das Impact-Verfahren zur Herstellung von Bitumenbelägen. Straße und Autobahn 1/1953, Seite 12. 161
Neumann 08	Neumann E.: Welligkeit und Rauhigkeit. Straße und Autobahn 10/1951, Seite 325. 44; 46; 48; 50; 104

Neumann 10

Neumann E.: Über Fortschritt im Bau von Asphaltstraßen. Bitumen 5 (1935), Beilage zu Heft I und Mitteilungen d. Versuchsanstalt f. Straßenbau der T.H. Stuttgart, Heft 13 (1935).
139; 144; 181

Neumann 11

Neumann E.: Wasserdichte Fahrbahnbeläge auf stählernen Brücken mit Leichtfahrbahn. Straße und Tiefbau I (1947), Heft 2, Seite 36-40.
194

Neumann 12

Neumann E.: Bewegungsfugen in Betonstraßen. Beton und Eisen 33 (1934), Heft 4, Seite 53-58.
168; 186

Neumann 14

Neumann E.: Verfahren der Straßenuntersuchung. Z. VDI Band 77, Nr. 38, 23. September 1933, Seite 1033-1038.
107; 108; 123

Neumann 15

Neumann E.: Die schweren Fahrbahndecken in ihrer Bedeutung für die Befestigung von Kraftfahrbahnen. Verkehrstechnische Woche 1934, Nr. 22, Seite 321-329
152

Neumann 16

Neumann E.: Die Lösung der Fugenfrage. Beton und Eisen 1939, Heft 15, Seite 245.
168

Neumann 17

Neumann E.: Verfahren der Straßenuntersuchung im Aus- und Inlande. Die Autobahn 1934, Seite 695.
125

Neumann 18

Neumann E.: Der heutige Stand der Straßenbautechnik. Z. VDI Nr. 1, Band 97, 1. Januar 1945, Seite 16-19.
142; 206; 226

Nijboer 01

Nijboer L.W.: Triaxial shear test method. Plasticity as a Factor in the Design of Dense Bituminous Road Carpets. Seite 26-59. Elsevier Publishing Company, Inc. New York, Amsterdam, London Brüssel 1948.
42; 73; 142; 180

Nijboer 02

Nijboer L.W.: Asphaltgrobbeton in den Niederlanden. Bitumen 1951, Seite 165.
121; 142; 193; 220

Nijboer 03

Nijboer L.W.: Schwingungsmessungen im Gebiete der Westdeutschen Bundesrepublik. Konzept eines Sonderheftes der F.G.f.d. Straßenwesen.
71; 150; 155; 159; 173; 181; 205; 213; 225

Nijboer 05 — Nijboer L.W.: Konstruktion von Schwarzdecken. Straße und Aûtobahn 11/1951, Seite 365.
42; 73; 151; 155; 159; 173; 181

Nijboer 06 — Nijboer L.W.: Dynamische Untersuchungen von Straßen (Dynamic Investigations of Road Constructions) Shell Bitumen Monograph No. 2.
71; 146; 162; 176; 177; 178; 204; 213; 223; 232

Nijboer 07 — Nijboer L.W.: Untersuchungen über die dynamischen Eigenschaften von Straßen (Investigations into the dynamic properties of road constructions). Philips serv.
71; 146; 162; 176; 177; 178; 204; 213; 223; 232

Nijboer 08 — Nijboer L.W.: Schwingungsmessungen auf Straßen mit verschiedenem Unterbau. Straße und Autobahn 3/1955, Seite 73-82.
71; 146; 162; 176; 177; 178; 204; 213; 223; 232

Nijboer 10 — Nijboer L.W.: A Study of Vibration Phenomena in Asphaltic Road Constructions. Proceedings of the Association of Asphalt Paving Technologists (Volume 22) 1953.
71; 166; 198

Nijboer 11 — Nijboer L.W.: Messungen mit dem Schwingungsgerät der SHELL.Teilbericht: Unterbau - Versuchsstrecke Lahr. Forschungsarbeiten aus dem Straßenwesen, Neue Folge, Heft 18. F.G.f.d.Straßenwesen.
142; 204; 223;

Nijboer 12 — Nijboer L.W.: Mechanische Eigenschaften von Asphaltgemischen und Aufbau von Asphaltstraßen. Straßenbauforschung, Straßenbaupraxis und Straßenverkehr, Schriftenreihe der Arbeitsgruppe Asphalt und Teerstraßen, Heft 12, 1956. F.G.f.d. Straßenwesen.
146; 151

Nikolitsa 01 — Nikolitsa G.: Über Spannungen und Fugen in Betondecken. Beton- und Stahlbetonbau 1950, Heft 12, Seite 276.
170

Normann 02 — Normann: Weighing Vehicles in Motion. Public Roads No. 1, April 1952, Seite 1.
31; 64; 155

Oberbach 03 — Oberbach J.: Zur Frage der oberen Grenze der Achslast und der Beanspruchung unserer Straßen (Hektografie, von Dr. Oberbach überlassen).
24; 29; 30; 30; 123; 127; 130; 134; 146; 153; 203

Oberbach 04 — Oberbach J.: Zur Frage der Zusammensetzung von Sandasphalt. Bitumen 1933/4, Seite 67.
183

Oberbach 05 — Oberbach J.: Zur Frage der Beanspruchung von Autobahnen. Bitumen 1933/10, Seite 209.
31; 119; 168; 208; 211; 228

Oberbach 09 — Oberbach J.: Teer- und Asphaltstraßenbau (von Dr. Oberbach überlassen).
140

Oberbach 11 — Oberbach J.: Aktuelle Probleme des Straßenbaus in Westdeutschland. Straße und Autobahn 7/1951, Seite 216.
22; 100; 136; 208

Oberbach 12 — Oberbach J.: Die Straße der Zukunft. Straße und Autobahn 11/1952, Seite 381.
64; 102; 110; 205

Oberbach 17 — Oberbach J.: Aktuelle Probleme des Straßenbaus, insbesondere Stadtstraßen betreffend, unter Berücksichtigung von Bedingungen im Ausland. Straßen- und Tiefbau 1951, Heft 8, Seite 222-227.
26; 108; 211

Oberbach 18 — Oberbach J.: Die Straße der Zukunft. Strabag Bau AG., Strabag-Schriftenreihe Band 10 (1953), Seite 58-74.
152; 215; 226

Ostwald 05 — Ostwald K.W.: Fahrbahnprüfschreiber nach Angaben des Generalinspektors für das deutsche Straßenwesen. Sonderdruck aus "Die Straße", Heft 23/24, 1941.
84

Ostwald 06 — Ostwald Wa.: Kraftfahrer und Autobahn. Die Betonstraße 1933, Heft 11, Seite 121-123.
101

Ostwald 07 — Ostwald Wa.: Der Kleinwagen und die Reichsautobahn. Die Straße 1935, Nr. 4, Seite 112-113.
121

Odemark 01

Odemark N.: Undersökning av elasicites-egenskaperna hos olika jordarter samt teori för beräkning av beläggningar enligt elasticitetsteorin (Untersuchungen der elastischen Eigenschaften von Böden und der Bemessung von Fahrbahn- und Rollbahndecken nach der Elastizitätstheorie). Statens Väginstitut, Stockholm, Meddelande 77, Stockholm 1949.
174

O'Flaherty 01

O'Flaherty D.: Pennsylvania Turnpike Traffic Analysis. Public Roads, Vol. 28 No. 10, Oct. 1955, Seite 203-223.
22

Orthaus 01

Orthaus M.: Vom alten Stampfasphalt zum neuzeitlichen Hartgußasphalt ohne Blasenbildung. Bitumen 5 (1935), Heft 2, Seite 30-34.
101; 106

P

Papenbrook 01

Papenbrook G.: MIRA, das britische Kraftfahrzeug-Testgelände. ATZ Jahrgang 58, Nr. 4, April 1956, Seite 118-119.
130

Paxon 02

Paxon: Factors Influencing the Stress in Concrete Pavement applied Loads. Highway Research Board 1945, Seite 59.
44; 157

Peiseler 01

Peiseler G.: "Peiseler-Rad" und "Peiseler Meßrolle". Werbeschriften der Firma Gerätebau Götz Peiseler, Olching bei München.
32; 99

Peltier 02

Peltier: Geotechnische Betrachtungen über die Tragkraft des Straßenuntergrundes, Teil 1. Straße und Verkehr, 39. Jahrgang, Nr. 9, August 53, Seite 315.
187; 230; 231; 232; 233

Peltier 03

Peltier: Wie Peltier 02, 2. Teil. Straße und Verkehr, 39. Jahrgang, Nr. 10, September 53, Seite 350.
219; 225;

Petry 02

Petry W.: Fugenausbildung auf den Betonversuchsstrecken in Ohligs und Essen. Betonstraße 4 (1929), Heft 1, Seite 2-10.
128

Petry 04	Petry W.: Weshalb Betonstraßen? Betonstraße 9 (1934), Heft 2, Seite 16-17 120
Pfeiffer 01	Pfeiffer P.: Ein Beitrag zur Kornverfeinerung in bituminösen Fahrbahnbelägen. Straße und Autobahn 9/1951, Seite 308. 142
Pfeiffer 04	Pfeiffer P. und Berge van der J.: Über das Verhalten von Bitumen und Asphaltmischungen bei Stoßbeanspruchungen. Bitumen 1936, Heft 2, Seite 25. 161
Phoenix 02	Phoenix Gummiwerke AG: Schlauchlose Reifen. Prospekt der Phoenix Gummiwerke AG, Hamburg. 93; 121
Phoenix 03	Phoenix Gummiwerke AG: "Metallgummi-gefedertes PKW-Rad". Pressedienst der Phoenix Gummiwerke AG, Internationale Autobomil Ausstellung 1955. 76
Poel 01	Poel v.d.C.: Dynamic Testing of Road Constructions. Band IV. Proceedings of the second international conference on soil-mechanics and foundation engineering Rotterdam, June 1948. 204
Poel 02	Poel v.d.C.: Dynamische Prüfung von Fahrbahndecken und Unterbau. Übersetzung Nr. 3 aus (siehe Poel 01). F.G.f.d.Straßenwesen. 205
Pöpel 01	Pöpel: Die Weiterentwicklung mechanischer Prüfverfahren für bituminöse Massen. Forschung, Wirtschaft und neuzeitliche Bauausführungen im bituminösen Straßenbau, 1952, Seite 102. 142
Poppe 01	Poppe W. und Dirk G.: Zur Frage der Verringerung der Achslasten und Leergewichte von Lastwagen. ATZ 1955, Seite 282. 24
Protzek 01	Protzek G.: Gleitsichere Straßen und eine neue Erfindung. Die Autobahn 1934, Seite 1036. 101

Raab 01

Raab: Rundlaufversuche mit Leichtfahrbahn-Decken für stählerne Straßenbrücken. Straße und Autobahn Umschau 1950, Heft 10, Seite 31.
114; 115

Ramspeck 01

Ramspeck A.: Dynamische Untersuchungen von Betonplatten. Aus der Tätigkeit der Arbeitsgruppen. Die Straße 1938, Seite 153.
172; 176

Ramspeck 03

Ramspeck A.: Dynamische Bodenuntersuchungen an der Reichsautobahn Stuttgart - Ulm. Die Straße 1935, Seite 651.
71; 202; 225; 226; 231; 233

Ramspeck 04

Ramspeck A.: Dynamische Untersuchungen auf Betonfahrbahndecken. Forschungsarbeiten der F.G.f.d.Straßenwesen, Band 1.
70; 223; 224; 226; 226

Ramspeck 05

Ramspeck A.: Dynamische Untersuchungen auf Dämmen. Die Straße 1936, 2. Halbjahresband, Seite 521.
225

Ramspeck 08

Ramspeck A. und Lorenz H.: Schwingungsuntersuchungen an Betonstrecken der Autobahn München und Frankfurt (Main), Schriftenreihe der "Straße" 3, 1936, Seite 81-84.
70; 226

Ramspeck 09

Ramspeck A.: Dynamische Bodenuntersuchungen an der Reichsautobahn Stuttgart - Ulm. Schriftenreihe der "Straße" 3, 1936, Seite 84-85.
177; 223; 227

Ramspeck 10

Ramspeck A.: Dynamische Untersuchungen auf Dämmen. Bodenmechanik und neuzeitlicher Straßenbau (zweite Folge), bearbeitet von Casagrande Leo, Volk und Reich Verlag Berlin 1939.
227; 231

Rausch 01

Rausch E.: Vereinfachte Berechnungsweise des Raddruckes von luftbereiften Kraftfahrzeugen beim Überfahren von Bodenunebenheiten. Z. VDI Band 93, Nr. 21, Seite 680.
60

Raven 01

Raven W.: Die Versuchsstraße in Braunschweig und das neue Versuchsprogramm. Die Autobahn 1933, Seite 526.
17

Raven 02 — Raven W.: Tätigkeitsbericht der Arbeitsgruppe "Fahrzeug und Fahrbahn" für das Jahr 1935. Mitteilungen der F.G.f.d. Straßenwesen.
45; 104

Reagel 01 — Reagel: Investigational Concrete Pavement in Missouri. Highway Research Board No. 3 B, 1945, Seite 72.
127

Reichert 01 — Reichert J.: "Bestimmung der Dicke von starren Straßen- und Flugplatzdecken". Allgemeine Einführung und Beurteilung der Berechnungsverfahren. (Détermination de l'épaisseur des chaussées et des pistes rigides. Introduction générale et critique des méthodes de calcul). Rapport de Recherche 1955 (15 janvier 55), Centre de Recherches Routieres, Bruxelles.
143

Reinboth 01 — Reinboth K.: "Über Asphaltteer-Rauhbeläge mit Straßenteer". Bitumen, Teere, Asphalte, Peche und verwandte Stoffe, 7. Jahrgang 1956, Heft 4, Seite 147-149.
100

Reinhold 02 — Reinhold F.: Aufbau und Bewährung einer fünf Jahre alten Bodenbetondecke. Straße und Autobahn 1950, Heft 7, Seite 16-17.
110; 197

Reinhold 03 — Reinhold F.: "Über einige wichtige Eigenschaften von Bodenbeton." Abhandlung über Bodenmechanik und Grundbau. Verlag Erich Schmidt, Berlin 1948, Aufsatz 25.
211

Remensperger 02 — Remensperger W.: Theoretische Grundlagen für die Funktionsberechtigung von hydraulischen Stoßdämpfern. ATZ, Jahrgang 53, Nr. 2, Februar 1951, Seite 38-40.
93

Renfert 01 — Renfert B.: Der VIII. Internationale Straßenkongreß 1938 in Den Haag (Niederlande). Bauamt und Gemeindebau 20 (1938), Heft 14, Seite 165.
98

Renfert 03 — Renfert B.: Tränkdecken aus ungebrochenem Kies. Wasser- und Wegebau-Zeitschrift 1939, Heft 4, Seite 42-43.
136

Renfert 04 | Renfert B.: Der Anhänger im Lastkraftwagenverkehr, Denkschrift IX über die Versuchsstraße des Deutschen Straßenbauverbandes. Wasser- und Wegebau-Zeitschrift (1934), Heft 12, Seite 149-151.
25

Renner 01 | Renner: Die meßtechnische Untersuchung von Stößen an Kraftwagen. ATZ 1929/18, Seite 376.
54

Riedig 03 | Riedig: Neue Hilfsmittel für Baugrunduntersuchungen. Wasser- und Wegebau-Zeitschrift 1939, Heft 14, Seite 158-160.
224; 231;

Riekert 02 | Riekert, Leunig und Ganß: Die Straßenlage des Kraftwagens. ATZ 1951, Heft 2, Seite 25.
80; 82; 91

Riekert 04 | Riekert: Technische Mitteilungen der Stuttgarter Reibungsmesser. Bitumen, Teere, Asphalte, Peche 1955, Heft 8, Seite 291.
99

Risch 02 | Risch C.: Tätigkeitsbericht der Arbeitsgruppe "Verkehrserschütterungen" für das Jahr 1935. Mitt. Forschg. Str. 2 (1936) Heft 5, Seite 35-37.
36; 213

Risch 03 | Risch C.: Neuere Meßverfahren zur Beurteilung von Verkehrserschütterungen. Niederschrift über die VI. Hauptversammlung der Stufe am 1.7.1930, Stufaverlag, Berlin (1930), Seite 73-89.
34

RKW 01 | RKW: Das Straßenwesen in USA. Übersetzung des Reiseberichtes einer französischen Studiengruppe, RKW, Ffm., Feldbergstraße 28-30, 1954, Anh. 2-4, Straßenbaugrund, Seite 19-58.
21; 23; 132; 136 .

Road Research Board 01 | Road Research Board, England: Forschungsarbeiten des Auslandes. Mitteilungen der F.G.f.d.Straßenwesen 1936, Nr. 13, Seite 114-115.
65; 99;

Road Test 01 | Road Test One-MD: National academy of sciences - National research council. Publication 227, 1952, Washington, D.C.
18; 138; 155; 157; 158; 160; 161; 162; 164; 164; 173; 176; 185; 195; 219; 219; 221;226; 228; 234

Road Test 02	Road Test One-MD: Ein Film des Department of Commerce Bereau of Public Roads. Text übersetzt Mönning. F.G.f.d.Straßenwesen. 24; 123; 124; 126; 141; 149; 170; 187
Road Test 03	BVM: Entwurf eines Verkehrsfinanzgesetzes verhältnismäßiger Anteil der verschiedenen Kraftfahrzeugarten an der Abnützung der Straße. BVM 1.1.54 (Hektografie von Ahlbrecht überlassen). 30; 138
Road Test 04	Road Test One-MD: Structural Effects of Heavy-Duty Trailer on Concrete Pavement. A Supplemental Investigation. Highway Research Board, Special Report 14, 1953, Washington, D.C. 154; 155; 158; 164; 167
Road Test 05	A Motion Picture. Public Roads, Februar 1953, Nr. 6, Seite 125 127
Road Test 06	Klingenberg: Versuchsberichte vom Road Test One-MD. Auszug einer Übersetzung. Brücke und Straße, 7. Jahrgang, Heft 8, Seite 265. 127
Road Test 07	Versuchsberichte vom Großversuch Road Test "One-MD". Übersetzung Nr. 7 F.G.f.d. Straßenwesen. 127
Rogly 01	Rogly R.: Der Einfluß der Achslasten auf das Verhalten der Straßendecke: Aktuelle Probleme des Straßenbaues. Straße und Verkehr, Nr. 11, 1949, Seite 327-332. 23
Root 01	Root: Report of Committee on Warping of concrete Pavements. Highway Research Board 1945, Seite 199. 184
Rossem 01	Rossem: Statische en dynamische Onderzoetzingen met cushionbanden Rapport van z E den Minister van Waterstaat 1931. 74
Ruckli 02	Ruckli R.: Der Frost im Baugrund. Verlag Julius Springer, Wien (1950) 226

Ruckli 03 — Ruckli R.: Der Einfluß der Achslasten auf das Verhalten der Straßendecken. (Stark gekürzte Wiedergabe der Proceedings at the 28th Annual Meeting, Highway Research Board). Straße und Verkehr, Dez. 53, Seite 457.
125; 228

Ruckli 04 — Ruckli R.: Tragfähigkeit des Bodens und seine Bestimmung mit dem VSS-Gerät. Straße und Verkehr, Juli 1954.
222; 232

Ruckli 05 — Ruckli R.: Anwendungen der Erdbaumechanik im schweizerischen Straßenbau. Straße und Verkehr, August 53, Seite 305.
20; 30; 222

Ruckli 07 — Ruckli R.: Der Schwerverkehr auf den Straßen und die Zukunft des Lastwagens. Straße und Verkehr, März 53, Seite 70.
23; 24; 24; 135; 159; 167

Rusell 01 — Rusell und Lindsay: Bericht über 3 Betriebsjahre einer Versuchsstraße mit kontinuierlich bewehrter Betonfahrbahn in Illinois, F.G. Übersetzung Nr. 19b (Mönning) aus Proceedings Highway 61. Research 1950, Band 30, Seite 45-61. F.G.f.d.Straßenwesen.
128; 187; 187; 192; 215

S

Saal 01 — Saal R.: Die Griffigkeit von Straßendecken. Asphalt und Teerstraßendecken 1939, Nr. 9, Seite 138-140 und Nr. 10, Seite 155-159.
26; 103; 105

Saal 02 — Saal C.: Operating Characteristics of a Passenger Car on Selected Routes. Public Roads, Vol. 28, No. 9, August 1955, Seite 179-201.
41

Sack 01 — Sack K.: Vorschläge zur Neubearbeitung der Anweisung für den Bau von Betonfahrbahndecken. Straßenbautagung 1938, Seite 189-200.
184; 196; 234

Sack 03 — Sack K.: Die Bedeutung des Zementbetons für den Fahrbahndeckenbau auf den Reichsautobahnen. Die Bauindustrie 1939, Nr. 49, Seite 1427-1430.
132; 135

Schaar 01

Schaar W.: Die Beanspruchungen der Straßen durch die Kraftfahrzeuge, 2. Teil. Zement 1925, Nr. 30, Seite 642-647.
37; 38; 101; 113; 163

Schaar 02

Schaar W.: Die Beanspruchungen der Straßen durch die Kraftfahrzeuge, 1. Teil. Zement 1925, Nr. 29, Seite 623-627.
30; 43; 77

Schaar 03

Schaar W.: Die Beanspruchungen der Straßen durch die Kraftfahrzeuge, 3. Teil. Zement 1925, Nr. 31, Seite 659-663.
57; 74; 113; 118

Schaar 04

Schaar W.: Die Beanspruchungen der Straßen durch die Kraftfahrzeuge, 4. Teil. Zement 1925, Nr. 32, Seite 682-684.
72; 74; 113; 113

Schaar 05

Schaar W.: Die Beanspruchungen der Straßen durch die Kraftfahrzeuge, 6. Teil. Zement 1925, Nr. 34, Seite 718-722.
33; 119; 163

Schaar 06

Schaar W.: Die Beanspruchungen der Straßen durch die Kraftfahrzeuge, 5. Teil. Zement 1925, Nr. 33, Seite 700-702.
26; 38; 41; 51; 107; 118; 119; 120; 151

Schächterle 04

Schächterle K. und Leonhardt F.: Beiträge zum Betonstraßenbau. Die Bautechnik 1935, Nr. 22, Seite 269-274.
162

Schäfer 03

Schäfer J.: Beton im Verkehr. Betonstraßenbau, Vorträge 8/9.10.53, Seite 44.
110; 111

Schäfer 06

Schäfer J.: Die Straßenbefestigungen der Stadt Berlin. Straßen- und Tiefbau 1951, Heft 9, Seite 256.
137; 196

Schaible 01

Schaible L.: Betonstraßen und Untergrund. Beobachtungen an Betonfahrbahndecken. A.G. Betonstraßen, Heft 2, 1952, Seite 7. F.G. f.d.Straßenwesen.
50; 170; 188; 194; 195; 206; 235; 235

Schaible 04

Schaible L.: Einflüsse des Untergrundes auf Betondecken. Beton- und Stahlbeton 1952, Heft 10, Seite 245.
186; 206; 231; 234

Schenck 02 | Schenck R.: Untersuchung eines Asphaltbetonbelages auf der Versuchsbahn T.H. Berlin. F.G. 1. Folge, Heft 4, September 1936. F.G.f.d.Straßenwesen.
81; 113; 115; 118; 119; 183

Schenck 03 | Schenck R.: Fahrbahnreibung und Beziehung zwischen Fahrbahn und Bremsen. Wasser- und Wegebau-Zeitschrift 28 (1930), Heft 1, Seite 2-4 und Heft 2, Seite 18-20.
100; 102

Schenck 04 | Schenck R.: Die Kraftwagenstraße. Zement 1925, Nr. 51, Seite 1044-1046.
27; 35; 37; 41; 43; 163; 213

Schenck 05 | Schenck R.: Die Beanspruchungen der Straßen durch die Kraftfahrzeuge. Zement 1925, Nr. 50, Seite 1021-1023.
38; 100; 102; 104; 112

Schenck 06 | Schenck R.: Die Kraftwagenstraße. Zement 1925, Nr. 52, Seite 1063-1066.
41; 44; 74; 79; 79; 110

Schenck 07 | Schenck R.: Untersuchung eines Asphaltbetonbelages auf der Versuchsbahn des Institutes für Straßenbau a.d. T.H. Berlin. Bitumen 1936, Heft 7, Seite 145.
115; 118

Schierandt 02 | Schierandt W.: Die Prüfung des Abnutzwiderstandes des Oberbetons für Betonfahrbahndecken. Technik 6 (1951), Heft 9, Seite 423-424.
107; 107; 114

Schierandt 03 | Schierandt W.: Die Prüfung des Abnutzungswiderstandes des Oberbetons der Fahrbahndecken der Reichsautobahnen nach DVM 2108. Die Betonstraße 1939, Nr. 4, Seite 71-81.
108

Schieferstein 01 | Schieferstein: Die Abfederung von Fahrzeugen. ATZ 1929/3, Seite 49.
88; 97

Schlums 01 | Schlums: Deutsche Straßenverkehrszählgeräte. Straße und Autobahn 9/1953, Seite 371.
21

Schmidt 01 | Schmidt U.: Straßenbeanspruchung durch Lastzüge. ATZ 1954, Heft 3, Seite 76.
19; 77

Schmidt 07 — Schmidt U.: Straßenverkehr und Gemeindestraßen von Kegler und Gadegast, Entgegnung von U. Schmidt. Straße und Autobahn, 10/1954, Seite 341.
19; 20; 22; 28; 29; 35; 76; 82; 88; 92; 95

Schmidt 09 — Schmidt U.: Eine Ausarbeitung vom 4.2.1956 über die Ergebnisse des Washo-Tests. Verband der Automobilindustrie, Ffm.
197

Schönberg 01 — Schönberg W.: Die Herstellung der Betonfahrbahndecken auf der Rennstrecke der Reichsautobahn bei Dessau. Die Straße 1938, Seite 511.
101; 145

Schönberg 03 — Schönberg W.: Versuche zur Verminderung der Rissebildung im Straßenbeton. Betonstraße 15 (1940), Heft 11, Seite 135-137.
108; 193

Schönberg 04 — Schönberg W.: Grundlagen des Betonstraßenbaues. Wasser- und Wegebau-Zeitschrift 1939, Heft 2, Seite 13-17.
169; 169; 176;178; 227

Schönberg 05 — Schönberg W.: Die Fortschritte im Betondeckenbau auf Reichsautobahnen im Rahmen neuer amtlicher Vorschriften. Die Straße 1939, Nr. 3, Seite 43-48.
170; 235

Schuh 01 — Schuh W.: Kennung von Fahrzeugfederung auf Grund von Schwingungsversuchen. ATZ 1954, Heft 4, Seite 89.
86; 95

Schunk 01 — Schunk T. und Riekert P.: Zur Fahrmechanik des gummibereiften Kfz. Ing. Archiv 1940, Seite 210-224.
38

Schuster 03 — Schuster: Der Kraftschluß zwischen Rad und Fahrbahn. ATZ 1935/20, Seite 497.
64

Schütte 02 — Schütte W.: Zur Frage der Bewehrung von Betonstraßen. Straße und Autobahn, Februar 1950, Seite 19.
191

Schütte 03 — Schütte W.: Einfluß der Bewehrung von Betonfahrbahnplatten. Neuer Weg im Betonstraßenbau (1950), Seite 58-75.
191

Schwegler 01 — Schwegler H.G.: Technische und wirtschaftliche Fragen im Straßenbau. Die Betonstraße 1928, Nr. 9, Seite 218-221.
114; 161

SAE 01 — SAE: Society of Automotive Engineers New York. Antwort auf einen Fragebogen des Battelle-Institutes Columbus, USA.
51; 66; 187; 196; 224

Schwien 01 — Schwien K.: Über die Ausbreitung von Erschütterungen (Dissertation T.H. Hannover). Verlag R. Noske, Leipzig.
214

Sehl 01 — Sehl H.: Beton als Fahrbahnbefestigung für Straßen und Autobahnen. Bericht über die XXXVII. Hauptversammlung des Deutschen Betonvereins (1934), Seite 252-274.
125

Sehl 02 — Sehl H.: Über die Verwendung von Beton für die Fahrbahnen der Reichsautobahnen. Betonstraße 9 (1934), Heft 4, Seite 58-59.
70; 153

Seywald 02 — Seywald L.: Regulieren von Betonfahrbahnplatten. Straße und Autobahn 1951, Heft 11, Seite 362.
172; 234

Seywald 03 — Seywald L.: Erfahrungen bei der Unterhaltung von Strecken der Autobahn Frankfurt/M. - Darmstadt mit dünnen und mittelstarken Belägen. Straße und Autobahn 2 (1951), Heft 6, Seite 185-187.
132

Shepard 01 — Shepard: Subsurface explosation by earth resistivity and seismic methods. Public Roads, Vol. 16, Seite 57.
231

Siedeck 01 — Siedeck P.: Vergleichende Versuche mit Meßdosen als Vorversuche für die Verwendung bei Versuchsstrecken. Bundesanstalt f. Straßenbau; Abt. Baugrund, Köln, Juni 1955.
32; 155; 204; 215;

Siedeck 02 — Siedeck P.: Über die Tragfähigkeit des Straßenuntergrundes. Straße und Autobahn 2 (1951), Heft 3, Seite 67-71.
222

Siedeck 05

Siedeck P. und Voss R.: Untersuchungen der Tragfähigkeit schwer belasteter Straßen (Plattendruckversuche), 1954, Heft 2 der Wissenschaftlichen Berichte der Bundesanstalt für Straßenbau.
108; 188; 203; 220; 221; 227

Sill 02

Sill O.: Relativer Anteil der Kfz.-Arten an der Abnutzung der Straßen. (Hektografie) Straßenbaudirektion Hamburg.
19; 23; 29; 30; 35; 118; 135; 234

Sohler 01

Sohler: Der Stuttgarter Wellenmesser. Ein praktisches Gerät für den Asphaltstraßenbau. Bitumen 1932/7, Seite 131.
130

Sparkes 01

Sparkes F.N.: Verschiedene Schäden bei Betonstraßen, ihre Ursachen und ihre Vermeidung. Übersetzung der F.G., Nr. 136 aus Road Paper No. 23. F.G.f.d.Straßenwesen.
112; 187; 188; 233; 235

Sparkes 02

Sparkes F.N.: Betonstraßen in England. Entwicklung des Betonstraßenbaues im In- und Ausland. Schriftenreihe A.G. Betonstraßen, Heft 4, Seite 44. F.G.f.d. Straßenwesen.
129; 132; 150

Spencer 01

Spencer W.T.: Report on Pavement Research Project in Indiana. Highway Research Board, Bulletin 116, Washington, D.C. 1956.
176; 202

Spencer 02

Spencer H.: Die Verwendung von Asphaltbeton für Autostraßen. Straßen- und Tiefbau 1951, Heft 12, Seite 336-338.
201

Springer 01

Springer A.: Das System Gummi - Textil im Autoreifen. Kautschuk und Gummi, 3. Jahrgang 1950, Nr. 11, Seite 398.
77; 89; 106

Stanton 01

Stanton: Bericht über Versuche mit kontinuierlicher Bewehrung von Betonstraßen in Kalifornien. Übersetzung Nr. 19a (Mönning) der F.G.f.d.Straßenwesen, aus Proceedings Highway Research Board 1950, Band 30, Seite 28-44.
167; 179; 189

Stanton 02 | Stanton: Investigation concrete Pavement in California. Highway Research Board No. 3 B, 1945, Seite 1.
124; 128; 163

Steinbrenner 01 | Steinbrenner W.: Tafeln zur Setzungsberechnung. Schriftenreihe der "Straße" 3, Volk und Reich Verlag, Berlin, 1936, Seite 75-77.
230

Stinson 01 | Stinson K.W. und Roberts C.P.: Über die Reibung zwischen Straßendecke und Kraftwagenreifen. Tondindustrie-Zeitschrift 58 (1934) Heft 70, Seite 854-855.
100; 104

Stöcke 01 | Stöcke K.: Neue Druckversuche mit Granitstelzenlagern. Die Straße 1938, Seite 283.
151

Stöcke 03 | Stöcke K.: Versuche an Steinpflaster im Prüfraum und auf der Straße. Die Bautechnik 1938, Nr. 39, Seite 509-512.
110

Strasse 08 | ohne Angabe des Verfassers. Merkblatt für die Herstellung von Teerbetonmassen und den Bau von Teerbetondecken. Die Straße 1938, Seite 521.
22

Strasse 22 | ohne Angabe des Verfassers. RAB - D: Verdübelung der Betonfahrbahndecken. Straße 4 (1937), Heft 24, Seite 750 und Baumarkt 37 (1938) Heft 1, Seite 6.
170; 196; 232; 233

Straße und Autobahn 08 | ohne Angabe des Verfassers. Der Bestand an Kfz. und Kfz.-Anhängern im Gebiet der Bundesrepublik Deutschland und in Westdeutschland im Jahre 1953. Straße und Autobahn 5/1954, Seite 170.
22

Straßenbehörde Oregon (USA) 01 | ohne Angabe des Verfassers. Unebenheitsmeßgerät. Mitteilung der F.G.f.d.Straßenwesen 1937, Nr. 11, Seite 100.
45

Straßen- u. Tiefbau 01 | ohne Angabe des Verfassers. Viagraph: Der in Frankreich entwickelte und amtlich anerkannte Straßenprofilograph, 1951, Heft 2, Seite 38-39.
46

Streck 01

Streck: Bodenverdichtungsversuche mit Schwingungs- und Rüttelverdichtern. Straße und Autobahn 12/1954, Seite 400.
216; 224

Streit 03

Streit G.: Zur Unterbauversuchsstrecke. Forschung und Praxis im Betonstraßenbau. A.G. Betonstraßen 1953, Heft 3, Seite 25. F.G.f.d.Straßenwesen.
202

Streit 04

Streit G.: Beobachtungen an Betonstraßen nach 15- bis 25jähriger Liegezeit. Straße und Autobahn 2 (1951), Heft 6, Seite 180-185.
49; 195

Streit 07

Streit G.: Welche Bauweisen kommen für die Befestigung von Autobahnen in Frage. Die Betonstraße 1933, Heft 8, Seite 79-82.
28; 50; 101; 118

Stufa 01

Stufa, Ausschuß f. "Straßenbauforschung": Vorläufige Leitsätze für die Prüfung des Betons bei Ausführung von Betonstraßen. Straßenbau 18 (1927), Heft 11, Seite 176-177 und Mitt. Stufa 3 (1927), Heft 4, Seite 1.
124; 141

Stufa 02

Stufa, Studienges. f. Autostraßenbau: Grundsätze zur Feststellung von Verkehrserschütterungen. Techn. Gemeindeblatt 36 (1933), Seite 34.
33

Stufa 04

Stufa, Mitteilungen der Studienges.f. Autostraßenbau: Vorläufige Richtlinien über die Maßnahmen zur Einschränkung von Verkehrserschütterungen, 8. September 1930, Nr. 9, Berlin-Charlottenburg.
33

Stufa 05

Stufa, Mitteilungen der Studienges. f. Autostraßenbau: Vorläufige Grundsätze zur Feststellung von Verkehrserschütterungen, ihrer Ursachen und ihrer Wirkungen auf die Straße und die angrenzende Bebauung für die Praxis, 27. Juli 1932, Nr. 6, Berlin-Charlottenburg.
33

Sutherland 02

Sutherland: Ivints und cracks in concrete pavements. Public Roads, Vol. 24, Nr. 7, 1946, Seite 179 und Vol. 24, Nr. 8, 1946 Seite 207.
169; 186

Sutherland 03

Sutherland: Structural Efficiency of Transverse weakend-Plane Joints. Highway Research Board Nr. 3 B, 1945, Seite 89.
169

Svenson 01

Svenson: Vergleichende Messung der dynamischen Radlasten an zwei Anhängern mit normaler Blattfederung und mit T.D.-Federung. Bericht des Labors für Betriebsfestigkeit, Darmstadt.
54; 59; 73; 84

T

Tarwater 01

Tarwater A.: Roller-Testing Machine for measuring the stability of bituminous mixtures. Public Roads, Vol. 16, Seite 134.
180

Teller 02

Teller L.W. und Sutherland: The structural design of concrete pavements. Public Roads, Vol. 16, Seite 145.
164

Teller 05

Teller L.W. und Wiles: Tests of structural damping. Public Roads, Oct. 1953, Nr. 10, Seite 203.
36

Teller 06

Teller L.W. nach einem Bericht: Sechsrad-Lastauto. Zement-Wochenschrift für Zement und Zementverarbeitung 1925, Nr. 51, Seite 1046-1047.
172

Temme 02

Temme T.: Die Rückwirkungen des Schwerlastverkehrs auf den Straßenzustand. Bitumen, Teere, Asphalte, Peche 1955, Heft 7, Seite 221.
197; 205

Temme 05

Temme T.: Zur Frage der Verwendung von gebrochenem Gesteinsmaterial im Straßenunterbau. Bitumen, Teere, Asphalte, Peche 1955, Heft 8, Seite 263.
230

Temme 07

Temme T.: Die Auswirkung des Schwerlastwagenverkehrs auf die zukünftige Straßenplanung. Bitumen, Teere, Asphalte, Peche 1955, Heft 6, Seite 196.
24

Temme 09	Temme T.: Der Schichtaufbau der amerikanischen Straßen. Bitumen, Teere, Asphalte, Peche 1954, Seite 398. 130; 132; 209
Temme 10	Temme T.: Über die Verwendung verschiedener Gesteinsarten für den Kalteinbau von Teer- und Bitumenmakadambelägen. Bitumen, Teere, Asphalte, Peche 1953, Seite 281. 133
Temme 14	Temme T.: Bericht über eine Straßenbesichtigung in England. Bitumen 1937/6, Seite 125. 114; 115
Temme 15	Temme T.: Tragfähigkeit unserer Straßen. Straße und Autobahn 8/1953, Seite 265. 230
Thein 01	Thein: Die praktische Bedeutung und Ausführung der Messungen von Verkehrserschütterungen. Niederschrift über die VI. Hauptversammlung der Stufa am 1.7.1930, Stufa-Verlag, Berlin (1930), Seite 90-108. 228
Thomas 01	Thomas: Investigational Concrete Pavement in Kentucky. Highway Research Board Nr. 3 B., 1945, Seite 28. 127; 194
Trauer 01	Trauer: Tätigkeitsbericht der Arbeitsgruppe "Steinstraßen" für das Jahr 1935. Mitteilungen der F.G.f.d.Straßenwesen 1936, Nr. 3, Seite 17-20. 107

V

Vallerga 01	Vallerga: The Triaxial Institute and the Stabilometer. Highway Research Board, 34. annual meeting, Washington, D.C., 1955. 223
Verkehrsblatt 01	ohne Angabe des Verfassers. Die neuen Abmessungen und Gewichte der Kraftfahrzeuge und Anhänger. Heft 16 vom 31.8.1956. 138
Volkswirtschaftliche Gesellschaft 01	"Die Verkehrspolitik in der öffentlichen Meinung". Diskussionsband der Volkswirtschaftlichen Gesellschaft mit Beiträgen von 34 Autoren "Leb. Wirtschaft" Band 10C. C.W. Leske Verlag, Darmstadt. 18

Waas 01 — Waas H.: Messung von Kraftfahrzeugschwingungen. Zeitschrift VDI, Band 79, (1935) Nr. 7, Seite 199.
95

Wahl 01 — Wahl E.: Wohin führt die Entwicklung der Straßenverkehrsmittel und des Straßenbaues? Internat. Archiv für Verkehrswesen 1955, Nr. 8, Seite 169-177.
18; 20; 23; 28

Waldhausen 01 — Waldhausen: Aus der Tätigkeit der Arbeitsgruppen "Steinstraßen". Die Straße 1938, Seite 459.
172

Waldhausen 02 — Waldhausen: Starrer oder nachgiebiger Straßenunterbau? 1. Teil. Bitumen 1933/6, Seite 116.
214

Waldhausen 03 — Waldhausen: Starrer oder nachgiebiger Straßenunterbau? 2. Teil. Bitumen 1033/9, Seite 183
111; 213

Walz 02 — Walz K.: Aufklärung der Rißbildung an einer im Jahre 1935 gebauten Autobahnstrecke. Zement - Kalk - Gips 1955, Heft 9, Seite 308.
192

Walz 05 — Walz K.: Prüfschmirgel für Abschleifversuche. Forschung und Praxis im Betonstraßenbau. A.G. Betonstraßen, Heft 3, 1953, Seite 125. F.G.f.d.Straßenwesen.
106

Walz 07 — Walz K. und Weil G.: Feststellungen über den Einfluß luftporenbildender Zusatzmittel auf die Festigkeit und die dynamische Elastizitätszahl von Beton bei Frostwechseln. Bauingenieur 30 (1955), Nr. 1, Seite 15-20.
160

Washo 01 — The Washo Road Test Part 1: Design, Construction and Testing Procedures. Highway Research Board, Special report 18.
18; 41; 45; 47; 47; 124; 129; 130; 138; 142; 166; 179; 201; 214; 220

Washo 02
The Washo Road Test Part 2: Test data, analyses, findings. Highway Research Board, Special report 22.
134; 151; 153; 156; 173; 182; 197; 214; 227; 228; 229

Washo 03
Sonderdruck aus "Straße und Autobahn", Heft 12, 1954. Literaturbericht der F.G. f.d.Straßenwesen, Folge 77.
130

Wasser- und Wegebau 01
ohne Angabe des Verfassers. Straßenprofilmeßgeräte. Wasser- und Wegebau-Zeitschrift 1939, Heft 10, Seite 115-116.
46

Wawrziniok 01
Wawrziniok: Schonung der Landstraßen durch die Bauart der Kraftfahrzeuge. Eigener Bericht des Institutes für Kraftfahrwesen der T.H. Dresden. Die Betonstraße 1929, Nr. 4, Seite 136-138.
43

Weber 01
Weber G.: Theorie des Reifens mit ihrer Auswirkung auf die Praxis bei hohen Beanspruchungen. ATZ 1954, Seite 325.
76; 76; 81; 121

Weber 02
Weber F.: Zur Unterbauversuchsstrecke. Forschung und Praxis im Betonstraßenbau. A.G. Betonstraßen, Heft 3, 1953, Seite 23. F.G.f.d.Straßenwesen.
203; 211

Weber 03
Weber F.: Zur Stufenbildung in Betonstraßen. Forschung und Praxis im Betonstraßenbau. A.G. Betonstraßen, Heft 3, 1953, Seite 114. F.G.f.d.Straßenwesen.
187; 192

Weber 05
Weber F.: Vermeidung flatternder Plattenenden im Betonstraßenbau durch Betonunterbau. Verbesserung der Betoneigenschaften durch Grobkorn. Straße und Autobahn 3 (1952), Heft 3, Seite 83-84.
168; 227

Weber 07
Weber G.: Reifen und Schnellverkehr. Die Straße 1936, Nr. 3, Seite 76-80.
120; 121

Wedemeyer 01
Wedemeyer E.A.: Fahrzeugfederung. ATZ 1935/11, Seite 272.
46; 79; 81; 88; 89; 90; 92; 92; 93; 96; 97

Wedemeyer 02 — Wedemeyer E.A.: Der schwingende Reifen als Ursache der Straßenzerstörung. ATZ 1935/22, Seite 558.
69; 76; 80; 80; 83; 86; 96; 131; 132

Wedemeyer 03 — Wedemeyer E.A.: Stellungnahme zum Aufsatz "Fahrzeugabfederung" von Wedemeyer von Faudi. ATZ 1935/22, Seite 575.
97

Wedemeyer 04 — Wedemeyer E.A.: Untersuchungen über Fahrbahnwellen. Zeitschrift 1 VDI Band 80 (1936) Nr. 7, Seite 191.
46; 66; 84

Wedemeyer 05 — Wedemeyer E.A.: Der schwingende Reifen zerstört die Straße. Asphalt- und Teerstraßenbautechnik 1936 Nr. 17, Seite 319-321.
48; 48; 48; 69; 79; 83

Wedemeyer 06 — Wedemeyer E.A.: Fahrbahnwellen. Die Autobahn 1934, Seite 633.
66

Wehner 05 — Wehner B.: Aufbau und Bemessung bituminöser Decken für schweren Verkehr in USA. Bitumen 1953, Seite 169.
62; 142; 148; 160; 205; 207; 208; 225

Wehner 06 — Wehner B.: Neue Verkehrszählmethoden in den USA. F.G. 1. Folge, Heft 11, Februar 37.
22

Wehner 07 — Wehner B.: Griffigkeit von Straßendecken. Die Umschau, 1. November 1957, 57. Jahrgang, Heft 21, Seite 653-655.
100; 105

Weil 01 — Weil G.: Einrichtungen zur Messung der Beanspruchung von Beton-Fahrbahnplatten. F.G.f.d.Straßenwesen 1. Folge 1936/37, Heft 6.
165; 165; 174; 179

Weil 02 — Weil G.: Dynamische Beanspruchung von Beton-Fahrbahnplatten. Betonstraßenbau, Vorträge 8/9.10.53.
29; 169; 172; 175; 178; 199

Weil 03 — Weil G. und Graf O.: Über die Entwicklung der Risse in den Betonfahrbahndecken der Versuchsstrecke II d. Autobahn Stuttgart - Ulm bei Echterdingen. Straße und Autobahn 4. Jahrgang, Dez. 53, Heft 12, Seite 403.
177; 178

Weil 04

Weil G.: Untersuchungen über das Verhalten von Beton-Fahrbahnplatten unter Verkehrsbeanspruchung. Vortrag bei einer Sitzung d.A.A. Straßenbeanspruchung 1956. F.G.f.d.Straßenwesen.
78; 152; 154; 157; 158; 160; 162; 165; 167; 169; 169; 172; 188; 190; 199; 234

Weil 05

Weil G.: Spannungsmessungen an Beton-Fahrbahnplatten. Entwicklung des Betonstraßenbaues im In- und Ausland. Schriftenreihe A.G. Betonstraßen, Heft 4, Seite 83. F.G.f.d.Straßenwesen.
164; 167

Weil 06

Weil G.: Richtlinien für Plattenlängen. Entwicklung des Betonstraßenbaues im In- und Ausland. Schriftenreihe A.G. Betonstraßen, Heft 4, Seite 122. F.G.f.d.Straßenwesen.
168

Weil 07

Weil G.: Ergebnisse der Fahrversuche an der Autobahn bei Viernheim. Schriftenreihe Heft 5, A.G. Betonstraßen 1954, Seite 74. F.G.f.d.Straßenwesen.
24; 154; 165; 175

Weil 09

Weil G.: Über die Messungen des Baues der vorgespannten Fahrbahnplatten in der Versuchsstrecke bei Mergelstetten und über vorläufige Ergebnisse. Schriftenreihe Heft 5, A.G. Betonstraßen 1954, Seite 110. F.G.f.d.Straßenwesen.
179; 181

Weil 10

Weil G.: Zur Frage der Spannungen und Berechnungen in Beton-Fahrbahnplatten. Beobachtungen an Betonfahrbahndecken. A.G. Betonstraßen, Heft 2, 1952, Seite 32. F.G.f.d.Straßenwesen.
157; 184

Weil 13

Weil G.: Bewehrung von Betondecken. Forschung und Praxis im Betonstraßenbau. A.G. Betonstraßen, Heft 3, 1953, Seite 80. F.G.f.d.Straßenwesen.
146; 146; 152; 176

Weil 17 Weil G.: Einrichtungen zur Messung der Beanspruchung von Betonfahrbahnplatten. Betonstraße 11 (1936), Heft 9, Seite 218-225.
164; 165

Weil 20 Weil G.: Dynamische Beanspruchung von Beton-Fahrbahnplatten. Brücke und Straße, Heft 2, 1954, Seite 39-42.
177

Weinbrenner 01 Weinbrenner E.: Studien zur Prüfung der Rutschfestigkeit von Gummiqualitäten. Kautschuk und Gummi, 6. Jahrgang 1953, Nr. 3, Seite 42 WT.
105

Weingraber 02 Weingraber: Über die Rauheit von Straßendecken. Straße und Autobahn 1954, Heft 4, Seite 121.
98; 99; 101

Wildeboer 01 Wildeboer: Verbesserung der Eigenschaften von Asphaltdecken durch Zusatz von Kautschuk. A.G. Asphalt- und Teerstraßen, Heft 10, Bituminöser Straßenbau, Straßenbaumaschinen, Straßenbauwirtschaft 1953, Seite 118. F.G.f.d.Straßenwesen.
168; 198

Wilimek 01 Wilimek R.: Lastautostraße statt Eisenbahn, vom Ausbau des italienischen Straßennetzes. Die Betonstraße 1933, Heft 8, Seite 88-89.
25

Wilson 01 Wilson D.M.: Proceedings of the second international conference on soil mechanics and foundation engineering, Rotterdam, June 1948. F.G.f.d.Straßenwesen, Übersetzung Nr. 2 von Jelineck.
160; 175; 177; 183; 215; 222; 226; 231

Wilson 02 Wilson D.M.: Fahrsichere Straßendecken. Asphalt- und Teerstraßenbautechnik 1936, Nr. 31, Seite 601-602.
100

Z

Zetzsche 01 Zetzsche: Die Theorie der Betonstraßendecke. Die Betonstraße 1931, Nr. 9, Seite 182-185 (nach einem gleichnamigen Aufsatz von Svendsen in "Teknisk Ukeblad", Oslo, Nr. 30/1930).
157

Zichner 01 — Zichner: Zur Frage der Winterarbeit im bituminösen Straßenbau. Bitumen 1953, Seite 83.
133

Zimmermann 01 — Zimmermann H.: Der künftige Bestand an Kraftfahrzeugen in der Bundesrepublik und in West-Berlin. Straßenverwaltung - Straßenbau - Straßenbaufinanzierung, Drucksache des Bundesverb. der Deutschen Industrie Nr. 38.
22

Zipkes 01 — Zipkes E.: Die Reibungskennziffer als Kriterium zur Beurteilung von Straßenbelägen. Mitteilungen a.d. Inst. f. Straßenbau an der E.T.H., Nr. 2, Verlag Leemann & Co., 1944, Seite 9 und 105.
98

Zipkes 02 — Zipkes E.: Beurteilung der Konstruktion, Rauhigkeit und Verkehrssicherheit von Straßenbelägen unter Verwendung der Reibungskennziffer; Bericht über die in den Jahren 1940 - 1944 durchgeführten Untersuchungen. Verlag Leemann & Co., 1945.
118; 121

Zoeppritz 01 — Zoeppritz H.: Entwicklung Erprobung einer Stahlfederbereifung für Lastkraftwagen und Anhänger. Deutsche Kraftfahrtforschung, Heft 77, 1943. VDI-Verlag
76

Zube 01 — Zube: Asphaltbeton für die Zufahrtsstraßen der San Franzisco - Oakland - Bay - Brücke. Bitumen 1937/B, Seite 46.
46; 85

FORSCHUNGSBERICHTE DES LANDES NORDRHEIN-WESTFALEN

Herausgegeben durch das Kultusministerium

VERKEHR

HEFT 164
Dr.-Ing. H. Schmachtenberg, Köln
Neuartige Prüfeinrichtungen für Kraftfahrzeuge
1955, 44 Seiten, 23 Abb., DM 9,60

HEFT 195
Dozent Dr.-Ing. E. Rößger, Köln
Gedanken über einen neuen deutschen Luftverkehr
1955, 342 Seiten, 29 Abb., 122 Tabellen, DM 50,—

HEFT 201
Dr.-Ing. E. W. Pleines, Frankfurt/Main
Die Sicherheit im Luftverkehr
1956, 194 Seiten, 39 Abb., 19 Tabellen, DM 39,45

HEFT 293
Prof. J. W. Korte, unter Mitarbeit von Dipl.-Ing. P. A. Mäcke und Dipl.-Ing. W. Leutzbach, Aachen
Die Leistungsfähigkeit von Verkehrsanlagen des motorisierten städtischen Straßenverkehrs
1956, 98 Seiten, 35 Abb., 5 Tabellen, 1 Falttafel, DM 22,50

HEFT 396
Prof. Dr.-Ing. F. Schultz-Grunow, Dr.-Ing. A. Jogerich, Essen, Dipl.Ing. H. Meyer und cand. ing. P. Sand, Aachen
Untersuchungen des Luftwiderstandes von Güterwagen
1957, 42 Seiten, 18 Abb., 5 Tab., DM 10,90

HEFT 421
ORR Dipl.-Volkswirt Dr. H. Rogmann, Düsseldorf
Die Erforschung der Verkehrskonjunktur und der langzeitigen Dynamik in der Verkehrswirtschaft (Zusammenfassung der eingegangenen Stellungnahmen und Vorschläge)
1957, 168 Seiten, 3 Falttafeln, DM 26,60

HEFT 537
Dr.-Ing. N. Gössl, Frankfurt/M.
Probleme der Zugförderung im Zusammenhang mit der Ausnutzung der Atom-Energie
1958, 116 Seiten, 28 Abb., 12 Tabellen, DM 29,90

HEFT 610
Prof. J. W. Korte, Dr.-Ing. P. A. Mäcke und Dipl.-Ing. R. Lapierre
Gestaltung von Straßenverkehrsanlagen

HEFT 640
Prof. Dr. phil. H. Israel und Dipl.-Phys. F. Kasten, Aachen
Die Sichtweite im Nebel und die Möglichkeiten ihrer künstlichen Beeinflussung

HEFT 647
Deutsche Studiengemeinschaft Hubschrauber e. V., Stuttgart-Flughafen
Lastenhubschrauber L-41 und L-51 für 4000 kg Nutzlast. Teil I

HEFT 648
Deutsche Studiengemeinschaft Hubschrauber e. V., Stuttgart-Flughafen
Lastenhubschrauber L-41 und L-51 für 4000 kg Nutzlast. Teil II

HEFT 649
Deutsche Studiengemeinschaft Hubschrauber e. V., Stuttgart-Flughafen
Lastenhubschrauber L-41 und L-51 für 4000 kg Nutzlast. Teil III

HEFT 675
Dr.-Ing. W. Koennecke
Beanspruchung der Straße durch Kraftfahrzeuge, 1. Teil

HEFT 676
Dr.-Ing. W. Koennecke
Beanspruchung der Straße durch Kraftfahrzeuge, 2. Teil

HEFT 679
Prof. Dr. med. V. Hoffmann, Köln
Die Verletzungen von Autoinsassen: ihre Entstehung und Verhütung, I. Teil und II. Teil

GPSR Compliance

The European Union's (EU) General Product Safety Regulation (GPSR) is a set of rules that requires consumer products to be safe and our obligations to ensure this.

If you have any concerns about our products, you can contact us on ProductSafety@springernature.com

In case Publisher is established outside the EU, the EU authorized representative is:

Springer Nature Customer Service Center GmbH
Europaplatz 3
69115 Heidelberg, Germany

Batch number: 10585057

Printed by Printforce, the Netherlands